"十二五"普通高等教育
本科国家级规划教材

产品包装设计

PRODUCT PACKAGE DESIGN

王安霞／著

U0397291

东南大学出版社·南京

内 容 提 要

《产品包装设计》作为"十二五"国家级规划教材,力求全面系统、科学合理。全书内容分三大部分。第一部分,系统地论述了包装设计的基础理论、包装设计的创新思维方法、包装设计的方法与原则,包装视觉信息设计的建构及传达;第二部分,产品包装的分类设计,主要针对食品、化妆品、药品、数码产品、电子商务及礼品包装不同的特点要求,分别加以翔实的论述和解析;第三部分,产品包装设计发展新趋势,着重对绿色包装、简约化包装、互动式包装、体验式包装、注重人文关怀的包装进行了探讨与研究,尤其是针对以问题为导向的设计方法进行了探索与实践,具有一定的前瞻性和创新性。

该教材学术性和实用性并重,对于学生的学习有很好的参考价值。它适用于包装设计专业、视觉传达专业、平面设计专业的本科生、研究生及从事包装设计专业的人员学习与阅读。

图书在版编目(CIP)数据

产品包装设计 / 王安霞著. —2 版. —南京:东南大学
出版社,2015.8(2024.8重印)
 ISBN 978-7-5641-5421-9

Ⅰ. ①产… Ⅱ. ①王… Ⅲ. ①产品包装—包装设计—
高等学校—教材 Ⅳ. ①TB482

中国版本图书馆 CIP 数据核字(2014)第 305681 号

产品包装设计

出版发行:东南大学出版社
社　　址:南京市四牌楼 2 号　邮编:210096
出 版 人:江建中
责任编辑:顾金亮
网　　址:http://www.seupress.com
电子邮件:press@ seupress.com
经　　销:全国各地新华书店
印　　刷:南京顺和印刷有限责任公司
开　　本:889mm×1 194mm　1/16
印　　张:19.5
字　　数:604 千字
版　　次:2015 年 8 月第 1 版
印　　次:2024 年 8 月第 4 次印刷
书　　号:ISBN 978-7-5641-5421-9
定　　价:99.00 元

前　言

　　包装设计的知识体系脉络越来越呈现出跨学科、跨专业、跨文化的特性，它直接反映出社会经济、科技发展水平以及人们的价值取向、消费观念和消费水平，也能及时反映出时代的精神风貌、文化内涵与美学风尚。

　　在激烈的市场竞争中，包装的地位越来越重要，它与人们的生活息息相关。随着互联网、物联网的发展，网络已经深入到我们生活的各个角落。特别是在大数据、大设计、服务型社会的背景下，如何正确地认识包装、理解包装和学习包装；如何通过用户与市场调研，发现问题；如何运用最有效的设计方法来分析和解决问题，这是我们作为设计师必须要面对的。

　　设计的根本是创新，设计的目的是让人们的生活更加健康、美好。今天的产品包装设计，不仅要能为消费者带来便利和创造良好的消费体验，同时也要有利于社会的可持续发展。

　　《产品包装设计》作为"十二五"国家级规划教材，力求全面系统、科学合理。全书内容分三大部分。第一部分，系统地论述了包装设计的基础理论、包装设计的创新思维方法、包装设计的方法与原则，包装视觉信息设计的建构及传达；第二部分，产品包装的分类设计，主要针对食品、化妆品、药品、数码产品、电子商务及礼品包装不同的特点要求，分别加以翔实的论述和解析；第三部分，产品包装设计发展新趋势，着重对绿色包装、简约化包装、互动式包装、体验式包装、注重人文关怀的包装进行了探讨与研究，尤其是针对以问题为导向的设计方法进行了探索与实践，具有一定的前瞻性和创新性。

　　《产品包装设计》知识结构严谨、观念先进、重点突出、实践环节操作性强、图片新颖精美、语言流畅，有良好的可读性。作者本着对包装设计事业的热爱和执着，以及精益求精的精神，结合多年的教学与设计实践经验，理论联系实践，运用大量成功的实例相互印证，通过对作者本人指导的优秀学生作品的翔实点评，使教材更具说服力和原创性。

　　该教材学术性和实用性并重，对于学生的学习有很好的参考价值。它适用于包装设计专业、视觉传达专业、平面设计专业的本科生、研究生及从事包装设计专业的人员学习与阅读。

2015 年 7 月 5 日
于无锡蠡湖

目　录

第一部分　产品包装设计基础理论

第二部分 分类产品的包装设计

第三部分　产品包装设计前沿

第四部分　优秀学生包装设计作品点评

第一部分
产品包装设计基础理论

【教学目的】

通过学习使学生对产品包装设计有一个全面的认识和了解,并能灵活地运用产品包装设计的方法进行整体的包装设计。通过设计训练有效地提高学生的创新思维和实际动手能力,重点培养学生发现问题和解决问题的能力。

【教学要求】

1. 通过理论授课要求学生对包装的历史、发展、现状,包装的定义、分类、功能等有所了解,要求学生掌握产品包装设计的构成要素及设计程序,同时对产品包装的材料及包装设计的构图及视觉流程有所认识。

2. 通过学习要求学生掌握产品包装的设计方法,能设计、制作包装容器、包装纸盒结构,能进行包装形象视觉设计,重点掌握产品包装视觉信息的表达,能系统地完成整体的包装设计。

3. 通过参观、实践,对包装的印刷工艺、制作流程有所认识和了解。

【参考学时】

64 学时

第 1 章　产品包装设计概述

1.1　产品包装设计的概念

1.1.1　广义包装定义

　　自然界中存在着许许多多天然形成的非常巧妙的包装形态,可以说是包装的最佳典范。它们既合理又科学,非常好地起着保护果实、种子的功能。如桔子,是兼各种包装机能与形态为一体的自然包装。它鲜艳的橙色和特殊的表皮,不仅起到吸引人们的注意力和勾起人们食欲的作用(具有识别与自我推销的功用),而且还具有防止雨淋和水分蒸发的功能(外包装的功能)。内层由白色纤维组成的海绵状组织,能保护易损的果汁囊袋,同时对外界的温度变化起到阻隔的作用(具有缓冲包装的机能)。桔瓣实际上起着个别包装的作用,缠绕在每个桔瓣外层的"白须"起到固定作用(聚散包装作用)。桔子的种子被包在桔瓣的袋子里,周围再以果汁包上,起到保护作用,所以说桔子是最完美的自然包装。又如鸡蛋,椭圆外形是公认的最美的自然造型之一,而且还兼有方便母鸡生产的功能。钙质的结实蛋壳具有良好的防护功能,壳中密布的气孔具有通风机能,里面的气室可供应足量的空气。蛋白的流动性具有缓冲功能,使蛋壳可以自由滚动,不因受外力冲击而破损(图 1-1)。还有豌豆荚、花生、核桃等,都是一种结构严密、防护性能绝佳的自然包装。

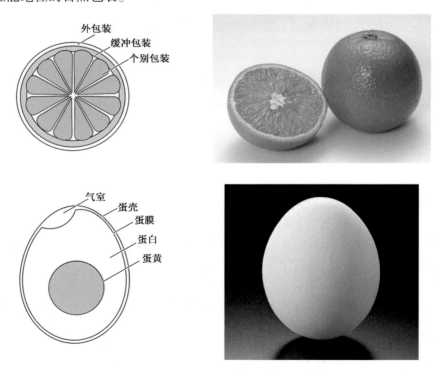

图 1-1　鸡蛋和桔子的结构示意图

广义的包装概念无所不包,涉及各个领域。宇宙是星系的包装;大气是地球的包装;地壳是地幔的包装;地幔是地核的包装;人穿衣着装是一种人体的包装;电影有包装;电视节目有包装;个人形象需要包装,但这些并不是本书的研究对象。

通常的包装可理解为日用品和工艺品的盛装容器、包裹用品及储藏、搬运所需的外包装器物,即包裹和盛装物品的用具及容器。如各种陶瓷器皿、玻璃容器、青铜器、日用品等,也包括一些运输用外包装。

1.1.2　产品包装定义

产品包装是指为产品的生产、销售、使用及回收而设计的具有实用价值的包装。

关于产品包装的基本概念,各国都有各自规范的定义:

美国包装学会对包装所作的定义为"为便于货物输送、流通、储存与贩卖,而实施的准备工作"。

英国规格协会的"包装用语"定义:"包装是为货物的运输和销售所做的艺术、科学和技术上的准备工作。"

加拿大包装协会的定义:"包装是将产品由供者送到顾客或消费者,而能保持产品于完好状态的工具。"

日本工业标准对包装所作的定义:"包装是为便于物品的输送及保管,并维护商品的价值保持其状态,而以适当的材料或容器对物品所施之技术及其实施后的状态。"

中国包装通用术语的定义是:"为在流通过程中保护产品,方便储运,促进销售,按一定技术方法而采用的容器、材料和辅助物的总体名称。"

产品包装设计的完整概念应该包括包装结构设计、包装容器设计、包装视觉信息设计(主要是指包装中的图形设计、色彩设计、文字设计、编排构成设计、商标设计)及与之相配的广告宣传设计。

总之,产品包装是为便于运输、储存和销售而对产品进行适当处理的艺术、科学和技术的准备。具体指用不同材质制作的盛装与保护物品的包装。它具有附属性和临时性两重性质,是被包装物品的附属物,可以被抛弃或保留,但两者不能分离。它的作用是保证包装物在保存、运输、销售、使用过程中不受损伤,以便运输、使用。有些包装如化妆品包装、药品包装,它们往往和包装物合为一体,虽然是附属物,却不具有临时性,而是要与包装物同时保存,具有长久性。包装物与被包装物之间具有一定的和谐性与统一性,往往既有实用性,又具有特殊的审美性。

现代产品包装设计赋予包装更多的内涵,更加注重包装的科学性和技术性。它既是企业用来促销商品的最佳手段之一,也是企业形象的象征。消费者能从产品包装设计中领悟到一个企业的理念、品质、文化和相关商品的信息。

1.2　产品包装设计的渊源

1.2.1　古代包装设计

在原始社会,人们为了生活的需要,学会了用兽皮包肉,用贝壳装水,用芭蕉叶、荷叶、芦叶、竹叶等包存食物;用柔软的植物枝条、藤蔓或动物皮毛扭结成绳,进行捆扎、编织、缝制成袋、包、兜等,并能模仿某些瓜果形状,制作成近似于圆或半圆的筐、箩、篮、箱、笼等用以盛装物品。远古人类能利用各种自然材料来制作多种形式的包装容器,这在几万年前可称得上是伟大的发明和创造。也可以说这些发明和创造是最原始的包装形态。这些活动恰恰说明了人类即使在最原始的生活状态下,也需要包装来为生活提供方便。如流传至今的粽子,就是最自然的食品包装(图1-2)。

陶器的诞生创造了人类包装史上光辉的一页。大约在7000年前,我国母系氏族社会的长江、黄河、黑龙江流域及沿海广大地区,开始广泛使用陶器。陶器与农业的发展及人们的生活有着密切的

图 1-2　自然材料包装

图 1-3　马家窑彩陶漩涡纹双耳罐,中国

图 1-4　青花云龙纹扁壶,明永乐年

联系。如谷物的贮藏、饮用水的搬运、肉类和谷物的加工等都需要陶器。陶器的出现,意味着人类开始了有目的、有意图的包装创作。我们可以清楚地发现,从人类进行包装这一活动开始,包装设计就是根据所要包装的对象和用途来选择最适合的材料,进行包装容器和结构设计的。而且,当时的人们已经懂得了装饰,从出土的文物中我们发现了不少生活装饰物,尤其是在彩陶上,创造有许多复杂多变、生动、具有很强装饰美感的纹样图案和器物造型(图 1-3)。

中国的英文"China"的另一个意思就是"瓷器",可想中国的陶瓷在世界历史长河中的重要地位。大约在公元前 16 世纪的商代中期出现了原始瓷器。在东汉中、晚期,原始瓷器发展为瓷器,这是我国古代劳动人民的一项重大发明和创造,也是对世界物质文明的贡献。由于瓷器比陶器坚固耐用,清洁美观,又远比铜器、漆器的造价低廉,而且原料分布极广,蕴藏丰富,各地可以因地制宜,广泛烧造,满足民间日用之需,这在客观上为瓷器的出现和发展创造了条件。随着技术的发展,瓷器制作日益精美,尤其是在日用器物领域逐渐取代了铜器和漆器的部分地位,成为十分普遍的日常生活用具。

我国是世界上最早发明陶瓷容器、最先用陶瓷容器长久封藏食品和装运商品的国家。陶瓷容器不仅作为一般日用品被广泛使用,还被用于装运各种盐、蔬菜、食品、调料、酒、果汁等,也被用于包装医药、化妆品和一些防潮、防腐变、防渗漏的商品。如汉代的青瓷,隋代以后的白瓷、黑瓷、三彩瓷、釉里红、五彩、斗彩、粉彩、青花瓷等各种彩瓷,都被用作包装容器(图 1-4)。

在《韩非子·外储》篇中有"买椟还珠"的故事,"楚人有卖其珠于郑者,为木兰之柜,薰以桂椒,缀以珠玉,饰以玫瑰,辑以翡翠",以至"郑人买其椟而还其珠"。说明我国在春秋战国时期,就已经有了装饰华贵的商品包装。

从汉代画像石、画像砖中可以看到秦汉时期的一些包装物,如《弋射收获图》画像砖,整个画面分成上下两部分:上部为弋射图,右为莲池,池内浮着莲叶,水中有鱼鸭遨游,空中有大雁飞行。下部为收获图,一人挑担提篮,手中提着装水或盛饭的包装容器。三人俯身割穗,另外两人似在割草。整个画面简洁分明,但所表现的内容十分丰富,而且将不同的空间自然地结合在一起。所表现的劳动场面具有浓厚的生活气息(图 1-5)。

在公元前 18、17 世纪,我国夏代末期就发现了铜金属,到了公元前 11 世纪,我国青铜器的制作达到鼎盛期,除了作为当时社会重要的礼器,代表权力和地位,同时也被大量地用于各种日用工具和包装器皿,如食器:盘、碗、豆等;酒器:爵、角、觚等;水器:罐、壶、瓮、盂等。这些包装容器的结构和造型设计,既具有很强的功能性,同时还有很强的装饰性。整个器形雄伟厚重,结构复杂,纹饰繁缛富丽(图 1-6)。

中国是世界上最早使用漆器的国家,在 3 000 多年前就有用漆液做的防腐涂料和用于对包装容器进行装饰的彩绘材料。到战国秦汉时期，天然漆作为藤、竹、草、条等材料编织的容器和某些木容器的防腐涂料、彩绘调料已普遍使用。到唐宋以后，漆使用于包装更为广泛，技术与工艺也更加复杂、先进。到明清时发明了金漆镶嵌、平脱漆器、雕漆等，既可做包装容器，也可做工艺品(图1-7)。

中华民族在进行与人类生活有直接关系的包装设计与制造技术方面，为世界包装科学的发展做出了不朽的贡献。最突出的是我国古代"四大发明"中的造纸和印刷，它们直接影响和推动着我国和全世界包装工业的发展。

自从东汉蔡伦改良造纸技术以来，由于纸张质地柔软，价格低廉，人们很自然地用纸来包装物品。直到今天纸仍然是包装的主要材料。纸最早可能是用于包裹和衬垫器物的。在《汉书》中就有纸作为包装材料的记载。1957年在西安灞桥发现的一座西汉古墓中的纸，据称是用来包裹或衬垫青铜器的。在敦煌悬泉发现的三件西汉残纸上面有药名，大概是用于包裹药物。东汉初开始纸代替竹帛用作书籍的材料。现存最早的纸书是三国《譬喻经》。到唐代开始有书函，它用木板或纸板所制，是用于保护书籍的，可以说是书的包装。唐朝时出现了蜡纸，主要用于包装中药、食物等，有不浸油、防潮气的特性。

中国印刷术早在公元6世纪中叶就有记载，它的产生大大推动了包装的发展。现存最早的印刷品《陀罗尼经》是公元8世纪印制的。印刷术经过由简至繁的变化，至宋代成长为完美而精湛的艺术。技术与方法的改进，使得印刷的范围不断扩大，越来越多地被用于商业。

包装材料从原始的自然材料发展到自然材料的制成品。随着生产力的不断提高，物品生产相对过去变得更加丰富，剩余产品进入初级的流通领域，商业活动由物与物的交换，逐步转变为等价交换，商品买卖开始有了竞争，货物仅有包装已显得不够，必须加以装潢，以各种符号、图形、文字、色彩作为商号与商号之间、商品与商品之间的区别。最初出现的是吸引顾客的店名识别、店铺标记和宣传幌子，如酒店门口挂的"酒"字或"葫芦"，药铺门前挂的"膏药"旗等。随着商业活动的地域扩大，仅有店铺招牌已不够，于是出现了产品的标记。

中国历史博物馆所藏的我国现存最早的包装资料是北宋山东济南刘家针铺的包装纸，其四寸见方，雕刻铜板印刷，上面横写"济南刘家功夫针铺"，中间是一个白兔商标，从右边到左边分别竖写"认门前白""兔儿为记"，下半方有"收买上等钢条，造功夫细针"等广告文句，图形标记鲜明，文字简洁易记。它是融标志、包装与广告为一体的设计(图1-8)。"兔儿为记""梅花为记"等是最早期的商标，而这些商标又随着不断扩大的商品销售，出现在这些商品的包装物上。

我国民间应用极普遍的"八角包"是将那种微黄粗糙的纸用

图1-5　《弋射收获图》东汉画像砖，高39.6厘米，宽46.6厘米。1972年四川大邑安仁乡出土，四川省博物馆藏

图1-6　商周青铜器，兽面纹爵

图1-7　剔红雕漆"花卉图"盖盒，中国明代

于包装各种土产、药材、糕点,在饱满体量感的斗方造型上附以红色纸,印有标记和图形,既识别了商品,又表示了吉祥的寓意,在边卖边包的过程中给人以亲切感(图1-9)。

通过以上分析可以看出,从远古时代的兽皮包裹到近代各种民间包装,充分体现了人的创造力,它们是劳动人民智慧的结晶。包装由它的原始功能——保护及容纳物品,提高到具有识别性功能和宣传性功能,这应该是人类在商品销售上的一大进步,可以说包装已经具备了基本完善的功能。

1.2.2 近现代包装设计

1798年,逊纳菲尔德发明了石版印刷术,实现了着色印刷,大大推动了包装业的发展速度。1799年,法国人制造了世界上第一台造纸机,将中国的人工造纸技术转化为机械化生产技术,进而推动了纸业包装的发展。

19世纪初,西方爆发了工业革命,机器的发明和能源的开发促进了产品质量的提高,人们在选择商品时不仅关注产品质量,同时也开始注意商品外观的美感,这时的包装开始起到美化产品的作用,具有一定的审美价值。1837年金属罐装食品的方法开始被采用。1856年英国人发明制作出瓦楞纸包装衬垫。1868年发明了印铁技术,色彩艳丽的颜色可以直接印在铁皮上,盒子的造型设计也趋向多样(图1-10)。1879年美国公司设计制造出模压折叠纸盒包装。1897年瓦楞纸盒面世。

在19世纪后期,品牌产品开始出现,尤其是在一些香烟的包装上出现了许多富有浪漫色彩和异国情调的名称,这些商标名称赋予产品不同凡响的魅力。这一时期的包装设计讲求的是一目了然和令人兴奋的形象,追求的是丰富和鲜亮夺目的色彩,整个包装不仅可以很好地吸引顾客,而且还能给产品一种整洁和新鲜的感觉,以增加人们对品牌的信赖感(图1-11)。

在20世纪初,新艺术运动对包装设计与风格产生了巨大的影响。包装设计冲破了过去设计领域的旧框框,在品牌设计中体现的时代风格,深深地打上了新艺术运动的烙印。这些包装充满了独特诱人的魅力。1911年英国正式生产玻璃纸,美国和欧洲又研究出多种玻璃纸和聚乙烯塑料等新材料,它们纷纷被用于商品的包装。

在20世纪中,随着妇女在商业活动中更多的参与和休闲时间的增加,新的包装设计观念和现代设计风格产生。当新的品牌到来时,新的设计观念导致包装设计领域合理化进程的开始,使市场更加重视包装设计。一些已经确立起来的老品牌,也开始慢慢地重视包装设计的现代化。这一时期产品包装设计的特质是以强烈鲜艳的色彩搭配和抽象的几何形为主,包装的平面设计变得更为大胆,改进了早期包装过分装饰的设计风格(图1-12)。

20世纪30年代末至40年代初,美国开始出现了自我服务商店,因其具有快速、方便、节省人力等优点,很快从美国发展到

图1-8 山东济南刘家针铺的包装纸,北宋

图1-9 民间应用极普遍的"八角包"

图1-10 "自行车上的少女",约于1900年制造,欧洲

其他国家。随着货物种类的增加，消费水平的提高，这种形式很快发展成面积在 2 000 平方米以上的超级市场。50 至 60 年代超级市场在世界范围内有了普遍的发展。70 年代到 80 年代超级市场规模宏大，销售的商品范围广、数量多，品种一般都在 5 000 ~ 20 000 种之间。没有售货员向顾客介绍商品的内容，货架上成百上千的同类产品，只能靠自身的包装去吸引顾客，打开销路，使包装成为"无声售货员"。包装设计只有通过图形、文字、色彩、材料与造型等视觉语言的作用，来明确商品的用途、功能与各种属性，并显示消费者的阶层、性别、年龄及地区等信息，使包装具有了销售、招揽和广告宣传的价值。现代包装不仅仅是一种商品信息传播媒介，而且成为市场竞争的手段之一，这一时期商品包装得到迅速的发展（图 1-13）。

图 1-11　驼牌香烟包装，美国，1913

我国近代产品包装的发展情况是从 1840 年鸦片战争以后慢慢发展起来的。由于当时清末政府软弱无能，因而西方帝国主义列强不仅对我国进行军事侵略，而且还对我国实行经济掠夺。他们压制我国民族工业和包装事业的发展。所以，那时外国洋货、洋牌几乎占领了我国市场，大到轮船（当时叫洋船）小到元钉（当时叫洋钉），另外，还有其他大宗商品，包括"洋布""洋火""洋油"等等。如英商英美烟草公司输入我国的"老刀"牌香烟（图 1-14），日本倾销到我国的"仁丹"牌药品等，这些商品的包装图样都带有一种弱肉强食的帝国主义面目。此外，还有一些外商产品的包装是采用中国民间故事、神话传说为题材的，如"麒麟送子""桃园结义"等等，目的是迎合广大中国消费者的喜好，最终长期占领中国市场。辛亥革命以后我国民族工业产品增多，包装也越来越多，题材大多数是表示吉祥寓意的，如龙、凤、虎、松鹤、鸳鸯、牡丹、和合二仙、五子登科、福禄寿等，也有一些外来的其他内容，如"摩登"女性形象（图 1-15）。

图 1-12　粉饼包装，美国，1926

图 1-13　"99 美分"摄影作品，安德烈亚斯·古尔斯基，德国

20 世纪 30 年代,在火柴盒和布匹等商品上出现了宣传国货、宣传爱国、唤起民众的文字和图案,如钟牌、爱国牌、醒狮牌商标等。值得一提的是,天津东亚毛呢纺织公司生产的"抵羊"牌毛线,原来是叫"抵洋"牌,后因为这个商标词太显露,在当时很可能会招致麻烦,于是设计者决定稍微隐讳一些,将"抵洋"改为"抵羊",一语双关。包装图样采用两只山羊两头相撞,死死相抵,决不退让,表达抵制日货的情绪,同时,东亚公司针对当时举国上下的抗日热潮,突出宣传"抵羊"牌毛线是"国人资本、国人制造",使用国货是爱国行动。这是当时我国民众抵制洋货,抵制外国入侵的革命热潮中最富于时代特征的例子(图1-16)。

1949 年宣告成立的中华人民共和国,是在被推翻了的半封建、半殖民地的旧中国的基础上建立起来的。由于连年战乱,加之国内外反动势力的疯狂掠夺与破坏,中国的传统包装工业一度陷入工厂倒闭、人亡艺绝的境地。在新中国成立以后的经济恢复和第一个五年计划时期,由于国家的重视,包装工业有了一定的恢复和发展。这个时期包装工业发展初具规模,兴建了一批纸、塑料、金属、玻璃等包装材料工厂,为之后包装工业的长足发展奠定了基础。

1971 年和 1972 年外贸部连续两年举办进出口商品包装对比展览和包装装潢设计人员座谈会,大大推动了我国出口商品包装设计的发展。1973 年和 1975 年全国从事包装设计的人员先后自发组织成立了两个全国性的包装设计学术组织,这是我国现代包装设计的开路先锋,从此不断涌现出水平较高的现代包装设计。

1980 年以前,我国包装行业没有形成体系,包装工业相当落后,无论是机械设备、原辅材料,还是加工工艺及设计制造水平都很低,技术力量严重不足,人才奇缺,包装成了国民经济发展中的一个极其薄弱的环节。随着科学技术的发展,我国进入以社会主义现代化建设为中心的新时期,现代包装工业体系逐步形成并迅速发展。

进入 80 年代之后,伴随着我国改革开放政策的实施,外贸出口商品的品种、种类、数量和销售地区迅速扩大。为适应现代化的国际市场,通过频繁的国内外包装学术交流和大型的包装设计展览,分析我国存在的因包装不善造成的巨额经济损失,不但引起了我国政府和有关方面的极大重视,也使人们对产品包装有了较全面的认识。全国多种形式、不同级别的包装大赛,如"中国之星""中南星""华东之星"等层出不穷,涌现出了许多优秀的包装设计作品(图1-17)。

据国家有关方面统计数据,1980 年我国包装工业产值仅为 72 亿元,占社会总产值的 0.8%;1995 年包装工业产值达 1 145 亿元;1998 年增加到 1 840 亿元;2000 年达到 2 200 亿元以上;到 2005 年包装工业产值为 3 200 亿元,占社会总产值的 2.2%。数据统计,我国包装工业以平均每年 20% 的速度快速增长,2010 年包装工业总产值达 12 000 亿元,2012 年达到 13 000 亿元,包装产业在

图 1-14　"老刀"牌香烟,英商英美烟草公司

图 1-15　华丰染织厂"美亭"牌染布商标,中国

图 1-16　天津东亚毛呢纺织公司的"抵羊"牌绒线商标,中国

我国国民经济建设中占据着重要的地位,中国正从包装大国向包装强国迈进。到 2014 年,全球包装市场规模将从 2009 年的 4 290 亿美元增至 5 300 亿美元,其增长速度明显高于全球经济增速。

目前中国已建立起门类齐全的包装工业体系,能够满足国内消费和商品出口的需求,不少包装产品在国际市场赢得了良好声誉,为保护商品、方便物流、促进销售、服务消费发挥了重要作用。特别是在食品、医药、化工产品等包装设计方面,无论是材料选择、加工技术,还是各项功能特点,都具有相当高的水平,特别是在包装结构造型设计和产品包装设计方面,在国际市场上赢得了荣誉(图 1-18)。

总之,历史的发展和物质、精神文明的发展,在包装设计上都有所体现。包装和人们的政治、经济、生活有着密不可分的联系。

1.2.4 包装组织和机构

包装业的发展促进了包装组织机构的建立与科学研究、交流活动的开展。

世界上最早的包装研究所诞生于 1902 年的美国。1955 年欧洲成立了欧洲联盟,1967 年成立西欧包装联盟。世界包装组织于 1968 年建立。1969 年北美成立包装联盟,之后,拉丁美洲包装联盟也成立了。同时,欧、美、日等许多先进的工业国纷纷建立各种包装设计与研究机构。

我国包装事业也在日益发展,不少城市成立了美术设计公司。北京于 1964 年成立了产品包装工业公司。70 年代后,广东、上海等地先后成立了产品包装工业公司。1980 年底在重庆成立了"中国包装技术协会"。1981 年 3 月在北京成立了"中国包装技术协会装潢设计委员会",在 2004 年 9 月更名为"中国包装联合会",下设 22 个专业委员会。

1982 年,在北京举办了第一届全国综合性的大型包装展览会,进一步推动了我国包装事业的发展。包装设计教育作为高等设计学校中的一门专业学科,近几年不断提升办学规模、层次,培养了大批包装设计人才。不少大中企业也开始关注包装设计的研究及投资。各种层次的刊物、展览、评比等也不断涌现,有力地推动了包装工业的发展。

1.3 产品包装设计的功能

生活中处处都离不开包装,在现代经济社会,产品离开了包装就无法到达到消费者手中,产品的包装已成为商品的重要组成部分,它关系到生产、流通、消费的各个环节。据美国专家分析,在消费者购买的全部物品中 75% 是经过包装的。包装也是增加商品价值的重要手段之一,好的包装设计,不仅可以起到保护、宣传、美化商品的作用,而且可以促进商品的销售,增强商品的竞争力,吸

图 1-17 荷花牌纸包装,王安霞,1991 年中南星包装设计金奖

图 1-18 舍得酒包装,梁文峰设计,中国

引消费者,刺激他们的购买欲望,起到"无声售货员"的作用。西方对购买行为的研究证明,60%左右的人购买商品是受产品包装的刺激做出突发性购买行为的,这说明产品包装是最得力的推销工具。

就产品包装而言,包装对于被包装物的作用与效应,比较有代表性的提法是:保护性——起到无声卫士的作用;便利性——起到无声助手的作用;销售性——起到无声售货员的作用(图1-19)。

1.3.1 保护功能

保护功能是包装最基本、最重要的功能。它能保证产品在流通过程中避免受各种外来的损害与影响,使产品完好、安全地到达购买者手中。包装设计要考虑内容物本身的理化特性和有关环境影响,要考虑用材、结构、造型等因素,通常表现在以下几个方面:

1. 防震动、挤压、撞击

商品在运输与库存中要多次装卸搬运,震荡、掉落、撞击、堆叠、挤压及偶然因素容易使一些商品变形损坏甚至内部变质,进而带来不利影响(图1-20)。

2. 防挥发或渗漏

液态的流动性使其极易在储存、运输过程中受损,如香水、酒精的挥发性,香槟酒、啤酒的膨胀性等。

3. 防环境污染和虫害

不良环境所产生的微生物作用或虫害侵蚀、污水、污物接触等,往往会使产品发生质变,如食品、药品等。

4. 防光照辐射

紫外线、红外线或其他光照直射,会使一些药品或商品品质产生变化,使其降低效力或褪色等,如食品、饮料、化妆品、药品、胶卷等。

图1-19　BMW公司的护肤品,Mulyadi设计公司,美国

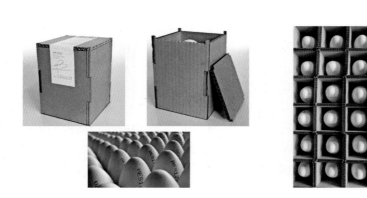

图1-20　编码鸡蛋巧克力,Zoo Studio工作室,西班牙

5. 防酸碱腐蚀

一些商品应防止接触酸碱物质及吸收一些不良气体,如某些含酸产品暴露时间过长,油性产品接触塑料用材包装都会产生不良的影响。

6. 防过分干燥或过分潮湿

过分干燥或潮湿会影响某些商品的品质,如食品、精密仪器等。

7. 防冷热变化

温度冷热变化不仅会影响某些包装材料的品质,而且会直接影响到内装商品品质的好坏,如速冻食品、可加热食品等。

因此,产品包装设计应该根据不同产品的形态、特征、运输、销售环境等因素,以最适当的材料、最合理的包装容器和技术,赋予包装最佳的保护功能,使其内装产品安全完好。对一些危险货物应该采用特殊包装,防止对周围环境及人和生物产生伤害。

1.3.2　便利功能

商品包装给现代人的生活带来了许多便利,同时也为人们提高工作效率和改善生活质量起着重要的作用。现代包装设计应根据包装物的物理、化学特性和使用特点,考虑方便合理的造型结构,力求科学地获得生产、储运、销售、使用上的便利性。包装的便利功能主要体现在以下几个方面:

1. 便利生产

对于大批量生产的产品,包装要适应企业生产机械化、专业化、自动化的需要,兼顾资源能力和生产成本,尽可能地提高劳动生产率。

2. 便利储运

对每件包装容器的质量、体积(尺寸、形态等),均应考虑方便各种运输工具的装卸,便于堆码和人工装卸。货物质量一般不超过工人体重的40%(20 kg左右)。同时,还要考虑流通过程中在仓库、商店、住宅的仓储和堆码方式、货架陈列效果,消费过程中室内摆设和保管等因素。对储存与运输有关的因素也应考虑全面,如标志的识别性;规格的统一性;尺寸的合理性;空间占据量;搬运、移动、堆叠、集合堆存的合理性等。

3. 便利销售

堆叠式、吊挂式或陈列式的堆码方式选择,为商品销售带来了许多的便利。如食品罐头从不利于堆叠的直筒式造型,改为上大下小或另加盖凸凹槽口形式,使其能互相咬合堆叠,既节约了销售场地又增加了陈列展示效果;有些软管类化妆品,盖的加大使其能倒立陈列,既美观又方便使用;有些吊挂式商品则充分利用了货架空间,不仅能展示更多的产品,也有利于消费者在购买时选择。

4. 便利使用

尽可能地给消费者带来使用上的方便。新材料、新工艺、新技术的进步,为消费者在开启包装时提供了方便,如易拉罐的开口设计有扭断式、拉环式、卷开式等。对某些特殊商品,包装设计应考虑使用对象、地点等因素,为消费者携带与存放提供更多方便。合理的包装,会给消费者在开启、使用、保管、收藏时带来许多方便。如易拉罐、喷雾式包装、便携式包装等。另外,在产品包装设计中,为了方便消费者使用,应以简明扼要的语言或图示,向消费者说明注意事项及使用方法。

有些包装设计可将单件或关联商品统一组合,配套出售,如吸塑小五金工具组合包装,将钉、螺丝、套管、锤、小刀等进行成套包装设计,既减少产品从工厂到消费者手中的转运次数与时间,也避免了售货员零售组装时出差错,提高了效率,方便了消费者使用,节省了消费者的时间。还有些包装设计将一起使用的产品进行成套设计,也是为了方便消费者,如洗浴用品的成套包装设计。

5. 便利回收处理

主要指在包装材料的选用上,既应该考虑包装在使用后的处理问题(部分包装具有重复使用的功能,如各种材料的周转箱、啤酒瓶、饮料玻璃瓶),也应考虑包装废弃物(纸包装、木包装、金属包装等)的回收再生或降解等问题,使之既有利于环境保护和节省资源,更有利于社会的可持续发展。应建立正确的生态观,做环境的保护使者而不是垃圾的制造者(图1-21)。

1.3.3 促销功能

"包装常比盛装在里面的产品还重要。"这是美国食品工业一位高级顾问通过市场调研而得出的结论。我们细心浏览一下市场的销售情景,便能体会出这句话的真正涵义。任何一种商品能否稳定地立足于市场上,取悦于消费者,往往与其包装有着密切的联系。随着人们购买力的提高以及商业的繁荣、销售方式的发展,商品包装对促进销售的作用越来越明显。

商品包装的外观形象,能直接刺激消费者的视觉,从而唤起消费者的购买欲望,继而产生购买行为。因此,产品要在市场竞争中保持优势,就必须既有优良的品质,又有精美的包装。这是因为挑剔的消费者首先是从商品的包装中寻找出值得购买的理由,然后再做出购买的决定。尤其是自选商场和超级市场的出现,使得销售方式更简便,更快捷,包装被赋予了新的职能——无声推销员。它成为生产者与消费者之间相互联系的销售工具,使商品从货架上转移到消费者的手中。

图1-21 一缕茶香,乌龙茶包装,林韶斌,中国

优秀的商品包装,能给商品带来高附加值,能增加商品的利润。在琳琅满目的现代市场中,商品包装已成为商品差异化的象征。优良的具有独特个性的包装,不但能反映商品的品质和企业的形象,还可以帮助消费者辨认商品与商品的生产厂家,便于对商品进行比较选择。商品的生产、价格、流通、销售及利润等影响着包装,又受到包装的影响。优秀的包装设计不仅能满足广大消费者的购买心理,还有助于提升消费者的购买信心,达到销售商品的目的。实践证明,造型简洁、图形生动别致、色彩鲜明宜人、构图完美和谐的商品包装,是促进潜在的消费者成为消费者的重要手段之一(图1-22)。

今天的包装设计正走向全方位服务的道路,变得更有力,更带有权威性。设计师的想象力不仅把市场销售目的变成视觉效果,还要能促进销售。因此,可以说包装在相当程度上左右了商品的销售,成为在一定程度上具有决定性的因素。由此可见,优秀的商品包装设计是智慧与技术的结晶,是艺术与科学等诸多学科的融合体。它既要满足消费者物质上的需求,又要满足其心理上的需求,赋予商品新的生命力,为商品赢得更广阔的销售市场。当然,商品的销售反过来也促使商品包装工业的迅速发展。

1.3.4 寓教于乐功能

产品包装设计设计,能使消费者熟悉商品,增强对商品品牌的记忆与好感,储存对生产商品企业的信任度,也能使消费者在接受商品信息的同时,得到精神上的享受,受到启迪性的教育。所以包装不仅有物质性、经济性,还具有精神性、教育性。如有些儿童玩

图1-22 Mayrah酒包装,Eulie Lee,美国

具的包装上,不仅有玩具玩法的说明,还有一些相关的知识传授,能使儿童在玩乐中得到智慧的启迪和安全教育。有些药品包装、生活用品包装上有如食品营养的常识。"吸烟有害身体健康"的字样往往被规定必须在相关产品上标识,引起人们在购买这一商品时的注意,受到教育。因此,从广泛意义上看,产品包装设计具有美育的熏陶、文明的培养、知识的传递、智慧的启迪等精神性、教育性功能,能培养人们高尚的情操与欣赏趣味,引导人们更加热爱生活。另外,有些带有趣味性、卡通性的儿童商品包装,它的图形设计能给儿童带来一定的娱乐性,使他们在接受信息的同时,又得到一定的享受。如采用七巧板形式的文具包装,能让学生在使用完商品后做智力游戏,既有一定的实用价值,又有一定的娱乐性(图1-23)。

图1-23　"蚂蚁"办公用品礼盒包装设计,李小菁设计,王安霞指导

1.4 产品包装设计的分类

1.4.1 内容分类

产品包装从它产生之日起就已具有多门类构成的综合性质。随着时间的推移,各种新工艺、新材料、新观念、新产品及新市场不断加入,它的综合性愈加明显,其构成成分更趋复杂多元。显然,任何不顾前提的机械分类都不能准确反映包装的类别特征。作为设计师,把握住现代包装的分类原则,不但要弄清包装在生产、储存、流通、消费中的各种作用,而且也要把它作为设计管理和经营管理的重要依据。多元性是现代包装的分类原则之一,我们应从各个角度去贴近包装,对包装进行归类。

1. 从包装形态出发,可以分为大包装、中包装、小包装,硬包装、软包装等。

2. 从包装材料出发,可以分为木箱包装、纸盒包装、塑料包装、金属包装、玻璃包装、复合材料包装、环保材料包装等。

3. 从包装的用途出发,可以分为专用包装、通用包装、特殊用品(如军用品、化学用品等)包装。

4. 从包装工艺技术出发,可以分为一般包装、缓冲包装、喷雾气式包装、真空吸塑包装、防水包装、充气包装、压缩包装等。

5. 从包装商品的内容出发,可以分为食品包装、化妆品包装、纺织品包装、药品包装、酒类包装、饮料包装、烟类包装、五金包装、数码类产品包装、玩具包装、文具包装等。

6. 从商品的销售出发,可分为内销包装、外销包装、经济包装、礼品包装、电子商务包装等。

7. 从包装设计的风格和表现形式出发,可分为传统包装、怀旧包装、卡通包装、简约包装、趣味包装、绿色包装、互动式包装等。

1.4.2 形式分类

1. 方便使用的形式

(1) 软包装

软包装一般是指包装材料的厚度不超过 0.5mm 的包装。软包装中有许多是由各种不同功能的复合材料制成的。不同的复合材料有不同的作用,其中防潮性能较好的有:聚乙烯/聚酯/聚偏二氯乙烯/玻璃纸复合;密封性能较好的有:聚酯/尼龙/聚偏二氯乙烯/铝箔复合;防异味透过性能较好的有:聚酯/聚偏二氯乙烯复合;防紫外线透过的有:纸/铝箔复合。还有用不同性能的纸复合材料做成的杯、盘、盒、袋等包装,替代了过去的瓶、罐、桶的包装形式。尤其是在食品包装中,大量地运用软包装的形式,如饮料、乳制品、糕点、茶叶、快餐食品、冷冻食品等(图1-24)。

软包装在各种包装形式中占相当重要的位置,而且应用十分广泛。它不仅能保鲜,符合各种卫生要求,轻便、安全、方便使用、

图 1-24　3 Dutch Farmers 薯片包装设计,Sogood,荷兰

方便销售、方便运输、节省空间、便于回收,并且有很好的视觉效果,有些材料本身就有很好的材质美感。它已经成为现代食品包装的主要包装形式。

包装形式的发展和现代化科技的发展是分不开的,新的科研成果在包装上的体现往往是最为明显的,尤其是软包装,其独特的个性和优势决定了它必定得到广泛的发展。在设计这类包装时,值得注意的是色彩的运用,要力求简洁、明快,在画面上要留出一部分包装材料的本身质感,以更好地烘托材质美和现代感。

（2）复用包装

复用包装不同于一次性使用的包装,它有其自身的价值,具有独特的造型和鲜明的个性,而且具有再次重复使用的功能。如有些酒的包装设计,瓶子的造型非常独特,一般都是异形瓶,不仅材质好、造型美,而且非常精致,制作工艺考究,价格比较昂贵,使人爱不释手。这些酒瓶,喝完酒后可以作为工艺品陈设、欣赏。有的复用包装还有特殊的纪念意义和保留价值。如有些茶叶筒、饼干盒包装也可以作为重复使用的包装。一些儿童食品、儿童用品包装,其外形设计如同一个玩具,吃完或用完里面的内容物后,外包装仍然可以作为玩具使用。

这类包装无论是造型还是装潢都要求更加精致耐看,具有独特性。在材料上要有所创新,在形式上要有强烈的个性,给人赏心悦目的美感。特别要强调的是,如果是为儿童设计的包装,一定要考虑到它的安全性和儿童的心理需求,不能有太多的尖角,要符合儿童玩耍的需求。复用包装是最能体现现代工艺水平的包装形式,现代工艺的不断发展,带动了复用包装的发展,也使其形式愈趋完美,越来越精致(图1-25)。

（3）适量包装

适量包装是指采用单件适量的包装,以方便各种不同的需求,也是为了控制一次性使用的数量,以避免有些产品一次消费不完而造成浪费。如食品包装中的果冻、果酱等,为方便食用往往做成25克的小包装,使人可以同时享受和品尝多种口味。

适量包装的发展兴起,是经济发展到一定程度的体现,也是人们生活水平提高的表现。今天我们走进超市或者商场时,大量的食品包装都有小的适量包装,如饼干、糖果、糕点、小食品等等。有些药品、日用品、纺织品也采用适量包装的形式,以方便消费者更好地使用(图1-26)。

（4）易开启式包装

易开启式包装指我们常见的易拉罐、易开瓶、易开盒及手提式盒、袋、桶等。这种包装更加注重科学性和合理性,设计更加巧妙,方便使用。包装中包括拉环、拉片、按钮等。常见的有扭断式、卷开式、撕开式、拉链式等多种形式。

易开纸盒一般是在盒的顶部设计一个断断续续的开启切口或一条开启带,用手指一按或一撕即开。有些易开袋或者使用阴阳槽相契合的形式,或者使用拉链式,使用非常方便。有些罐装食品

图1-25　Agrovim 橄榄油包装设计,mousegraphics 设计公司,希腊

图1-26　Hattomonkey 热酱汁包装,Alexey Kurchin 设计,俄国

图1-27　清洁剂包装,Aesthetic Apparatus 机构,美国

外加一个塑料盖,开罐后能重复使用。有些矿泉水的瓶盖设计特别巧妙,在第一次打开后,只要按一下就可以直接喝水,不喝时再向上一提就可盖上,既方便又卫生。有些保健品或者药品的瓶盖设计,采用卷开式或者拉片式,在瓶盖上设计一个小口,只要向一个方向卷起或拉起,瓶盖就被打开,特别方便。有些洗衣粉易开包装盒,在盒子上部有一块可活动的铝片口,用时只要轻轻向外一扣,洗衣粉便可倒出,不用时再合上,非常巧妙。

这类包装在功能上力求科学合理,技术性很强,是现代科学不断提高的产物。所以,这类包装的设计更加具有现代感、时尚感。往往采用流行的色彩、较活泼的字体和抽象的形式,使艺术性与科学性相互协调,产生耳目一新的感觉。常用于饮料、罐头、麦圈、洗衣粉、保健品等商品的包装设计(图1-27)。

2. 方便销售的形式

（1）可叠式（堆叠式）

为了充分利用展示空间,一般尽可能地将瓶、罐、盒、桶堆叠起来进行展销,这样既节省场地又有良好的视觉效果,使个体的包装形成一组或者一个群体,给人留下深刻的印象。在设计这类包装时,应该考虑到单体和堆叠后的整体陈列效果,即能否产生强烈的视觉冲击力来吸引消费者。有些食品包装,在盖上有一圈突出的边,使盒底部刚好能稳定地坐落在盒盖上,可堆叠存放和展示,这种形式在拥挤的超市中占有一定的优势(图1-28)。

（2）可挂式（悬挂式）

这也是为了节省展销场地产生的一种形式,有吊钩、吊带、网兜、吊牌等多种形式,也有直接在产品上或包装袋上悬挂的,如耳机、牙刷、洗浴用品等。设计这种形式的包装时,一定要巧妙、合理,要和包装的整体设计风格统一协调,形成一体(图1-29)。

（3）展开式（陈列式）

这是一种特殊造型结构的摇盖式包装,打开盒盖后可以从折叠线处折转,把盒子的舌头插入盒子内侧,盒面的图案便显现出来,与盒内商品相互衬托,具有良好的陈列和展示效果,所以也有人称之为陈列式。设计这种形式时一定要兼顾展开画面与不展开画面的完整性和协调性,也应该考虑到趣味性,这样才能吸引消费者的注意,起到促销的作用(图1-30)。

（4）透明式（开窗式）

透明包装又可分为全透明、部分透明和开窗式,其作用在于使消费者能直观地看到商品,满足人们眼见为实的心理需求,所以比其他包装形式更具有直观性和方便性。无论是食品还是日用品、纺织品,采用这种形式有利于在商品竞争中取得一席之地。透明材料所具有的光泽,使产品经过包装以后能够产生出一种超乎该产品本身的感染力。现在一些食品大多采用全透明或部分透明的形式,满足人们想直接看到的心理需求,如面包、糕点、小食品、速冻食品等。

在设计这类透明包装时,一定要考虑到材料的特殊性,应充分

图1-28　Toscatti厨房用具品牌,Anagrama,墨西哥

图1-29　Speedo Fastskin泳衣包装,Checkland Kindleyside,英国

图1-30　Colour Works厨具包装设计,Stocks Taylor Benson,英国

发挥材料透明、有光泽的优越性,以简洁、明快的方法来表现。标签放在透明包装的什么位置是非常关键的,它能起到画龙点睛的作用。

在设计开窗式包装时,要充分考虑包装盒面与盒内商品的有机结合,注意包装的整体协调性(图1-31)。

3.扩大销售的形式

（1）系列化包装

系列化包装是国际包装设计中较为普通和流行的形式,它是一个企业或一个商标、牌号的不同种产品用一种共性特征来统一的设计,它能使消费者一看便知是某一企业或某一牌子的产品,其中每一种产品包装又有其自身的特点和个性。它可以形成某一企业的家族经营,在竞争中能以众压寡,吸引人的注意,给人留下整体的印象,从而创立品牌,也有利于创造良好的企业形象,起到扩大销售的作用。一般消费者购买了系列产品中的一件,如果对其质量满意的话,就会再去购买这一系列的另外产品,这无形中扩大了销售(图1-32)。

（2）成套包装

成套包装是指将不同种类的商品或相似种类的商品进行成套包装的形式,它的对象可以是一起生产、一起陈列、一起销售、一起使用的商品。如成套的儿童服装,成套的化妆品、洗涤用品,成套的快餐、糕点、糖果,包括现在节日的新鲜水果、海鲜、蔬菜、肉类套盒、大礼包等。

成套包装给人以精致、完整的高档感,有时成套包装是作为礼品包装,所以要求在设计时注意构图的完整、严谨,色彩的协调统一,构思新颖、独特,有趣味性,制作工艺精良,有较高的品位(图1-33)。

图1-31　苹果包装,Katia
Mikov,以色列

图1-32　Thymes — Moonflower 月光花系列,Zeus Jones,美国

图1-33　一鱼三食（新鲜的海鲜）,
Victor Branding Lab（美可特品牌设计
公司）,中国台湾

图 1-34　可口可乐六联包，
可口可乐，美国

图 1-35　EAU JEUNE：SENTEURS
FRAICHES 香水，Crepuscule
设计公司，法国

图 1-36　SAMURAI 伏特
加酒，阿瑟·施赖伯，俄罗斯

（3）成组包装

成组包装是指将同一种商品进行成组设计，其目的在于促进消费者对商品进行汇总购买，增加销售量。成组包装在设计上应注意色彩、文字、图形的整体协调性、完整性，如可口可乐公司的六瓶装可乐就是成组包装，以达到扩大销售的目的（图 1-34）。

（4）广告式包装（POP 包装）

广告式包装也可称为 POP（Point of Purchase）包装，是指在店面或店内所树立起来的告示牌、宣传卡、吊着的旗帜等的总称。广告式包装是在激烈的商品竞争中兴起的一种包装与广告相结合的形式，它能强化商品宣传效果，节省广告费用。在设计这种包装时应注意以下几点：

第一，力求醒目：使其具有很强的吸引力和视觉冲击力，给人留下强烈的印象，使人过目不忘。

第二，有趣味性：设计要有趣味性，使人们看后不仅能产生兴趣并产生共鸣，更重要的是必须简洁明了地表达商品的特性、优越性、用途及使用方法，使消费者非常愉快地接受这些商品信息。

第三，具有心理效应：有了心理效应才能产生购买行为，达到促进销售的目的。POP 包装就是在现场做广告，所以应特别重视现场的心理攻势，力求表现该产品品质优良、价格便宜、新颖美观、使用方便等优点，触发消费者的强烈购买欲望。

总之，设计 POP 包装，要有独特的新意，要使商品名称、标志、图形、文字和色彩的表现有鲜明的特色，要非常巧妙地运用好包装的结构，注重它的科学性、合理性（图 1-35）。

1.5　产品包装设计的要素

一件完整的产品包装设计包括多种设计要素，涉及的知识面很广，包含有材料学、物理学、化学、力学、工程学、市场学、心理学、艺术学、设计学等学科，所以说产品包装设计是一项系统工程。产品包装设计的构成要素可以归纳为两个方面。

1.5.1　立体要素

指包装的主体形态、造型设计，它包括包装容器设计、包装结构设计以及包装材料的选择。通过适当的材料、正确的加工方法，进行合乎情理的具有人性化的包装容器和包装结构设计。立体要素是整个产品包装设计的基础，包装的形态与结构决定了包装的合理性和安全性，往往一个好的包装结构能给消费者带来许多的便捷和实惠（图 1-36）。

1.5.2　平面要素

指包装的视觉信息传达要素，包括产品包装的色彩设计、产品包装的文字设计、产品包装的插图设计。在产品包装的画面上一般必须要有商品的名称、商标、重量、厂名、厂址、生产日期、说明文、保质期、使用方法、批号、条形码、商品形象的插图或与商品相关的图形、相关的认证标志、回收标志、二维码等识别，一些必要的警示语、强制性的规定也应在包装上显现。将所要传达的视觉信息通过巧妙的设计和精心的编排，赋予包装新的生命力，使其具有强烈的视觉冲击力，能准确快速地传达商品信息，使消费者易于辨认并产生好感(图1-37)。

图1-37　Kcr&Ko.零食包装设计，Peter Gregson Studio，塞尔维亚

【本章练习与思考】
1. 市场调研
对超市、商场的包装或生活中出现的包装进行观察、分析、研究，找出两个设计比较成功的包装和两个设计不理想的包装，分别说出理由。主要目的是培养学生观察生活、发现问题、分析问题和解决问题的能力。
2. 查阅资料
通过查阅图书馆、资料室有关包装设计的书籍、资料，或运用网络资源进行查询、收集优秀包装设计资料，进一步加强对包装的认识。

第 2 章 产品包装设计的方法

2.1 产品包装设计的构思

构思是设计的灵魂。所谓"构思"就是指设计者在设计之前的思考与酝酿过程。从包装整体形象设计到局部处理,从材料选用到结构设计,从包装立体造型设计到平面设计的各个方面,都需要通过缜密的构思来完成,以达到预想的效果。要提高产品包装设计构思水平,首先必须研究构思规律,掌握其方法。其次,是在设计中反复实践,灵活运用。虽然每个人的构思方法都有所不同,但所要达到的目的,也就是构思的核心都是要考虑表现什么和如何表现这两大问题。关键是找准切入点,科学、合理、巧妙地表现所要传达的信息。

设计师通过构思来确定设计意向和决定设计的艺术形象,并开始进行一系列完整的设计活动,做到"胸有成竹"。设计构思与以下几个方面紧密相关。

2.1.1 观察是构思的前奏

设计能力的训练,首先是观察力的训练。如果没有观察,就不可能有构思活动。观察是分析、研究、想象、判断、创作的依据和前奏。一个设计师必须有敏锐的观察力和思考能力,只有这样才能进行设计构思及设计创作。许多设计的起初,就是因为设计师有敏锐的观察力,从发现问题开始,才有了新的设计构想。要从生活中和大自然中发现美,并从中提取对设计有用的素材。要善于用熟悉的眼光观察陌生的事物和用陌生的眼光观察熟悉的事物,做到"独具慧眼"。

观察在心理上属于积极的心理活动。设计师首先要有事业心,这样才能对观察产生强烈的兴趣,才能主动去发现。其次要有好奇心,要善于多提问题,从常人"熟视无睹"的事物中发现新问题,不仅要对整体进行外部观察,更要对事物的内在关系进行仔细的观察和探索。最后要有目的性,把观察与构思有意图地联系起来,尽量捕捉对设计有价值的信息,并将其转换为对设计有用的创作元素及视觉语言,直接为设计服务。

2.1.2 想象是构思的翅膀

设计构思是在想象的基础上进行的,想象力的训练在设计师的知识结构中十分重要。正如爱因斯坦所说:"想象力比知识更重要,因为知识是有限的,而想象力概括着世界的一切,推动着进步,并且是知识进化的源泉。"想象或许是人类所具备的一种最古老的精神活动,一切创造性行为都离不开想象。想象意味着改变事物呈现于我们心中的常态,改变应有的关系、重心、选择方式和组合方式。因此,它成为创造发明的基础。没有一种心理机制比想象更能让人自我深化,更能触及事物本质。一般生活面越宽,知识面越广,发挥的想象力就越丰富。设计师不能被眼前的事物所束缚,要充分发挥想象力,奇思妙想,才能设计出新奇的产品包装。

2.1.3　灵感是构思的显现

有时苦思冥想了很久却没有好的设计构思,可突然一瞬间思路展现,好的构思立刻浮现在眼前,我们称之为"灵感"。它主要是指人们在久思某一问题不得其解时,思绪由于受到某种外来信息的刺激或诱导,突然想出了办法,对问题的解决产生重大领悟的思维过程。灵感有四大特征:

1.　灵感的突发性

它往往不受思考者控制而突然发生,不期而至。突然降临是灵感最突出的特征。

2.　灵感的产生伴随着激情

它会使创新者欣喜若狂,使他们的思维空前活跃,进入一种如痴如醉的状态。

3.　灵感像闪电,稍纵即逝

灵感突然降临又匆匆离去,它在人们的头脑中只停留几秒钟,常常在你稍有所悟,但还未来得及反应之时飘然而去。通常人的思维只能意识到灵感的结果,而意识不到结果产生的过程。

4.　灵感产生的结果是前所未有的

灵感产生的结果是崭新的,是过去从未有的新思想、新观念、新主意、新点子。

灵感能产生独特和惊人的创新构思,它的产生需要一定的知识积累。积累是量变,是灵感产生的基础;灵感的产生是质变。对问题长时间、集中、有目的的思考和反复探索,使大脑精力集中并使之兴奋,同时辅以一定的外部信息的触发,灵感才有可能产生。正如著名科学家巴斯德所说:"灵感只偏爱那些有准备的头脑。"灵感有时是一闪而过,因此要把有价值的信息随时记录下来,养成良好的做笔记的习惯,这对今后的设计有很大帮助。

2.1.4　表现是构思的呈现

表现是人们通过各种各样的手段和方法,向他人传达自己的想法和心情。通常要用语言、绘画、声音、气味等感官的手段来表现。日常生活中,人们总是想采用一种最准确、最有效的表现手段来传达自己想要表达的信息。产品包装设计构思的最终结果,就是选择一种适当的表现形式来充分展现产品的相关信息,以最佳的视觉语言来传达信息。无论哪一种视觉表现,内容都是最重要的。当然如果不能引起人们的注意,甚至不知所云,肯定无法给消费者留下任何印象。我们进行设计构思时,必须考虑自己要表达什么,这一点很重要。其实,构思的过程就是解决如何选择适当的表现重点、表现角度、表现手法和表现媒体,以最佳的表现形式传达信息。所以,构思与表现有以下几个方面的关系。

1.　构思与表现重点

产品包装设计构思,一个很重要的方面是设计的表现重点。要确定设计的表现重点,必须对商品、消费者和销售三个方面的相关信息加以仔细的比较和选择。设计师应该有丰富的商品、市场、生活、文化等方面的知识积累。这些积累越多,构思的天地就越广,重点的选择也越有基础、越准确。

表现重点可以从内容上寻找,主要包括商标品牌、商品和消费者。不同的表现重点会出现不同的表现效果,无论如何表现,都要以传达明确的商品信息为重点。表现重点也可以只针对画面来说,它主要指画面上最关键的地方,是一幅作品、一个设计的心脏。缺少重点的设计既不能很好地传达商品信息,又不具有很强的吸引力。一般情况下,在画面中必须存在一个能赋予整体紧张感的位置,在这个位置上放置最重要的图形或文字。重点的存在集中表现出设计者要传达的信息。产品包装设计中的重点既是紧张感最高的位置,也是平衡感的出处,是在一眼便能引起消费者兴趣和感受的东西(图2-1)。

2.　构思与表现角度

表现角度是表现重点的深化,是设计具体确定的突破口。如以商标为表现重点的包装设计,可以表现标志形象,也可以表现商标所具有的内在含义。又如以产品为表现重点的包装设计,可以表现商品的外貌形象,也可以表现商品的某种功能,或者表现商品的地域特色。表现的切入点直接决定最后的设计效果。同样的表现内容,切入点不同,传达给消费者的信息在接受程度上不同,所获得的效果也不相同(图2-2)。

3. 构思与表现手法

表现手法与表现形式解决如何表现的问题,它是设计的生机所在,也是消费者最直接看见的。包装设计的表现应该能很好地表现内容物或与内容物相关的某些特性。通常在表现某一对象时,会有两种基本表现手法,即直接表象与间接表现。

直接表现(也称表象表现),指在设计表现时,直接运用该对象或该对象的某些特征,通常采用该商品最有代表性的对象、品牌、特性等,通过人们的联想,直接表达所要传达的内容与信息。这种方法直接、明确、一目了然,易于迅速理解和记忆,给观者直观的感受。有些食品包装就运用这种手法。直接表现的手法主要有夸张、对比、归纳、衬托、特写等(图2-3)。

间接表现指在设计表现时,间接地借助于和该对象有关的其他事物来表现该事物,它所表现的重点一般不是内容物的本身,画面上一般不直接出现要表现的对象。它比直接表现更加巧妙,也更加含蓄,表现的余地也更加宽泛,更能表现商品内在所赋予的抽象概念,饮料、香水包装大多采用这种形式。间接表现的手法主要有比喻、联想、象征、抽象、比拟、寓意等(图2-4)。

(1)象征手法:通过具体形象,表现与之相似和相关联的抽象概念,这种表现必须准确、贴切,如松鹤象征长寿,鸽子象征和平;绿色象征生命、环保、青春等。

(2)寓意手法:用与表现对象相近似或具有寓意性的形象,以暗示、示意的方式来表现包装的内容和特征。

图2-1 农之舞精米,
松本建一,日本

图2-2 Lucid 酒,LineaBrand
Development,法国

图2-3 Maraska 天然果汁,Nenad Devic
Design Studio,克罗地亚

图2-4 gloji 果汁,
Gloji ic,英国

（3）比拟手法：比拟是指事物意象之间的折射、寓意、暗示和模仿，它是用相近的事物形象模仿或比拟所要表现的对象或含义。

（4）联想手法：联想是由一种事物引发而想到相关的事物。这种手法能使所要表现的对象独具特色，新颖别致。

4. 构思与表现媒体

实现表现的媒介物叫做媒体，如绘画、电视、报纸、杂志、广告、包装、网络、影视、动画、多媒体等。产品包装设计的媒介物主要指能承载信息的包装体，也可以与其他相关媒体相结合。如POP包装就是包装与广告结合的一种媒体（图2-5）。无论利用哪一种媒体，表现必须要有实质内容传达。作为一名现代包装设计师，表现力是不可缺少的能力。要表达自己的想法和情感，必须学会选择一种有效的表现手段和表现媒体，在最有限的时间空间内，用最低的成本传达最优质的信息，从而获得最大化的传播效应，以获得广大消费者的理解和认可。

图2-5　21 Drop 品牌包装，Purpose-Built，美国

2.2　产品包装设计的方法

随着包装科学的发展，产品包装设计水平不断提高，其设计方法层出不穷，常见的有以下几种设计方法：

2.2.1　传统包装法

该方法汲取传统的包装方式方法来进行现代的包装设计。它可以是运用传统的包装材料，如直接采用植物的叶、绳包装商品，或运用竹、藤、草等编织的篮、筐等形式来包装传统的土特产品（图2-6）；也可以是采用传统的包装方式，如布包、纸包、纸盒；还可以在表现手法、表现形式、色彩上采用传统的形式，如传统的装饰图案、传统的造型容器、中国画、书法等。采用传统包装法，可以使整个包装具有强烈的中国传统特色。

2.2.2　仿生法

"仿生"设计是未来人类开创美好世界的八大科技之一。人类借助仿生学的力量，学习自然生态中各种大小生态圈之间循环利用的规律，以达到可持续发展的目的。仿生创造思维方法，是人类实现与自然界和谐共处的重要手段，是对生物体结构和形态的研究，能使未来建筑、产品、包装等的形态有所改变，使人们从人造环境中重新回到自然。现代社会中已有许多仿生成果被利用到我们的生活中，如蜂巢式建筑，既节省空间，又很美的外形。在产品设计中也有许多仿生设计，如天鹅形座椅、人手形沙发等。在包装设计中也有许多仿生的优秀设计作品，如动物形酒瓶、人体形香水瓶等、小蜜蜂瓶型的蜂蜜包装等（图2-7）。

在产品包装设计中，适当运用仿生形态来进行设计可以达到意想不到的效果。仿生形态是指在总体或局部的立体和平面的形态中，模仿生物原型的造型、结构、色彩、装饰、功能、表面肌理等。

图2-6　吉祥藏茶包装，四川吉祥茶业有限公司，中国

图2-7　Babees 蜂蜜，Ah&Oh 工作室，波兰

在包装设计中,可以是整体的模仿、局部的模仿、静态的模仿、动态的模仿、具象的模仿、抽象的模仿;可以在包装的立体造型和包装容器造型上模仿,也可以是平面各要素的模仿。总之,仿生包装设计是设计中的各个形态要素模仿生物体对应的形态要素,使包装设计与生物体之间建立起外观形态或内在功能、结构的联系,使包装同生物形态、结构、特征具有相似性,给消费者生命活力的感受,增强包装的趣味性,使消费者通过设计的形态可以联想到生物原型的形态及其内在神韵。

2.2.3 系列法

系列化产品包装设计是将包装的形态、色彩、品名、牌号、组合方式等做成系列,形成一组格调统一的群包装,在设计时遵循多样统一的原则,在统一中求变化,在变化中求统一。系列化包装设计可分为大系列、中系列和小系列,这需要根据不同产品、不同情况来具体确定。通常化妆品、食品包装大多采用系列化设计方法。

系列化包装可分为大系列、中系列和小系列。

所谓大系列是指凡属于同一品牌下,所有的商品或两类以上商品,用同一种风格设计的包装。完整的大系列不仅指企业内所有产品的设计风格统一,连公司、企业、工厂内所有的一切,包括建筑、设备、办公用品、交通工具、服装、广告宣传等都是统一的风格,这种设计也就是通常所说的"CI 设计",即企业形象设计,它是企业的识别战略,能强有力地扩大企业形象的影响,有利于创名牌,也是一个企业雄厚实力的最好展示(图 2-8)。

所谓中系列是指属于同一商标统辖的同一类商品,按性质或功用相近引入同一系列。如某一品牌的果汁系列,包括苹果汁、桔子汁、水蜜桃汁、草莓汁、杨桃汁等,它们都是水果汁,就属于中系列包装(图 2-9)。

所谓小系列是指单项商品但有不同型号、不同规格、不同滋味、不同香型、不同色彩等。如某一品牌同一种茶叶的包装,有500 g 装、250 g 装、150 g 装,甚至还有 20 g 装的小包装,这些都是属于小系列包装(图 2-10)。

系列包装设计的方法有以下几种:

1. 统一商标

商标是包装设计中既关键又重要的共性因素之一,常常成为系列表达的中心。专家经过长期的市场调查和销售研究后,认为在包装上如果忽视了商标的作用,就等于丧失了包装的生命。因此,形成统一商标的包装系列化,利于提高市场竞争力。

2. 统一牌名

将一个企业中所经营的各种产品统一牌名,形成系列产品,可以争取市场,扩大企业的知名度与产品销路。

3. 统一文字

在包装的系列化设计中,文字的统一至关重要,单是字体统一也可达到系列化效果。

图 2-8　MARC JACOBS 化妆品套装,svedka,美国

图 2-9　Schmoo 酸奶,Believe in,英国

图 2-10　Good Things 面部护理,R Design,英国

4．统一色调

根据产品的不同特征,确定一种色调作为系列化包装的主色调,从而使顾客单从色彩上就能直接辨认出是什么类别的产品。

另外,还可采用统一图形、统一造型、统一使用对象等手法达到包装系列化的设计。目前市场上许多产品都采用这种形式的包装设计,尤其是化妆品包装运用较为广泛。

2.2.4　定位法

我们通常说的定位设计是英文"Position Design"的直译。1969年6月,美国著名营销专家A.里斯和J.屈特提出定位理论,即"把商品定位在未来潜在顾客的心中"。70年代称其为"定位战略"。80年代初,欧美包装设计专家来华交流时详细介绍了定位设计理论与方法,对我国包装设计界产生了很大的影响,并得到了共识。定位设计的含义是:产品定位是用来激励消费者在同类产品的竞争中,对本产品情有独钟的一个基本销售概念;是设计师通过市场调查获得各种有关商品信息后反复推敲,在正确把握消费者对产品与包装需求的基础上,确定设计的信息表现与形象表现的一种设计策略。设计定位准确与否将直接影响到包装设计与产品开发的成败,设计师要充分意识到设计定位的重要性,更多地考虑如何体现商品的人性化,以争取更多的消费者为目标,使设计走向成功。定位设计法包含以下几个方面的内容:

1．品牌定位

主要应用于品牌知名度较高的产品包装。品牌定位主要向消费者表明"我是谁","我代表的是什么企业,什么品牌"。在产品包装上,突出品牌的视觉形象、商品标志或企业标志、品牌名称或品牌字体,也有突出品牌色彩的(即企业标准色),如"可口可乐"的红和白,"百事可乐"的蓝和红。有些品牌的图形设计包括宣传形象、卡通图形和辅助图形,在产品包装设计中充分发挥了图形的表现力,使消费者产生联想,有利于产品宣传的形象性和主动性,如"可口可乐"的曲线。总之,品牌定位设计,着重表现商品的品牌,突出品牌意识,对创立品牌的知名度起着非常重要的作用(图2-11)。

图2-11　可口可乐包装设计,
Turner Duckworth,美国

2．产品定位

是指在产品包装设计上表明"卖的是什么产品",使消费者迅速地识别产品的属性、特点、用途、用法、档次等。产品定位设计可具体分为:产品特色定位、产品功能定位、产地定位、纪念性定位和产品档次定位等。

(1)产品特色定位:主要突出产品与众不同的特色,以产品所具有的特色来创造一个独特的推销理由,把与同类产品相比较而得出的差别作为设计的突破点,这个差别就是产品的特色(图2-12)。产品特色的不同,才能更好地区别于同类产品,才能在竞争中脱颖而出,如牛奶包装突出表现"脱脂",饼干包装突出"无糖"等。

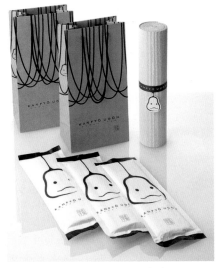

图2-12　**KANPUYO**乌东面,
Nosigner,日本

（2）产品功能定位：就是强调产品不一般的功效和作用，并在产品包装设计上重点展示给消费者，使其与同类产品拉开距离，让消费者在消费这种商品时获得生理和心理的满足。如保健品包装设计突出展示它的功效和作用，使消费者迅速了解它独特的功能，同时，也给消费者一种诱导、期待或承诺。工具五金类包装突出表现它的功能（图2-13）。

（3）产地定位：就是突出有特色的产地，以示产品的特质与正宗，强调原材料由于产地不同而产生的品质差异，也就成为一种品质的保证。一般用于旅游纪念品、土特产品、茶叶、酒类的包装设计。日本有许多地方的土特产品包装上，突出表现的是最具地域特色的象征图形或地标式风景和建筑。中国具有独特地域特征的地方有许多，如江南的小桥、流水、秀丽的景色和江南的丝绸产品包装相得益彰（图2-14）。

（4）纪念性定位：纪念性设计着重表现某种庆典活动、特殊节日、大型文体活动等，给消费者留下有意义和美好的回忆，并作为纪念品收藏。这类产品包装设计一般会受到时间、地点的限制，如"伦敦2012"奥运会，其专用的饮料包装及纪念品包装，突出的是奥运会的标徽，使包装具有很强的纪念意义（图2-15）。

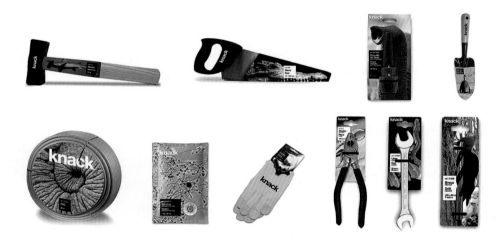

图2-13　工具包装设计，Marc Monguilod，西班牙

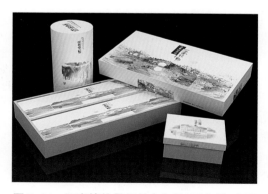

图2-14　江南情韵桑蚕丝巾包装，王安霞，中国

图2-15　可口可乐2013年伦敦奥运会纪念版

（5）产品档次定位：根据产品营销策略的不同及用途上的区别，每一类产品都有不同档次，设计者应该根据产品的不同价格来考虑适当的包装设计。由于商品存在着高、中、低三个档次，因此在产品包装设计中，应该准确地体现出产品的档次，做到表里如一。尤其是高档的礼品包装，应该突出它的高档感，力求体现典雅、高贵、华丽，满足消费者追求高档的心理，以适应消费者送礼的需求（图2-16）。

3. 消费者定位

表明商品是"卖给谁"的,为谁服务、为谁生产的,设计者必须充分了解目标消费群的喜好和消费习惯,使其具有较强的针对性,使消费者能透过包装对这个产品产生亲切感。抓住消费者的心理和情感因素,就是抓住了消费者的心。消费者定位是着力于特定消费对象的定位表现,主要应用于具有特定消费群体的产品包装设计,如性别、年龄、职业、特定使用者等(图2-17)。

在产品包装设计上往往采用相应的消费者形象或与之相关的形象为主体图形,并加以典型性表现。如在奶粉包装设计中,有专为儿童设计的奶粉包装,其产品包装设计就是以天真、活泼、可爱的儿童头像为主要的视觉设计元素;也有专为需要减肥女士设计的全脱脂奶粉包装,它的画面图形则是具有象征意义的杯子和尺子,寓意喝了此奶粉,身材依然苗条。视觉语言的准确是消费定位的关键。

4. 综合定位

根据产品和市场的具体情况,设计定位有时会采用多种定位方法相结合的形式。如品牌定位与产品定位结合;产品定位与消费者定位结合。但无论是哪一种结合,在视觉表现上一定要有重心倾向,即在处理上要以某一个内容为主要表现对象,另一个则为辅助表现对象,避免二者等量齐观,给人画面杂乱的感觉(图2-18)。

总之,产品包装设计的定位,应根据不同产品具体分析,具体对待,适当运用,准确表现。

2.2.5 改良法

指对原有的包装设计进行适当的改良,使之既具有一定的新意,又不失去传统的印象;既发挥长处,又克服短处。它是原有包装的延续,而不是突变,一般多用于著名品牌的包装设计。如妮维雅包装设计,随着时代的变迁,有很微妙的改变,但始终保持着独有的特征(图2-19)。

2.2.6 优选法

它是指在构思的多个设计方案中,用比较、分析、取舍、综合的方法选出最优方案。优选法的原则和标准,一方面取决于商品的品质、形态、销售对象、销售目标市场、销售方式、销售环境;另一方面取决于包装的材料、制作工艺、印刷技术,包装的结构、形态、色彩和视觉表现及给人的心理感受和生理满足度等因素。它可采用大家讨论、评价的方式,也可以通过多种调查的方式,经过反复筛选,最后做出决定。

2.2.7 等级化法

由于消费者的经济收入、消费目的、文化程度、审美水准、年龄层次等各方面的差异,对产品包装的需求心理也有所不同。因此,

图2-16 Vosges Haut 巧克力包装, Knoed Creative 设计,美国

图2-17 Superdrug 护肤面膜包装设计, burst 设计公司,英国

图2-18 减肥食品包装设计, SURe Branddesign,阿联酋

图2-19 妮维雅,Yves Béhar 设计,德国

企业针对不同层次的消费者的需求特点,制定不同等级、不同档次的包装策略,以此来争取各个层次的消费群体,以扩大市场份额。如针对不同档次设计不同层次的包装形式,平装、精装、豪华装、收藏版等(图2-20)。

2.2.8 统计分析法

本方法可用于市场调查,也可用于产品包装设计。通过收集相关资料,从不同侧面进行总结分析、归纳规律,从中得出结论。一般有以下几种方法:

1. 列表法

是指设计师在进行整体构思的过程中,把有关包装设计的诸多因素用列表的方式记录下来,分类、分项进行比较、分析。一般制作成总表或单项表,通过分析、总结,做出合理的推断,再根据结果进行分类分项的设计。

2. 历史分析法

通过统计一定历史条件下的变迁情况,总结出不同年代的包装设计特征,并对其发展趋势进行预测,进而确定新设计的风格。

3. 差异比较法

对设计原型进行分析,将其分门别类,进行比较,找出差异,可以是横向同类产品的比较,也可以是纵向前后产品的比较,从粗略逐渐到精细,渐趋准确。经过比较得出的结论使包装的特征更加明显、突出。

4. 分解提取法

该法直观快捷,可以将其原型进行解构,把各个部分作为区别其他事物的一个特征,可以在新的基础上建构新的形态,创造新的形象、新的造型。

5. 类比法

这是设计过程中最常用的设计方法,包括拟人类比、直接类比、因果类比、对称类比、综合类比、象征类比、幻想类比、联想类比、仿生类比等。可通过类比的方法,找出设计与被比事物之间的联系。

6. 形态分析法

也称形态组合法,是把研究的对象看成一个系统,用系统的方法把该对象分解成若干个在结构或功能上特有的部分,即把对象分成用以解决问题和客观基本目标的参量和特性,并加以重新排列组合,产生新的观念。它是一种观念与观念、要素与要素组合的创造技法。形态模式主要以三项特征为主,建立三维空间分析模式,如某一产品的包装设计,将材料、造型、色彩分别立为一个轴,并设立一定的参数进行分析比较;也可以对图形、色彩、文字分别进行分析比较;还可以对功能特性,如社会功能、生理功能、审美功能等进行分别比较。总之,这种方法能更加全面、立体地分析、了解该产品及包装设计的特性。

总之,产品包装设计的方法多种多样,每一个包装设计师都有

图2-20 茶包装,陈幼坚设计,香港

自己的工作习惯、思维方式,不一定死搬硬套某一种方法,应该具体情况具体分析,要灵活运用,大胆创新。

2.3 产品包装设计的程序

无论是艺术创作还是艺术设计都应该有一套完整正确的设计程序。每一个设计师都应该养成良好的设计习惯,按照设计程序来进行设计。科学、合理的设计程序,是有效完成产品包装设计的保证。产品包装设计程序其实是"对企业商品文化的解读——寻找题材要素——提炼造型符号——进行视觉整合——确定表现方式——实现设计表达"的过程。设计程序一般有以下几个不同的阶段:

2.3.1 市场调查与分析

调查分析是设计的第一步,即全面地了解有关商品的信息,做深入仔细的调查研究,对调查的内容归类分析,其内容包括:设计对象的经营理念与未来展望;设计对象的经营规模、内容、历史、管理、实力;设计对象的市场占有率、知名度、信誉度;产品的特性、用途、消费对象;同类产品与竞争对手的相关信息;与本产品相关的法令法规;国内外与该产品相关的信息、图片、资料;设计对象对该产品的期望、要求与设计目的等。调查研究越深入、越仔细,对今后的设计越有帮助,同时,调查结果也是一切设计的依据。

市场调查有多种方法,如观察法、询问法、数据表格统计法、实地调查法、个案调查法、抽样调查法、全面调查法、典型调查法、实验调查法、网络资料收集与分析法、文献和图片收集整理法、问卷法等。研究分析的方法也多种多样,如归类法、汇总法、列表法、设问法、类比法、演绎法等。采用何种方法要具体产品具体对待,但必须在设计前把所要的信息资料收集全面,并进行认真、仔细的分析,合理推理,做到有的放矢。有了明确的设计目标,才能进行形象化的包装设计。

2.3.2 构思创意

在调查和收集资料的基础上,通过整理、分析、研究、推理,确定设计定位,明确设计目的,即可进行设计构思。构思的过程其实是一个思路展开的过程,是把感受进行提炼、凝结的过程,也是把所要设定的条件形象化、可视化、具体化的过程,即"设定主题形象(抽象的)→视觉分析→视觉语言化→构成元素→构思→草图方案(具体化)"的过程。

在构思阶段主要考虑设计主题、设计对象、设计目的以及包装的材料、形态、结构、图形、文字、色彩、版面编排等问题,使设计具有典型性、代表性和最佳的传达性。表现重点、表现角度、表现手法、表现形式等问题也应该在构思阶段考虑成熟,并有足够的深度和广度,同时,要能大胆地利用产品包装设计的创意方法,开拓思路,勇于创新,使包装设计有良好的视觉效果。

应把与设计相关的关键词列出,进行分析、筛选、提炼,画出思维导图(图2-21)。

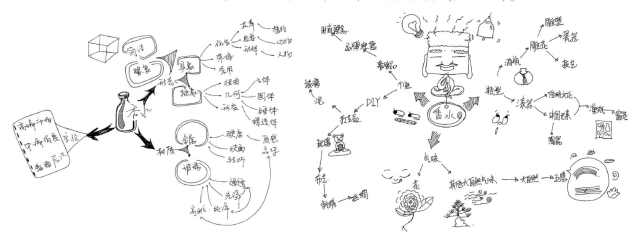

图2-21　香水设计思维导图,卢梦得、马君设计,王安霞指导

2.3.3 草图方案与设计

　　设计师用简易快速的绘画工具,把构思、想法初步形象化、视觉化,有很大的随意性和自由性,是记录灵感和产生灵感的好方法。在草图创作阶段要充分发挥想象力,进行多种设计手法、表现形式、多种设计方案的尝试,并进行多角度的分析、比较、筛选。在这个阶段,一定要多画、多动手,有了一定的量的变化,才能有质的变化。草图创作是设计师把想法、构思全面展开的过程,不应该有太多约束,要尽量解放思想,用发散性思维来进行创作(图2-22、图2-23)。

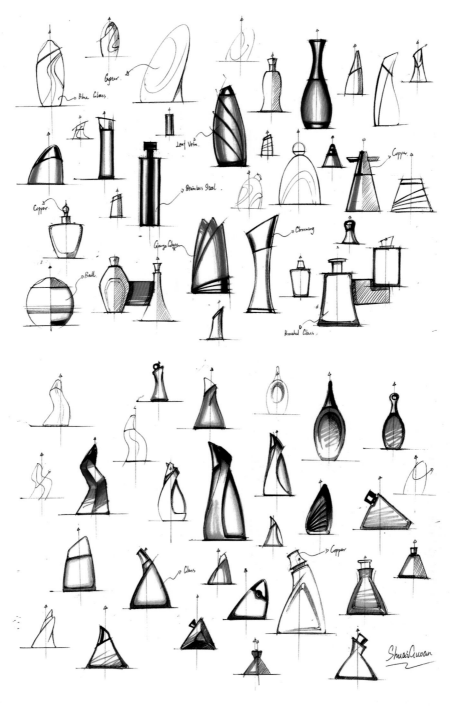

图2-22　香水包装设计草图,帅国安设计,王安霞指导

　　效果图创作是指从草图中筛选出较为适合的设计方案,对其进行更加深入仔细的表现。它比草图更加完整,更加直观立体。有些效果图还配有局部说明图、三视图和剖视图。它可以充分表现包装的材质、肌理、结构、瓶型、盒型以及包装盒面各要素的排列、构图以及色彩的搭配。它可以给企业或委托方一个较完整的视觉形象。效果图创作的方法多种多样,有简洁、快捷的马克笔画法、色粉笔画法;有精细描绘的手绘、喷绘等。在今天的包装设计中,大都采用电脑辅助设计,如Photoshop、CorelDraw、Illustrator完成最后的效果图,也可用3D做成三维立体的形象,使包装效果更加直观、生动(图2-24、图2-25)。

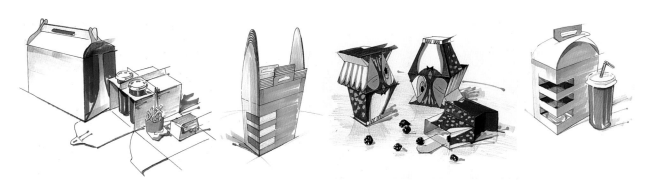

图2-23　包装设计草图,侯学成设计,王安霞指导

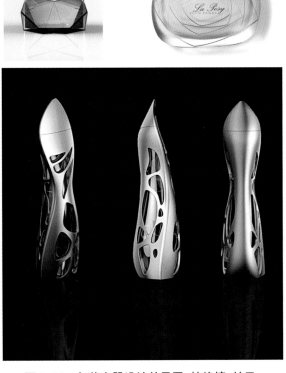

图2-24　包装容器设计效果图,杜艳婷、甘卫、
刘滢滢、孙萌萌柳为设计,王安霞指导

图2-25　Zippo打火机包装设计效果图,
梁涵设计,王安霞指导

2.3.4　定稿与正稿

是指将设计方案交给委托方,由委托方听取多方面人员(包括市场营销人员在内)的意见和建议,通过讨论确定最终设计方案。这一阶段非常重要,它决定着产品包装设计的最后效果。设计师要听取委托方的多方意见,但设计师也有必要说服委托方,使双方达成共识。

在设计方案确定,根据所提的修改意见加以相应的调整后,即进入正稿制作阶段。这个阶段的工作一定要严谨、细致,对包装结构尺寸、颜色标准、细部处理、文字的准确性、图形的完整性等,要认真校对,严格要求,以便印刷制作。虽然现在的正稿制作大多在电脑辅助下完成,但也有个别设计,如书法、水墨画等仍需手工完成(图2-26)。

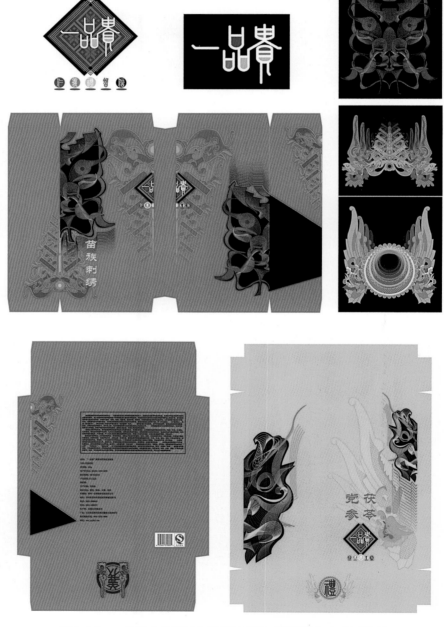

图2-26　一品贵土特产品包装设计正稿,刘禹设计,王安霞指导

2.3.5 制版、印刷过程

正稿完成后,接下来的工作是制版印刷。印前技术的发展及电脑辅助设计的普及,使得现代印刷越来越快捷、便利,印刷质量也越来越精良,产品包装设计的效果也越来越趋向完美。在印刷过程中,特别要关注色彩的准确性,如果色彩有偏差,会直接影响最后效果,设计师有必要在印刷过程中进行监制(图2-27)。

图2-27　一品贵土特产品包装设计成品,刘禹设计,王安霞指导

2.3.6 信息反馈

产品包装设计从构思到完成是一项系统工程,但其最后的效果还要由市场来决定。当一个新包装投入市场后,既受到市场销售的考验,也受到消费者的检阅。所以,设计师应该了解各方对新包装的反应,听取市场信息的反馈,以便在今后的设计中有更好的改进。

2.4 产品包装设计的原则

2.4.1 科学性——安全、实用、经济原则

包装设计是一项系统工程,因此,在设计包装时必须考虑各个环节的科学性、合理性以及包装的安全性和经济性。

包装设计最主要的作用就是要保护内装产品的安全,所以在进行包装设计时,应该根据产品的形态、特征、运输、使用、销售、回收等因素,应用先进正确的设计方法,采用最适当的包装材料、最适当的包装技术、工艺和最合理的包装结构,使设计符合标准化、系列化、通用化,合乎有关法令、法规的要求,使设计出的产品能适应大工业化、自动化生产。结构科学合理,就是指包装结构应具有足够的强度、刚度和稳定性,在商品流通、销售过程中能承受住外界各种因素的作用和影响而不造成破坏,使商品安全地到达消费者手中,并能安全地使用。包装具有很好的保护功能和使用功能,就是指做到既能保护商品属性,又能顺利、完整、有效地整合各个环节,使消费者能方便快捷地使用、携带和保存商品。

在包装材料的运用上,应关注其对环境的影响和回收再利用。在包装结构上最大限度地节约材料、降低成本、减少浪费。充分利用新材料、新技术与新工艺,强化包装的整体视觉效果,使消费者在获得愉悦的包装体验时又得到许多实惠(图2-28)。

图2-28 大米包装设计,掌生谷粒,中国台湾

包装成本的降低,直接体现为产品竞争力的增强。不同档次的商品要有相应档次的包装,切记不能过度包装,否则就违背了包装的真实性原则,直接影响销售,也给消费者带来不必要的负担,造成资源、财力的浪费,更不利于环保与生态的可持续发展。市场上有些包装过分夸张炫耀,给人以不真实感,使消费者对其产生反感。有些包装盒的价值远远超过了被包装物品的价值,本末倒置、主次不分,甚至带有欺骗性。因此,包装设计应该充分考虑经济实用性,以较低的包装成本实现最佳的包装效果,给消费者带来更多的使用价值。

包装设计要充分体现人性化设计原则,设计的包装要符合人机工学,便于生产、流通、运输、储藏;便于销售、使用;便于开启、重封、回收等。也需要更加注重人文关怀,强化社会责任感,一切为人服务。有些包装设计只重视包装形态的新奇,却忽视了包装的科学性和实用性,消费者在拿到包装后无法顺利地

打开包装和正确地使用产品,给消费者带来诸多不便。所以,在设计包装时,一定要充分利用现代科技带来的最新成果,使包装成为现代科技的载体。

2.4.2　商业性——准确传达商品信息原则

现代包装设计是多种属性的统一体,尤其是销售包装,它的艺术性隶属于商业性,两者紧密结合才是一件非常完美的设计。包装设计所具有的商业价值是不可忽视的。如果一件包装没有一定的商业性,就很难把商品推销出去,即使设计得再艺术、再好看,也不能称之为成功的包装设计。设计师除了应具备较全面的造型基础和设计表现力外,还必须掌握经济学、市场学、商品流通学和消费心理学等知识。为了增强包装设计的商品性,必须做广泛的市场调查研究,全面了解商品的市场情况和广大消费者的需求及喜好。包装的色彩、文字、图形、造型及产品的造型设计、制造技术和印刷工艺都可以提升包装设计的商品性。设计定位的准确与否直接影响产品的销售量,产品越是畅销,说明其商品性越强。设计师应该熟悉和了解产品制造技术、包装印刷工艺及印刷材料,在设计中尽量降低包装成本,使包装设计更实用、更具有商业性,使产品更加具有竞争力,使企业获得更多的经济效益。

准确地把握商品的属性,并迅速地传达,使消费者在很短的时间内获得全面、准确的商品信息,是产品包装设计成功的关键。要达到准确传达的目的,必须要有准确的定位,做认真仔细的市场调查;要考虑商品是卖给"谁的"(即消费群是谁),是哪一个阶层或是哪一种特定的人群;要充分考虑商品卖到"哪儿"(即销售地区);还必须了解商品在什么场所销售,以什么方式销售(即怎么卖),以及产品的定位和品牌的定位(即卖什么,谁在卖)等。应准确地把握好这些因素,做出准确的判断和定位,并以简洁、准确、形象的视觉化语言来传达,获得最佳的视觉效果,达到促进销售的目的(图2-29)。

图2-29　UNNO内衣包装,
Morera design,西班牙

2.4.3　文化性——体现丰富的文化内涵原则

设计与文化之间有着不可分割的联系。设计将人类的精神意志体现在创造中,并通过造物设计人们的物质生活方式。生活方式是文化的载体,所以说设计在为人创造新的物质生活方式的同时,实际上也创造了一种新的文化。由于文化具有延续性,因此设计需要从文化传统中寻找创造依据。

现代文化有其新的主题及内涵、新的构成与延伸,也需要新的基础与载体。而现代设计是现代文化的宠儿,它的发展是以现代生活、现代工业、现代经济作为依托和基础的。

现代包装设计是一门以文化为本位,以生活为基础,以现代需要为导向的设计学科。包装设计活动是一种文化现象,不仅是物质功能的创造,更是精神文化的综合体。

包装设计具有丰富的文化内涵,能充分体现民族精神、传统文

图2-30　日式甜点包装设计,
嶋村真佐子,日本

化、地域文化、风土人情和民风民俗,也能体现该商品生产企业的历史与企业文化。文化性是企业巨大的无形资产和财富,将企业文化之精髓融入包装形象设计之中是营销战略中的制胜法宝(图2-30)。

2.4.4 艺术性——赏心悦目原则

包装设计具有很强的艺术美感,这些美感来自设计过程中运用了形式美的法则,如对称与均衡、对比与调和、节奏与韵律、变化与统一等,以及材质、肌理及新技术、新工艺带来的现代技术美感。

在包装设计中,有时直接采用其他艺术门类的表现形式,如摄影、水彩、国画、书法、篆刻等,它们都有着很强的艺术感染力。有些包装设计从中国传统艺术中吸取精华,并科学合理地与现代设计原理有机结合,具有超凡脱俗的艺术境界;有些则从中国民间艺术中汲取养分,如剪纸、木版年画等是中国劳动人民智慧的结晶,有很强的艺术个性,把它们巧妙地运用到产品包装设计中,能产生独特、质朴的艺术美感。

总之,一个好的包装应该具有一定的艺术审美性,能使消费者在接受商品信息的同时又有赏心悦目的感觉,在消费的过程中得到美的熏陶和享受,这更加有利于增强人们对商品品牌的记忆与好感,储存对生产商品企业的信任度,实现包装的商品性和心理功能性,从而达到促进销售的目的(图2-31)。

2.4.5 环保性——绿色设计原则

面对21世纪,人类的环境保护意识越来越强烈,世界各国都积极投入到治理人类过度发展工业后造成的环境污染中,"我们只有一个地球"的呼声越来越高,保护我们赖以生存的空间,已成为公众瞩目的重要课题。如何合理有效地利用资源,减少废弃物对我们生存环境的压力,已成为设计界的一个新趋向。

包装的水平已成为衡量一个国家经济发展水平的重要标志。随着包装业的繁荣,包装废弃物与日俱增,一些废弃材料难以回收和处理,造成环境污染,尤其是塑料包装废弃物,成了"白色污染"源,严重影响社会的可持续发展。严酷的事实向世人敲响了警钟,包装废弃物的回收再利用已迫在眉睫。为了社会的可持续性发展,绿色包装的浪潮正在全球兴起。提倡绿色包装设计原则,有利于保护环境和资源,也有利于社会的可持续发展。

对于我们从事包装设计的人员来说,有责任为人类、为社会考虑所设计的包装对环境的影响。要加强对绿色设计意义的再学习、再认识,努力学习绿色包装设计的具体知识,让绿色设计理念在设计思维中畅游,并建立牢固的思想,从自己做起,从现在做起,坚决执行绿色设计原则,向企业宣传绿色设计的概念,促进绿色环保事业及绿色包装事业的发展。要树立崭新的绿色设计的道德观念,在设计包装时,尽量按照绿色包装的设计原则,选择造型易于加工生产的材料,节约能源,减少材料,确保产品质量。多设计短、

图 2-31 Agonist Parfums:
The Power Of Simplicity 简约的力量,**Kosta Boda**,瑞典

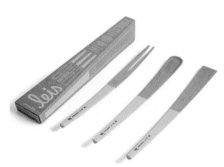

图 2-32 Leis 餐具包装设计,
Giodesign,斯洛文尼亚

小、轻、薄而又多功能的产品,选择无毒、无害、易分解、易回收的材料,加强设计的合理性,使包装方便、健康、安全,摒弃不必要的装饰,杜绝过度包装和无用包装。尽量单纯化,明确回收与废弃分类标识,避免使用发泡塑料和有毒印刷油墨,减少产品在生产过程中的污染,做到全过程的绿色设计。无论是包装容器的选材还是制造过程,环保性原则都是不可忽视的(图2-32)。

【本章练习与思考】

　1. 了解并掌握包装设计的方法,尤其是对包装的定位设计要有充分的认识。

　2. 熟悉包装设计的程序,在今后的设计实践中能自如运用。

　3. 掌握包装设计的基本原则,为设计出成功的包装打下扎实的基础。

第 3 章　产品包装设计的材料

3.1　产品包装材料的基本性能

材料是实现包装的最基本条件,如果没有材料,包装就很难最后完成。不同的材料其特性、功能、表面肌理、质感各不相同,带给人们的视觉效果也不相同。随着科学技术的不断发展,新材料不断涌现,越来越多的环保材料、多功能材料、复合材料被运用于包装设计上,而新材料也给现代包装的视觉设计带来了新的视觉语言和时尚美感。

包装材料是用于制造包装容器和构成产品包装的材料总称。它包括运输包装、销售包装、印刷包装等有关材料及包装辅助材料,如纸、金属、塑料、玻璃、陶瓷、木材、漆器、竹与野生藤草类、天然纤维与化学纤维、复合材料等,也包括缓冲材料、涂料、胶粘剂、捆扎用的绳和带、其他辅助材料等。

中国传统包装材料丰富多彩,既有很好的实用价值,又有良好的视觉效果,既展现了人类生活的智慧,又表达了中国人崇尚自然的哲学思想,其中蕴藏了丰富的文化内涵和人文主义精神,如竹是最具有东方代表性的包装材料,它除了具有很好的物理性能外,还有很浓的人文色彩,竹叶、竹筒、竹皮均被用作包装材料或直接用作包装容器。

包装材料的性能涉及许多方面,从现代包装所具有的使用价值来看,包装材料应具有以下几个方面的性能:

1. 良好的保护性能

这是包装材料所应该具有的最基本特性。包装材料要能很好地保护内容物,使产品安全顺利地到达消费者手中。由于产品本身具有不同特性,因此要求包装材料也有不同性能的保护性,如防潮性、防水性、耐酸性、耐碱性、耐腐蚀性、耐热性、耐寒性、透光性、透气性、防紫外线穿透性、耐油性、适应气温变化性、无毒、无异味、耐压性、抗震性以及具有一定的机械强度等。

2. 易于加工操作的性能

是指根据包装设计要求,容易加工成型,如易于加工成所需容器、形态结构、盒子造型等。易于包装、易于填充、易于封合,能适应自动化操作,以适应大规模工业化生产的需要。总之,要给生产制作过程带来方便,以提高生产效率。

3. 方便使用的性能

由包装材料制作的容器、外盒包装等,应该便于消费者使用,不应该带来不必要的麻烦,尤其是不能有不安全的因素,应排除不必要的隐患。要便于取出、放进,便于开启与再封闭。所选材料要有耐久性,要处处以人为本,考虑周详,使消费者在使用产品过程中得到一种关爱。

4. 便于外观视觉设计的性能

包装材料本身具有不同的质感、色彩、肌理,具有一定的审美性,能产生较好的视觉效果,能满足不同消费者的审美需求。设计师应充分利用包装材料本身所具有的美感,对其性能有所研究,对材料的透明度、表面光泽度、印刷的适应性、吸墨性、耐磨性等有所了解,以便在包装视觉信息设计时能最有效地利用好包装材料的美感,使其释放夺目的光彩。

5. 节省费用的性能

包装材料应取材方便、广泛、成本低廉。在包装设计中应经济合理地使用材料,尽量节省包装总体费用。在包装设计的合理性方面,应使包装结构更加科学、紧凑,不浪费,不追求浮夸。尽可能地做到既能满足包装的功能需求,又少用包装材料而达到节省成本的功效。

6. 易于回收处理的性能

包装材料要有利于环保和有利于节省资源。应选用绿色包装材料,以便于回收、复用、再生、便于生物降解或重新利用,对环境不造成损害。

总之,包装材料的各种性能是由材料本身所具有的特性和各种加工技术所赋予的。随着科学技术的不断发展,各种新材料、新技术、新工艺不断涌现,将有越来越多的新功能来满足日益发展的新产品包装需求。

3.2 不同材料的产品包装特性

3.2.1 纸和纸板的种类与特性

纸自东汉蔡伦发明至今,已发展成为用途最广,成本最经济且变化最大的包装材料之一。纸属于软性、薄片材料,常用来做裹包衬垫和包装袋、包装盒等。纸板属于刚性材料,能形成固定形状,常用来制成各种包装容器。以纸和纸板原料制成的包装,统称为纸制包装。纸制包装应用十分广泛,产值占整个包装材料产值的45%左右。对于包装设计人员来说,纸制包装是充分发挥才能的最佳包装载体。它不仅被大量用于食品、化妆品、百货、纺织、医药等商品的包装,还被用于五金、电子等产品的包装。尤其是现代科技用纸和其他材料的复合,打破了过去固有的一些传统观念,使包装世界里增添了新的成员,给商品销售包装及使用带来了极大的方便(图3-1)。

1. 包装用纸和纸板的种类

包装用纸和纸板一般是按定量,即单位面积的质量来区分的,以 1 m² 的克数来表示。凡定量在250 g/m² 以上的称纸板,在250 g/m² 以下的称为纸。也可以用厚度来区分,厚度在 0.1mm 以下的统称纸,0.1 mm 以上的称纸板。

包装用纸和纸板的分类见表3-1。

图3-1　DOSS BLOCKOS 酒包装,Big Dog Creative,澳大利亚

表 3-1　包装用纸和纸板的分类

包装用纸类				包装用纸板类	
1	2	3	4	5	6
普通纸	特种纸	装潢纸	深加工纸	普通纸板	深加工纸板
牛皮纸	保光泽纸	表面浮沉纸	真空镀铝纸	白板纸	瓦楞原纸
玻璃纸	湿强纸	压花纸	防锈纸	黄板纸	瓦楞纸板
中性包装纸	防油脂纸	铜版纸	石蜡纸	箱板纸	
纸袋纸	袋泡茶纸	胶版纸	沥青纸		
羊皮纸	高级伸缩纸				

纸张的开数:国内通常使用的规格为787 mm×1 092 mm(即整开),平均裁切两等分为787 mm×546 mm即为对开,依此类推,如4开、8开、16开、32开等。

2. 包装用纸和纸板的特点

纸是我们日常生活中运用最广泛的包装材料,它具有其他材料不可比拟的特性:

(1)纸的原料充沛,价格低廉,又由于纸本身质量很轻,因此降低了运输费用,比其他材料更经济实用。

(2)纸有一定的强度和耐冲击性、耐磨擦性,又很容易达到卫生要求,无味、无毒。

(3)纸有良好的成型性和折叠性,加工性能良好,便于制作、印刷,适用于多种印刷术,而且印刷的图文信息清晰牢固,精美,能给人以很好的视觉效果。所以,纸和纸板是设计师最常用的包装材料。

(4)纸容易回收、再生、降解,废物容易处理,不造成污染,节约资源,符合环保的要求,是很好的绿色包装材料(图3-2)。

纸张包装材料也有一定的弱点,如易受潮、易发脆,受到外作用力后易于破裂等。所以,在设计包装时,一定要充分发挥纸的优势,避免它的弱点,使设计达到最佳的实用功能和视觉效果。

图3-2 BLOOMINGDALE 礼物卡包装,Burgopak,美国

3.2.2 木材的种类与特性

木质材料主要是指将树木加工成木板或片材。木材作为包装材料具有相当长的历史,至今仍然运用木材作为包装的主要用材,有些是整个包装运用,有些则是局部运用或内衬运用,尤其是运输包装中大量运用木材作外包装。近年来,木材虽然有逐步被其他材料代替的趋向,但仍然在一定的范围内使用(图3-3)。产值占包装材料的25%左右。随着包装的发展及节约资源、保护森林的环保理念的驱使,木制包装的比重会越来越低。

1. 包装用木材的种类

包装用木材的种类有很多,其用途也各不相同。但一般可分为天然木材和人造木材两大类(表3-2)。

表3-2 常用包装木材的种类

天然木材		人造木材	
针叶木材	阔叶木材	纤维板	胶合板
红 松 落叶松 白 松 马尾松	杨 木 桦 木	纤维板 木丝板 刨花板	三夹板 五夹板

不同类型的木材所具有的自然特性相差很大,这就使得它们具有不同的特殊用途,比如有些种类的木材非常硬,有些木材具有非常精致的纹理,而有些木材非常容易加工制作。当选用一种木材的时候,必须考虑到它的正确的使用方法,以最大限度地发挥其

图3-3 冬青茶叶罐设计,Marie-Andrée Pelletier-Cyr,法国

优势。

2. 木材包装的特点

木材作为包装材料有许多优良的特性：

（1）木材有良好的强度，能承受冲击、振动、重压，有一定的弹性，所以，它能盛装较大、较重的物品和易碎的物品。木材加工方便，不需要太复杂的机械设备。

（2）木材不生锈、不易被腐蚀，可用来盛装、运输化学药剂。

（3）木材经过加工制成胶合板，既减轻了包装的重量，又提高了外观的美感和材料的均匀性，使包装箱具有耐久、防潮、抗菌等性能。但在市场销售的食品包装中，有些做包装礼盒衬板的胶合板所使用的胶中含有一定的对人体有害的毒素，会造成不良的影响，同时也污染环境，既不符合环保的要求，也不符合食品包装的要求。

（4）木制包装可以回收复用，是良好的绿色包装材料（图 3-4）。

木制包装也有其弱点，如易于吸收水分，易受白蚁蛀蚀，有时会有异味，加工不易实现机械化，价格偏高，加之树木原材料缺乏，有废料产生，导致珍贵的自然资源被损耗，因此在包装应用上受到一定的限制。在包装设计时，对木材的选用一定要谨慎，要在对木材的各种性能有所了解、认识后，再做出选择。

3.2.3　塑料包装的种类与特性

塑料是一种人工合成的高分子材料。塑料自 20 世纪初问世以来，已成长为一种变化多样的材料，衍生出上千种特性与用途，发展成为除了纸以外应用最广泛的包装材料。

塑料包装是指各种以塑料为原料制成的包装总称，它满足了我们日常生活的多种需求，为我们提供了新的物理特性和应用上的便利，并且满足了我们在视觉和精神上的需求，成为包装中独树一帜的新成员（图 3-5）。

1. 塑料包装的种类

塑料的种类丰富多彩，可分为工程塑料和日用塑料。也可根据塑料受热加工时的性能特点，分为热塑性塑料和热固性塑料两大类。包装用塑料多属于热塑性塑料，它加热时可以塑造形状，冷却固化后保持该形状，这种过程可以反复进行，并不改变其特性，制造出的产品可回收再利用。主要品种有聚乙烯、聚丙烯、聚苯乙烯、聚氯乙烯、聚酯等等。热固形塑料在加热时并不会转化，也不能再利用，并不像热塑性塑料那样容易加工，多用于电器绝缘材料等，主要品种有酚醛塑料、脲醛塑料、蜜胺塑料等。目前我国塑料制品主要有六大类，即塑料编织袋、塑料周转箱、塑料打包带、塑料中空容器、塑料包装薄膜、泡沫塑料等。常见的塑料有以下几种：

（1）聚乙烯（PE）

聚乙烯是乙烯的高分子聚合物的总称，在包装用塑料中应用

图 3-4　FLEUR DE LIS
白兰地包装设计，
StudioIN 工作室，俄罗斯

图 3-5　Karamelleriet 小饼干
包装设计，**Bessermachen**，丹麦

最为广泛,可以制成包装袋、包装容器,如瓶、杯、盘、盒等,还可以制成塑料薄膜,并可与其他材料复合生产出各种复合材料,也可用来生产软管、泡沫塑料等。

（2）聚丙烯（PP）

聚丙烯是丙烯的高分子聚合物,可用于制作各种盛放食品、化妆品的瓶、杯、盘、盒等容器,也可用于制造编织袋、打包带等。

（3）聚氯乙烯（PVC）

聚氯乙烯塑料分为软质和硬质两类。软质的多用来制作各种包装袋;硬质的可塑制成各种瓶、杯、盘、盒等包装容器。

（4）聚苯乙烯（PS）

聚苯乙烯塑料属硬质塑料,常用于制作各种杯、盘、盒等容器,还大量地用来制造包装用的泡沫缓冲材料。

（5）聚酯（PET）

聚酯塑料常用来制作包装瓶。它经常与聚乙烯、聚丙烯等制成复合薄膜,作为冷冻食品及需加热杀菌食品的包装材料。

（6）聚酰胺（PA）

通常也称尼龙（Nylon）,在包装上主要用于食品的软包装,特别适宜于油腻性食品的包装,也被用于农药、化学试剂的包装。

另外,还有用聚乙烯醇（PVA）制成的食品包装,以充分利用其气密性和保香性能好的特点;聚碳酸酯（PC）用于电器绝缘材料;酚醛塑料（PF）在包装上用于制作瓶盖、箱盒及利用耐酸特性作为盛装化工产品的容器,也用作电器绝缘材料;脲醛塑料（VF）在包装上主要制作精致的包装盒、化妆品容器和瓶盖;蜜胺塑料（MD）用于制作食品容器等。

2. 塑料包装的特点

塑料被广泛应用于现代包装设计中,正是因为它具有独特的性能：

（1）塑料有良好的物理性能,具有一定的强度、弹性、抗拉、抗压、抗冲击、抗弯曲、耐折叠、耐摩擦、防潮等。

（2）塑料有良好的化学稳定性,耐酸碱、耐化学药剂、耐油脂、防锈蚀等。

（3）塑料本身很轻,能节省运输费用,属于节能材料,在价格上具有一定的竞争力。

（4）塑料具有良好的加工性,便于成型,而且样式丰富,可制成薄膜、片材、管材、带材,编织成布,也可作发泡材料。成型方法有吹塑、挤压、泥塑、铸塑、真空、发泡、吸塑、热收缩、拉伸等多种,可创造出不同产品需求的包装。

（5）塑料具有良好的透明性和表面效果,有良好的印刷和装饰性,在包装视觉设计中有良好的传达性。

用塑料做包装容器常用吹塑成型法（图3-6）。塑料容器可以是刚性或半刚性的;可以是透明或半透明的。主要用来包装液体或半流体,如洗涤剂、化妆品、食品、饮料、调味品等。具有质量轻、强度高、便于携带、不易破碎、耐热等特点,柔韧性几乎超过其他所

图3-6 Vitamin Well-Sparkling Water 水包装,Neumeister Strategic Design AB,瑞典

有包装容器。它具有一定的视觉美感，外观清澈明洁，表面光泽富有质感，有些塑料瓶可与玻璃瓶媲美。同时，它能适应多种加工工艺的要求，所以塑料在包装容器设计中能适用多种形态的造型设计。

塑料作为包装材料也有不足之处，如其强度不如钢铁；耐性不及玻璃；长期使用易于老化；有些塑料带有异味；有些塑料不易回收、不易被降解，造成环境污染。但随着科技的不断发展，人们已经开始重视新型塑料的开发，更多、更新的绿色塑料材料（如可降解塑料）被不断地开发出来，并被用于包装上。

3.2.4　金属包装的种类与特性

金属也是一种传统的包装材料，早在春秋战国时期，就采用青铜器制作各种容器盛装食物和酒等。到南北朝时期，有了用银制作酒类包装容器的记载。由于金属的优良特性和便于加工制造、工业化生产的特点，金属包装发展迅猛，以钢和铝合金为主要材料被广泛地运用于销售包装和运输包装（图3-7）。

1. 金属包装的种类

金属的种类有许多，但用于包装材料的金属可分为两大类：

（1）黑色金属：如薄钢板、镀锌薄钢板、镀锡薄钢板。

（2）有色金属：如铝板、合金铝板、铝箔、合金铝箔等。

常用的金属包装材料有：

（1）薄钢板（黑铁皮）：是普通低碳素钢的一种，它具有较强的可塑性与韧性，光滑而柔软，延伸率均匀，无裂缝、无皱纹。主要用于制作桶状容器。

（2）镀锌薄钢板（白铁皮）：是酸洗薄钢板表面经过热浸镀锌处理的金属材料。具有强度高、密封性能好等特点。主要用于制作可盛装粉状、浆状和液状的桶状容器。

（3）镀锡薄钢板（马口铁）：是将薄钢板放在熔化的锡液中热浸或电镀，使其表面镀上锡的保护层。主要用于食品罐头等包装。

（4）铝合金薄板：具有轻便、美观、不生锈等优点。主要用于鱼类、肉类罐头等包装。

（5）铝箔：是由电解铝经过压延而成，极富延展性，厚薄均匀，有优良的防潮性、保香性，有漂亮的金属光泽，反射率强。主要用于食品，如巧克力、口香粮、果酱、人造奶油等包装，也可用于香烟、药品等包装，还可用于感光胶片、照相及机械零件、工具等的包装。

2. 金属包装的特点

金属具有质地坚硬、外观富有光泽、反光等特性。包装所用的金属材料主要有钢材和铝材。其形式为薄板和金属箔，薄板为刚性材料，金属箔为柔性材料。它们作为包装用材，有独特的优良特性：

（1）金属有很好的物理性能，它非常牢固、强度高、不易破损、不透气，能防潮、防光，能有效地保护内容物，用于食品包装能达到长期保存的效果，便于贮存、携带、运输、装卸，常用于午

图3-7　Grolsch 酒类包装，KLEE brand design and art direction，荷兰

餐肉、沙丁鱼罐头等包装。

（2）金属有良好的延伸性，容易加工成型，制造工艺成熟，能连续自动生产，给钢板镀上锌、锡、铬等，能有效地提高抗锈能力。

（3）金属表面有特殊的光泽，能增加包装的外观美感，加上印铁工艺的发展，使得金属包装的视觉设计更显华丽、美观、时尚（图3-8）。

（4）金属易再生利用，用过后的金属罐、盒等易于回收再利用，符合环保需求。

金属材料在包装的运用中也有不足，如应用成本高，能量消耗大，流通中易产生变形，化学稳定性差，易锈蚀等。

总之，金属这一朴实的材料给我们带来许多的惊喜，它不断改变着我们的生活环境，提升了我们的生活质量，同时也散发着迷人的气质，赋予我们以新的灵感，如由薄钢片制成的眼镜盒包装，既实用而结实，又具有时尚感和很强的视觉美感。

图3-8　100％希腊橄榄油，mousegraphics，希腊

3.2.5　玻璃包装的种类与特性

玻璃的使用已有上千年的历史，它是一种传统的包装材料，至今仍然活跃在最先进的领域。它可以像钢铁一样坚硬，也可以像丝绸一样柔软，是一种具有神奇功能的材料。它透明、美观，拥有从包装酒到替换人体器官的不同功能，是一种万能材料。今天的人们赋予玻璃更多令人惊叹的形态和加工方法，使它拥有了出乎意料的用途。它作为现代包装的主要材料之一，以其优良独特的个性适应着现代包装的各种新的需求。

玻璃是通过熔合几种无机物得到的，其中主要成分是二氧化硅，属于硅酸盐类材料。玻璃包装是指以普通玻璃或特种玻璃制成的包装容器。玻璃被用于销售包装，主要是被用来制作存装酒、饮料、食品、药品、化学试剂、化妆品、文化用品等的瓶、罐等（图3-9）。

1. 玻璃包装的种类

不同玻璃有不同的化学物理属性，玻璃包装材料分为普通瓶罐玻璃（主要是钙、镁、硅酸盐玻璃）和特种玻璃（如中性玻璃、石英玻璃、微晶玻璃、钠化玻璃等）。

常用的几种玻璃材料如下：

（1）碱石灰玻璃：这是最常用的工业玻璃。它的物理化学属性决定了它很适合做成窗玻璃。它通常无色、透光性能良好、化学性质不活泼，因此不会污染里面的储存物，也不会影响味道，所以许多化妆品包装容器都采用这种玻璃。它的缺点是热膨胀系数比较高，在向容器里注入热的液体时一定要小心，以免瞬间热膨胀，引起破裂。

（2）铝玻璃：也被称为水晶玻璃。它折射率很高，而且因为质地较软，容易进行碾磨、切割、雕刻加工。切割后的水晶玻璃要比加工前亮两倍，因此用于制作高档的酒瓶、奖杯等有很好的视觉效果，给人晶莹剔透的美感。

图3-9　GIN MARE 杜松子酒，SeriesNemo 工作室，西班牙

（3）硼硅玻璃：它热稳定性好，能抗热冲击。因此，适用于化学工业实验室仪器、光学领域。也可用于制作袋装药剂的包装容器，或用于烤箱器皿和其他抗热器皿。

另外还有特种玻璃、光学玻璃、密封玻璃等多种具有不同形态、不同种类、不同用途的玻璃，应用到各个领域。

2. 玻璃包装的特点

（1）玻璃具有良好的保护性，不透气，能防湿、防止紫外线的照射，化学性能稳定，无毒，无异味，有一定的强度，能有效地保存内容物。

（2）玻璃的透明性好，易于造型，具有特殊的美感，有很强的适应性，可制成品种规格多样的造型容器。

（3）玻璃的原料资源丰富且便宜，价格较稳定，又易于回收复用、再生，不会造成公害，所以是很好的环保材料。

玻璃在包装容器中占有一定的比例，它优良的物理性能和化学性能以及来源丰富、价格低廉、比较耐用、能回收再利用的特性，使其被广泛地运用于化妆品、食品、药品的包装容器。玻璃瓶大多数是圆形，为了在造型上创新，现在也出现了有棱角的方形和异形瓶型，使其更加具有趣味性和生动性，玻璃瓶的视觉美感主要体现在透明性、色彩性、柔和性和折射反光性（图3-10）。无色透明的玻璃，宛如清澄之水，晶莹透明，有冰清玉洁之感，如高档的香水瓶、酒瓶等。而有色玻璃所呈现出的颜色若隐若现，更显迷人夺目，尤其是磨砂玻璃瓶或亚光玻璃瓶，使冰冷的瓶子具有了一种如同肌肤般柔和的滋润之感，而且给人以朦胧含蓄之美，用在女性化妆品容器设计中，常令许多女性为之倾倒。

玻璃作为包装材料也存在不足之处，冲击强度低、碰撞时易破损、自身重量大、运输成本高、消耗大、不耐温度急剧变化等缺点限制了玻璃的应用。

图3-10　AnestasiA Sensational Spirit 伏特加，Karim Rashid，美国

3.2.6　陶瓷包装的种类与特性

陶瓷这种古老而传统的高性能材料属于硅酸盐类材料。早期对陶瓷材料的运用是艺术性强于功能性。中国古代有许多设计、制作精良的陶瓷用品及陶瓷包装。设计者的构思在这种坚硬、闪亮而又纯粹和最质朴的艺术形式中得到完善的表述。陶瓷是一种集技术、功能、装饰于一身的材料，它包含从建筑材料到茶杯，从防弹衣到厨房刀具、电磁炉等一系列产品。美好的陶瓷让人乐于用触觉、视觉、听觉等知觉来感觉，让人感受到生命的活力和自由（图3-11）。

1. 陶瓷包装的种类

陶瓷品种、级别繁多，大量用于工业生产领域和日常生活，包装陶瓷主要有粗陶瓷、精陶瓷、瓷器、炻器、赤陶五大类。

（1）粗陶瓷：多孔，表面较为粗糙，带有颜色，不透明，并有较大的吸水率和透气性。主要用作缸器。

（2）精陶瓷：比较精细，坯白色，吸水率较小。主要用于缸、

图3-11　Humiecki & Graef 香水，BEL EPOK，荷兰

罐、瓶等。

（3）瓷器：结构紧密均匀，坯为白色，表面光滑，吸水率低，坚硬，洁白，化学稳定性佳，极薄瓷器还具有半透明的特性。主要用作瓷瓶、瓷碗、瓷罐等，也被大量用于工业领域和餐具。

（4）炻器：是介于瓷器与陶器之间的一种陶瓷制品。主要用于做缸、坛、沙锅等容器。

（5）赤陶：低温烘烤，不施釉，呈独特的赤色或橙色，也可制出白色。它具有防冻的性能，常用于制作诸如瓷砖、花盆、建筑用砖等产品。

另外，还有玻璃陶瓷，它不含水分，孔隙度为零，不变形，有极佳的密封性、连接性和机械加工性能，并能抗1000℃的高温，常被用于做一些耐高温的容器。

2. 陶瓷包装的特点

陶瓷的化学性与热稳定性均好，能耐各种化学药品的侵蚀，热稳定性比玻璃好，在250～300℃时不易开裂，耐温度的剧变。陶瓷材料新的用途在不断地被开发，它的价格也变得更为便宜，并且易于获得。

陶瓷材料既易于延展和弯曲，也可以推栓、压缩、模制、洗铸和打磨。它既可以快速而简单地成型，也非常精确和坚硬，并长久地保持其物理特性。可以抛光出非常光滑的表面，也可以制作出有肌理效果的表面。陶瓷的多样性和多功能性决定了它可用于多种产品的开发和多种不同种类的包装。不同商品对陶瓷的性能要求不同，如高级酒瓶要求陶瓷不仅机械强度高，密封性好，而且要求白度好、有光泽。在包装中运用陶瓷材料主要是从化学稳定性和机械强度来考虑。但陶瓷也有不足，它的刚性极强，容易破碎。

人类用陶瓷做包装容器的历史相当久远，中国古代就用陶瓷瓶来装酒和装药，并一直沿用至今，如中国名酒茅台酒一直采用陶瓷瓶。陶瓷瓶具有良好的物理性和化学性，经久耐用，成本低廉，取材方便，而且可以自如改变造型。它上釉或彩绘方便，也便于生产加工成异形的瓶型。主要加工成型方式为压模式铸浆式，个别特殊的瓶型可以手工制作，所以陶瓷瓶的造型丰富多彩，变化多样，能做得比较复杂，由于材料本身所具有的质感、肌理给人以亲切感，常使人获得一份趣味盎然的视觉和触觉美感（图3-12）。

陶瓷瓶设计应注意瓶口的密封问题，由于有些程序必须是手工完成，因此不利于大批量生产，一般用于高档礼品和地方特产的包装。陶瓷包装容器能唤起人们心中某种怀旧的心情，有抚慰人心的作用。

3.2.7 复合材料的种类与特性

复合包装材料是将两种或两种以上的材料复合在一起，相互取长补短，从而形成一种更加完美的包装材料。它们大量地被用

图3-12 Omed特级初榨橄榄油包装设计，LeBranders，西班牙

于现代包装之中,如食品包装、茶叶包装、化妆品包装等。复合材料一般有纸与塑料的复合、纸与金属箔的复合。生活中常见的某些水杯、快餐盒就是利用轻便的复合材料制成的。随着人们生活水平的提高,现代生活方式的扩展,各种快餐食品、冷冻食品、膨化食品、休闲食品出现,对包装材料的要求也越来越高,与之相适应的各种包装新材料、新技术,如真空包装、充气包装、吸塑包装等被研制出来。而复合材料所带来的优良属性是单独的某种材料无法比拟的。复合材料领域一种新的趋势就是发展多种复合技术,它兼具不同材料的优良性能,如金属内涂层、玻璃瓶外涂膜、纸上涂蜡,塑料薄膜与铝箔纸、玻璃纸以及其他具有特殊性能的材料复合,以改进包装材料的透气性、透湿性、耐油性、耐水性,使其具有更好的防虫、防尘、防微生物的作用,对光、香、臭等气味有良好的隔绝性,有良好的耐冲击性,具有更好的机械强度和加工适用性能,具有良好的印刷及装饰效果(图3-13)。

1. 复合包装材料的种类与特性

随着包装工业的不断发展,复合包装材料已形成了一个大家族,新的成员不断涌现,新的功能被不断地开发研制出来(图3-14)。环保型、可生物降解的材料不断被开发利用。常见的复合包装材料有以下几个类型:

(1)代替纸的包装材料:是一种可以用来替代纸和纸板的材料。它可通过热加工成型工艺压制出各种形状的容器,可进行印刷和折叠。它比纸和纸板更结实、耐用,有较好的防潮性。可以热封合,尺寸稳定,易于印刷精美的装饰图案。

(2)防腐复合包装材料:它可解决某些金属制品的防腐问题。它的外表是一种包装用的牛皮纸,其中一层是涂蜡的牛皮纸,还有两层含蜡或沥青,并加进防腐剂,在金属表面沉积形成一层看不见的薄膜,在任何条件下都可保护内容物,防止被腐蚀。

(3)耐油复合包装材料:这种材料由双层复合膜组成,外层是具有特殊结构和性质的高密度聚乙烯薄膜,里层是半透明的塑料,具有薄而坚固的特点,无毒,无味,可直接接触食品。用双层叠加膜包装肉类,可以保持肉类原有的色、香、味,而且它不渗透油脂,不会粘着,所以应用很广。

(4)防蛀复合包装材料:这是一种将防蛀虫的胶粘剂用于包装食品的复合包装材料。它可使被包装的食品长期保存不生蛀虫。但这种胶粘剂有毒,不可直接用于食品包装。

(5)特殊复合包装材料:这是一种特殊的食品包装材料,可使食品的保存期增加数倍。材料无毒,用明胶、马铃薯淀粉及食用盐等材料复合而成,可用于贮存蔬菜、水果、干酪和鸡蛋。

(6)易降解的复合包装材料:这是在新形势下开发出来的一种环保复合材料,它可以生物降解,不造成污染,是利用木材或其他植物材料等混合而制成的生物材料。用土豆泥制作盒装产品的内层包装,质地轻脆,是一种完全生物降解的材料。此类材料安全、环保地替代了其他包装材料,是今后材料发展的趋势。

图3-13 Melon Kernels 西瓜子仁,
Prompt Design,泰国

图3-14 水果汁利乐包包装设计,
Benedict,日本

2. 常见复合包装材料的构成与特性、用途（表3-3）

表3-3

名称（构成）	特　性	用　途
纸/PE	防潮、价廉	饮料、调味品、冰淇淋
玻璃纸/PE	表面光泽好、无静电、阻气、可热合	糖果、粉状饮料
BOPP/PE	防潮、阻气、可热合	饼干、方便面、糖果、冷冻食品
PET/PE	强度高、透明、防潮、阻气	奶粉、化妆品
铝箔/PE	防潮、阻气、防异味透过	药品、巧克力
取向尼龙/PE	强度高、耐针刺性好、透明	含骨刺类冷冻食品
OPP/CPP	透明、可热合	糖果、糕点
LLDPE/LDPE	易封口、强度好	牛奶
PET/镀铝/PE	金属光泽、抗紫外线	化妆品、装饰品
PET/铝箔/CPP	易封口、耐蒸煮、阻气	蒸煮袋
PET/粘合层/PVDC/粘合层/PP	阻气、易封口、防潮、耐水	肉类食品、奶酪
LDPT/HDPE/EVA	易封口、刚性好	面包、食品
纸/PE/铝箔 PE	保音、防潮、抗紫外线	茶叶、药品、奶粉
PE/瑟林/铝箔/瑟林/PE	可作复合软管材料	牙膏、化妆品
取向尼龙/PE/EVA	封口强度高、耐穿刺、阻气	炸土豆片、腌制品

3.2.8 其他类包装材料的种类与特性

其他包装材料的种类繁多，应用广泛，主要可分为天然包装材料和纤维织品包装材料两大类。

1. 天然包装材料

天然包装材料是指天然植物的叶、茎、杆、皮、纤维和动物的皮、毛等经过加工或直接使用的材料。在我国天然包装材料中除了前面所述的木材外，运用最广泛、最普及的是竹子、藤、草类。尤其值得研究的是竹类包装，它是可持续再生的环保材料，应该加以进一步推广和运用。

（1）竹类包装材料的种类与特点

中国是一个竹历史久远的国家，也是世界上第一竹资源大国，竹面积达700万顷，生长着5族12属共计500多种的竹子，常用于包装材料的就有上百种，如毛竹、水竹、苦竹、慈竹、麻竹、淡竹、方竹等。竹材用于包装有直接应用制成包装容器的，如竹筒饭、竹叶粽、水烟筒等；也有制成板材的，如竹编胶合板、竹材层压板等；更多的应用是用竹材编制成各种包装容器，如竹筐、竹篓、竹箱、竹笼、竹篮、竹盒、竹瓶等（图3-15）。竹材取之于自然又回归于自然，容易种植，而且再生速度快、环境适应性强、成材早、产量高、用途广、效益大、舒适性强、绿色效能好、文化含量高，是大众喜闻乐见的包装材料。

图3-15　New "Result" Organic Skin Care 有机护肤品，Result-Organic，美国

竹材料有良好的物理性能，它的耐力和抗弯强度特别优良，抗压、抗拉强度比木材好，弹性强，韧性好，具有良好的干缩性和割裂性，纤维长，纹路直，质地柔软、结实，表面光滑，色泽幽雅，还带有特别的清香,沁人心肺。竹子的优良特性决定了它能适应各种产品的造型与加工,其独特性和艺术性达到了相当高的境界(图3-16)。

(2)竹包装材料的文化内涵

中国具有深厚的竹文化底蕴,中国人自古就爱竹、用竹、写竹、画竹。竹子与人们的生活密切相关,尤其是在中国古代,竹被广泛地运用到人们的生活、饮食、生产、交通、建筑、医药、服饰、礼仪等领域,同时,还与政令、军事、刑法等有关。从生活中最常用的竹筷到日常生活用具、家具、工具,甚至玩具,都有竹子。这一点可以从中国的文字学中得到印证,"竹"是汉字的一个部首,在甲骨文中就有6个"竹"部首的字,在《康熙字典》中,"竹"部首的字有960个,大部分是有关乐器、竹器的,可想中国人对竹的喜爱程度。又如在文学、诗歌中有许多对竹的赞美。宋代苏轼在《绿竹筠》中咏道:"宁可食无肉,不可居无竹。无肉令人瘦,无竹令人俗",充分体现了古代文人雅士清高脱俗的雅趣。竹与松、梅并称"岁寒三友"。在绘画上,清代郑板桥一生咏竹、画竹、颂竹,他画的竹子可称得上是绝世佳作,留传至今。竹与音乐更是有着割不断的情缘,古代乐器大都用竹制成,故古代称音乐为"丝竹"。竹笛、笙、排箫等,由于它们动听悦耳的声音,直至今日仍广为流传,深受大众的喜爱。竹子与教育的关系也是源远流长。在春秋战国时期,竹简、竹牍就十分流行,当时利用竹片书写文件、史籍,"册"字就是竹简用线串起来的象形字。后来有了纸,竹子又成为造纸的主要原料,被称为"竹纸"。今天人们书写用的毛笔,大多是用竹管制成的,所以竹子在我们的身边处处有它的影子。另外,中国有大量的竹制工艺品,无论是竹刻、竹雕、竹编都是外贸的一大产业,深受世界人民的喜爱。

竹子挺拔清秀,枝叶茂繁,虚心有节,风韵独具,在中国人心中,它一直是独立清高的象征,在华夏文明的历史演变与审美实践中,已成为一种清俊不阿、高风亮节的品格象征。它在中国古代又被称为"四君子"之一,是文人们最推崇的一种植物,体现了人的一种气节精神。它中空、虚而能容纳物,蕴涵着一种人生哲理。同时,它还能散发出一种自然、清新的香气。所以,至今竹子仍然被使用在一些传统的土特产品的包装上,如竹筒茶、竹筒饭等,还有用竹条编织的筐、篓等,用于盛放无锡油面筋、无锡小笼包、湖南松花蛋、四川泡菜等(图3-17)。

(3)藤、草类包装材料的种类与特点

自然包装材料中,藤、草植物类也占相当一部分比例。常见的藤类有柳条、桑条、槐条、荆条及其他野生植物藤类,用于编织各种筐、篓、箱、篮等。草类,主要有稻草、水草、蒲草、麦秆、玉米秆、高粱秆等,用于编织席、包、草袋、包裹物品等。它们是价格便宜的一次性使用的包装材料。还有其他的天然包装材料,如棕榈、椰壳、贝壳等都是很好的天然用材。这些自然材料不会对环境造成污染,而且充满着自然的气息,使人有一种回归自然的感觉。

现代越来越多的人对自然材质情有独钟,而且在科技的作用

图3-16 研传茶包装,三研社设计,中国

图3-17 无锡熙盛源小笼包子包装,熙盛源,中国

图3-18　Mocambo Rum 酒包装，Licores Veracruz, S. A. de C. V. 设计，墨西哥

图3-19　IFOURUM-THE GIFT OF ART 礼物包装，Ter&Larry 设计公司，新加坡

图3-20　TOC D'ESPELTA 酒包装，Nuria Vila／Espai creatiu，西班牙

下，自然材质原有的属性可以发生变化，将焕发出新的价值，并给我们的心灵带来启迪和精神上的愉悦。自然材料的真实感、节奏感、和谐感来自那份天然的原始特性，具有永恒的魅力(图3-18)。

2. 纤维织品包装材料

(1) 棉、麻织品包装材料的种类与特点

棉、麻纤维织品用于包装主要是制成布袋和麻袋。用棉布制成的袋，其布面较粗糙，手感较硬，但耐摩擦，断裂强度高。在古代用布袋来装中药材，现代主要用于装面粉等粮食制品和粉状物品，如白色粗布袋，常被用于化工产品、矿产品、纺织品、畜产品、轻工产品等的包装，也有用于药材的包装。布袋的种类有许多种，有粗布袋，也有细布袋。有时为了防止受潮、渗漏和污染，在袋内衬纸袋或塑料袋。在现代包装中，用布帛做成包袱状的礼品包装形式，既充满了人文韵味，又可在使用完后继续使用，非常环保(图3-19)。

麻袋是麻纤维经纺织而成的麻布做成的包装袋。常用的麻有黄麻、洋麻、大麻、青麻、罗布麻和野生麻等。麻袋按照所装物品的颗粒大小，分为大颗粒袋、中颗粒袋和小颗粒袋。按所装物品种类可分为粮食袋、糖盐袋、畜产品袋、农副产品袋、化肥袋、化工原料袋、中药材袋等。以各种野生麻、棉秆皮为原料织成的包皮布，也可替代麻布。布袋和麻袋的封口方法主要有缝口法和扎口法两种，可以机械缝口，也可手工缝口。天然麻布还有其他的包装形式(图3-20)。

总之，天然纤维织物包括植物纤维，如棉、麻等；动物纤维，如羊毛、蚕丝、柞蚕丝等；矿物纤维，如石棉、玻璃纤维等。

(2) 人造纤维、合成纤维织品包装材料的种类与特点

用作包装袋的人造纤维主要有粘纤、富纤。粘纤指人造棉布，其强度不如棉布，缩水率大。富纤是在人造棉布的基础上经合成树脂处理，强度较高。合成纤维与塑料一样，均属高分子聚合材料，如涤纶、锦纶、丙纶、脂纶、维纶等。作为包装材料，它们有结构紧密、不透气、不易吸水的特点，主要用作包装布、袋、帆布、绳索以及复合包装材料等。其缺点是耐光性、耐热性差，易产生静电等。在包装中有全部运用，也有局部运用，还有的用作礼盒的内衬以显其高贵(图3-21)。

3.3　包装材料的多元化创新设计

3.3.1　新材料带来的新包装语汇

随着科学技术的发展，各种新型包装材料不断涌现，为现代包装设计增添了新的语汇。材料是存在于我们周围的一切事物。具体地说，它可以是有形的(可视可触的)，也可以是无形的(可闻可嗅的)，甚至我们的思想和观念都可被视为艺术与设计的表达媒介——材料。同时，材料概念的内涵又随着人类文明的发展而不断扩展与延伸。今天的设计师已不满足于传统的表现手法，他们

试图通过对材料的进一步开发,从平面中游离出来,逐渐走向空间。材料在现代设计师手中既是承载了艺术与设计思想的媒介,又常常被用来体现材质本身的魅力。

在现代产品包装设计中,材质的选用,能很好地体现设计的肌理特征,也能提升包装的整体设计水平,有些材质甚至能发展某种表层的视觉语言,如清凉、清爽、朴质、华丽等。就以纸而言,不同的纸质借着不同的质感,加上不同的处理方法使其产生更多的肌理语汇,如粗犷和细腻、光滑与粗糙、轻盈与厚重、柔软与生硬等,给人带来的知觉感受和传达的信息是不同的。人们对质感的要求随着时代的变化不断提高,这就要求设计师不断去发现新的、能打动人的材质、肌理,努力改变材料的特征和它的外在形式,在熟视无睹的材料世界中发现新生命、新语汇。如今材料的引申意义已不只是让我们去直接地感受和简单地运用,而是要求我们在此基础上突破材料的原有属性产生新的价值,加以深层的认识和把握,使材料不仅能在视觉功能的层面改写设计的含义,更在观念上为现代设计的发展提供可能性(图3-22)。

材料往往能激发设计师的灵感。设计在大部分构架中,必须为新开发出来的原材料找到新的用途,并利用它们来美化我们的世界,创造出更多的关怀、慰藉及诗意般的生活空间。

材料的视觉功能与触觉功能是艺术与设计表达中极为重要的组成部分,它们与作品是不可分割的,通常人们以为材质与肌理属于视觉问题,其实它给人触觉上的感觉远比视觉上的感觉更强烈。所以,材料所具有的特殊的质感、肌理,需要我们设计师去用心感悟、去触摸、去解读,更需要我们去进一步开发、挖掘。对材质的研究是一个永恒的课题,我们要学会善于吸取传统的精髓,结合时代的精神和新的需求,努力发现材质无限的可能性,应该动手接触各种材料,熟悉材料的固有特性和特征,强调在材料的实验和研究过程中发挥主动性和创造性,提倡勇于实验、善于发现的潜质,敢于打破固有概念认识的局限,发掘其更深层的内涵并赋予它全新的定义。面对现有的材料,要先去把握它;面对没有被利用过的材料,应去尝试它;面对司空见惯的材料,我们可以将其打破重组,使之成为新材料,产生新精神。在进行产品包装设计时,材质的运用要求与包装所承载的精神内涵相协调、相统一,要为能准确、有力地表达这一精神内涵去选择、去运用,以赋予包装新的定义与新的视觉、触觉语汇(图3-23)。

一般材质在物理性质方面具有软与硬、轻与重、精与细、强与弱、干与湿、冷与暖、疏与密、韧与脆、透明与不透明、可塑与不可塑、传热与不传热、有弹性与无弹性等属性。在肌理上则有规则与不规则、粗糙与细腻、反光与不反光等不同的表面肌理。同时,材质与肌理还具备有生命与无生命、新颖与古老、轻快与笨重、鲜活与老化、冷硬与松软等不同的心理效果,对它们的发现和获取需要我们具备敏锐的把握能力及独创的鉴赏力(图3-24)。

材质和肌理不仅仅具有很强的视觉效果,还具有一定的触觉、

图3-21 THE SILK ROAD,
Yonatan Sheinker,以色列

图3-22 Diesel fuel for life Edt
香水 Diesel 设计,意大利

图3-23 ABSOLUT PEARS、Absolut
Disco 绝对伏特加、V&S 设计,瑞典

图3-24 母亲节钱包,
Andrew Berardi,美国

图 3-25　施华蔻品牌包装，Design Bridge，德国

图 3-26　DEJECTION-MOLDING 食用蜗牛包装，Studio Manuel Jouvin，法国

图 3-27　Happy Eggs 鸡蛋包装，Maja Szczypek 设计，波兰

听觉、嗅觉和味觉效果，设计师要对材料的功能、特性做深入细致的研究与挖掘，以最佳的方式运用到包装形象的视觉设计中。无论是质朴的木材，还是神奇的玻璃；无论是如同大地般亲切的陶瓷，还是变幻莫测的塑料，都值得我们去细细品味，深入探讨。现在一般从事包装设计的人员对材料的研究不够重视，这在今后的设计中是应该避免的。在今天，生态与环境成为一个重要课题，从某种意义上讲，设计师承担着如何运用材料保护自然、维护自然生态平衡的重大责任。这是新时代赋予设计师的新使命（图 3-25）。

3.3.2　环保包装材料的开发与运用

绿色包装材料是人类进入高度文明，世界经济进入高度发展的必然需求和产物，是在人类要求保护生存环境的呼声中应运而生的，是不可逆转的趋势。绿色包装材料，如光降解、生物降解、热氧降解、水降解、天然纤维、生物合成、可食性材料等的出现，进一步推动了绿色包装的发展。运用回收纸制成纸浆制模生产的包装，有很好的保护性，而且成本低廉，是很好的绿色包装设计。新材料的特征是采用先进的科学技术，将天然原料与合成原料配合在一起制成包装材料，这种材料不污染环境，既可回收再利用，也可循环降解、回归自然。从天然到合成，从单一到复合，材料的互相渗透已成为发展的趋势和必然。新材料不仅具有更加科学、合理、安全、可靠的性能，而且更加注重有益健康、无公害，考虑环保、再利用等方面的因素，更加追求材料细腻、光滑、柔韧、富有特色的肌理。有些材料已能模仿自然材料的特征，并能替代传统材料的作用，达到包装的最佳效果。如有些带肌理的特种纸张，具有很好的质地美感，是非常好的包装材料；有的再生纸，有着纯朴的质感，对其巧妙地加以运用，会带来意想不到的效果（图 3-26）。

瑞典爱克林公司发布了一种绿色包装材料，这种材料的构思来自于鸡蛋。鸡蛋壳中 90% 的成分是碳酸钙，是世界上最环保的包装材料。研究者以碳酸钙为主要材料，在提高其强度和韧性上做文章，生产出性能优良的绿色包装材料，用于包装各种形态的食品，以及各类工业产品的生产和各种装饰产品。这种材料的组成成分 70% 以上是碳酸钙，因此可回归于大自然。生产这种材料所产生的废水只相当于传统包装材料的 1/2，所需的能源只相当于 1/3，是一种极好的环保包装材料。美国明尼苏达的食品包装专家以玉米等天然植物种子为原料，生产出一种优质的天然保鲜膜，其主要成分是脂肪酸、蛋白质和纤维素等。据专家介绍，玉米中含有大量的蛋白质，而植物种子含有的纤维素和脂肪酸就更多了，利用它们作原料，采用新的加工技术，可以生产出优质天然保鲜膜。用这种优质天然保鲜膜包装切开的瓜果，在常温下可保鲜 24 小时，如存放在自动售货机中，保鲜期可长达 7 天；同时，由于该保鲜膜不含任何化学成分，对人体不会有任何副作用。波兰设计师 Maja Szczypek 使用经消毒处理的干草，将之压缩、加固，做成了一个具有田园生活场景的鸡蛋包装（图 3-27）。

包装行业是运用新材料最多、最快的行业，一些前沿性的研究成果将被转化为新的包装材料，如纳米技术带来的纳米塑料、纳米尼龙、纳米陶瓷、纳米涂料以及纳米油墨、纳米润滑剂等，为新型包装提供了新的技术、新的材料。一些多功能、多用途的包装材料也正在进入现代包装材料的行列，如镀陶瓷膜，由 PET/陶瓷组成，具有良好的透明性、极佳的阻隔性、优良的耐热性、较好的可透微波性、良好的环境保护性和机械性、无毒、可焚烧，是一种有利于环境保护的益友包装膜，被用于包装樟脑之类易挥发的物质。由于它具有极好的阻隔性，除了用作食品包装材料外，也可用于微波容器的盖材和调味品、药品、精密仪器等的包装用材。美国研制出一种新型保湿纸，可以将太阳能转化为热能，它的作用就像太阳能集热器，如果用它包装食品，将其放在太阳光照射的地方，包装内的食品就会被加热，只有打开包装热量才会散去。日本一家公司研制出一种用于食品包装的新型防腐纸，用这种纸包装带卤汁的食品，可以在 38℃ 高温下存放 3 周不会变质。另外，还有用废弃的豆腐渣制成的可溶于水的豆渣包装纸、用食品工业废弃的苹果渣生产的果渣纸，这些纸使用后容易分解，既可焚烧做堆肥，亦可回收重新造纸，不易污染环境，为现代包装的回收处理带来了极大的方便。

　　最近新的包装材料研究又有新的成果。如英国剑桥大学的科学家开发出了一种可以与水果一起吃的保护膜，这种保护膜既能防止熟透的水果很快腐烂，又能使水果的味道更佳。这种涂在水果上的保护膜是用糖、油、纤维酶等制成的特殊溶液，经过稍微加热后，将洗净的水果放入其中，经过浸泡取出，水果表面就会蒙上一层薄得几乎看不见的保护膜，就是这层保护膜，能阻止细菌和氧气的进入，不仅可延长水果的保鲜期，防止很快发生腐烂，而且与水果一起吃时味道更鲜美。又如比利时科学家发明了一种自行加热的饮料包装袋，能使忙碌中的消费者喝到热饮料。目前这种包装加热的温度能达到 35℃，最高可以增加到 70℃。这种包装含有一种成分，当按下包装外部按钮时，内部就会产生化学反应加热产品，这种包装袋根据产品需求分别由层积聚酯、聚乙烯和铝制成，为了便于饮用包装的外面还带有吸管。再如日本开发出通过加热避免蒸气浸湿食物的包装材料，该材料由聚丙烯薄膜与聚乙烯薄膜、纸、铝箔多层材料合成，加热时水蒸气在薄膜表面凝结，然后被纸吸收，达到避免浸湿食物的目的，可保持食品的原型与风味。美国最近以大豆为主要原料，开发出一种含蛋白质的可食性食品包装膜，它能与所包装的食品一起食用，不仅营养丰富，而且不会造成环境污染。该食品包装膜除能直接食用外，还可以保持水分，阻止氧气进入，延长食品保鲜期。

　　总之，一种新型材料的出现会使一种包装形式具有鲜明的时代标记，它既代表一个新时代的文化信息，一种新能量在生活中的体现，也使包装更具有时代性和流行性。各种高科技成果不断推动着包装工艺的发展，也给包装带来了新的生机。新的工艺流程，高智能的生产设施，自动化、一体化的应用为包装提供了更宽阔的空间。

【本章练习与作业】

　　1. 通过对包装材料的学习和认识，了解不同材料的功能、特性，感受不同材料带来的特殊美感。

　　2. 尝试用不同的材料设计两个具有一定包装功能的作品（形式不限），可以采用如纸张、纸板、竹子、麻布、稻草、藤、塑料、玻璃、金属等材料。目的是让学生通过自己动手、触摸、感知包装材料的性能，增加对包装的直观感受。

第 4 章 产品包装容器造型设计

4.1 产品包装容器造型设计的要求

产品包装容器造型以盛装、贮存、保护商品、方便使用和传达信息为主要目的,是外包装设计的基础。它最主要的功能是盛装产品、保护产品,同时兼具便利和审美。有些包装设计的关键是容器的造型设计,如香水包装,它所呈现给消费者的外观视觉印象往往就是它的容器造型设计,而外包装反而成为次要的,所以在产品包装设计中,包装容器设计是不可忽视的。包装容器设计应满足以下几点要求:

(1) 包装容器能保护内装产品,使其在运输、装卸、使用过程中不受损坏,容器的结构应符合动力学原理。

(2) 包装容器所用的包装材料,对内装的产品应是安全、稳定的,两者不发生互相作用,这一点对食品、医药品尤为重要。

(3) 包装容器的结构形式和形状不会对人体造成伤害,在使用过程中便于操作和搬运,符合人机工学原理。

(4) 包装容器的结构应适应容器的造型与视觉设计的要求,符合商品包装的美学要求。

(5) 包装容器的结构设计要与制造的总费用、内装的产品价格相适应。

(6) 包装容器及其材料必须适应废弃物回收再利用或易于处理的要求,应符合环保的要求。

4.2 产品包装容器造型设计的创意

产品包装容器造型设计是一种立体造型活动,它所涉及的内容包括了被包装物的性质、材料的选择、机械性能、人机关系、生产工艺及市场等多种因素,这些因素在一定程度上限制了设计师的创造力,使设计师不能随意确定包装容器的造型。想要克服这些困难与限制,设计师除了需要具备高水平的专业素质以外,还要打开创意思路,从而找到设计的突破点。

1. 注重容器实用性

产品包装容器设计的实用性应该是设计时首先考虑的。在结构、造型上符合所装内容物的自然属性是实用性的具体表现。

图 4-1 Paul Smith 香水,
Paul Smith,德国

如香水容易挥发，所以在设计香水瓶瓶口时，应该设计得小一点，这样既可以使香水味保存得更持久，也便于在倒出时控制剂量（图4-1）。

2. 追求造型时尚多变

随着社会文化的不断发展与设计艺术的潮流变迁，人们对产品包装容器的外观有了更高的高求，这要求设计师拥有敏锐的洞察时尚潮流的能力，只有准确把握流行元素，才能在容器造型的规格、材质及细节等方面以独特的创意获得高格调的视觉效果（图4-2）。

3. 运用操作引导与暗示

成功的产品包装容器除了基本的实用功能以外，还应有明确的指示功能设计。如用手"握"与用手"捏"的造型是不同的。这要求设计师通过结构、造型、色彩及肌理的变化与对比，形成视觉语言的暗示与引导，使消费者即使是第一次使用也能判断出如何操作（图4-3）。

4. 造型符合人机工学

产品包装容器直接与人发生作用，其造型设计应该符合人机工学的要求，更好地为人所使用。如在瓶盖周围设计一些凸起的点或者线条，可以增加摩擦力而更利于打开，即使是在手掌出汗湿润时也能轻松打开。有些化妆品包装容器，为了方便消费者使用时的拿握，将其设计成流畅圆润的造型，深受使用者的喜爱（图4-4）。

5. 人性化设计

产品包装容器造型设计要充分表达对人的尊重和关怀，与消费者产生心理上共鸣。在大多数情况下，产品包装容器设计都追求使用上的便利性（图4-5）。儿童由于在认知与行为上的幼稚，往往会在监护人疏忽时打开药品类、化学类包装容器，很可能由此产生不良后果，所以在包装上有意设计一些障碍，使其依靠智慧而不是力量开启，从而排除了产品对儿童的危险性。这充分体现了容器设计的人性化意义，真正体现了设计以人为本。

6. 适应使用环境

产品包装容器造型设计要考虑具体的使用地点、条件及其与环境的关系，并赋予容器以不同的特征，使设计进入预定的目标市场。如饮品包装容器能否做到打开后即能饮用，不需要另加杯子（易拉罐是常见的形式）。在有些洗浴用品的包装容器上，有意地采用一些毛的肌理效果，增加摩擦力，以免在遇水情况下滑落（图4-6）。

7. 充分体现传统文化的内涵

传统文化是一切艺术的沃土，在产品包装容器造型设计中应体现传统文化的精髓，如自然和谐的造物原则，中轴平衡的布局式样等，使设计更具特色。也可对传统文化符号采用打散、重构、再造等现代设计手法重新演绎，从而使传统文化散发出时代的气息（图4-7）。

图4-2　Agonist Parfums：The Power Of Simplicity 简约的力量，Kosta Boda，瑞典

图4-3　ANGEL HEART 洗化用品系列包装设计，富田高史、半井梨佳、长崎幹广，日本

图4-4　HOYU3210 包装设计，ADK，日本

图 4-5　多芬香体系列，
CASA REX，巴西

图 4-6　Method 浴液，Method's
设计，美国

图 4-7　Callegari 橄榄油包装，
Pereira & O'Dell，美国

8. 高附加值的设计

今天，人们开始追求个性化、情感化消费，追求"自我实现，人有我优"的满足感。在设计容器造型时，应力求使人们能从包装容器的高品位设计和造型风格上获得与众不同的"身份"感，同时也为企业创造更多的价值（图 4-8）。

9. 仿生学设计

生物界在自然力量的支配下充满神秘的多样性与复杂性，成为造型的楷模。仿生学设计的灵感就是来自生动的自然界，这要求设计师以自然形态为基本元素，通过提炼、抽象、夸张等艺术手法的加工，传达出其内在结构蕴涵的生命力量，使产品包装容器造型具有质朴纯真的视觉效果（图 4-9）。

无论以何种思路展开设计，产品包装容器造型设计的价值与意义都体现在人与物的关系上，只是从不同层面体现了对人的关爱。

4.3　产品包装容器造型设计的方法

应运用所学过的立体构成及形式美法则，对包装容器造型进行创新性设计，开拓思路，使包装容器造型和包装整体的形象设计融为一体，更具有时尚性。应充分利用科技成果带来的新工艺、新材料、新手段，以本土文化为根基，继承传统的文脉，结合现代设计理念，以获得新的视觉感受。包装容器造型设计的方法有以下几种：

1. 线型法

线条既是一种有效的视觉语言与表现形式，也是一种常用的视觉媒介。线型法是指在包装容器造型设计中，追求外轮廓线变化及表面以线为主要装饰的设计手法。由于线条本身具有感情因素，因此能给容器带来不同的视觉效果。如垂直线型的酒瓶，会产生挺拔感；用曲线型设计化妆品容器，会给人柔美、优雅之感。线型设计的方法，就是充分利用线条所具有的独特个性情感，以适当的方式来体现商品本身的属性，使包装容器除具有功能性以外，还具有一定的语意性和符号性，使受众能在很快的时间内通过对外形线型的感觉，体会到产品的特性和所传达的内在信息（图 4-10）。

2. 体、面构成法

包装容器造型由面和体构成，通过各种不同形状的面、体的变化，即面与面、体与体的相加、相减、拼贴、重合、过渡、切割、削剪、交错、叠加等手法，可构成不同形态的包装容器。如可用渐变、旋转、发射、肌理、漏空等不同的手法进行过渡组成一个造型整体。构成手法不同，产生的包装容器形态不相同，所传达的感情和信息也不同，这主要取决于产品本身的属性和形态。设计师应以最恰当的构成方式，达到最完美的视觉形态（图 4-11）。

3．对称与均衡法

对称与均衡法在包装容器的造型设计中运用最为普遍，一般日常生活用品的容器造型都采用这种设计手法，它是大众最容易接受的形式。

对称法以中轴线为中心轴，两边等量又等形，使人能得到良好的视觉平衡感，给人以静态、安稳、庄重、严谨感，但有时会显得过于呆板（图4-12）。

均衡法打破了静止局面而追求富于变化的动态美，两边等量但不等形，给人以生动、活泼、轻松的视觉美感，并具有一种力学的平衡美感（图4-13）。

4．节奏与韵律法

节奏是有条理、有秩序、有规律变化的重复。韵律是以节奏为基础的协调，比节奏更富于变化之美。运用节奏与韵律的手法，可使整体的造型设计具有音乐般的美感，使造型和谐而富于变化，可以通过线条、形状、肌理、色彩的变化来表现。富有节奏感和韵律美的造型更加容易吸引消费者，并产生共鸣（图4-14）。

5．对比法

运用有差异的线、面、体、色彩、肌理、材料、方向、虚实等对比手法，使整个造型形成一定的对比感。体量的对比，即运用不同大小的体量进行适当的对比，产生活泼、生动感；肌理的对比，如粗糙与细腻的对比，使包装容器表面产生质感对比。通常运用对比手法设计的包装容器造型会有很强的视觉冲击力，在商品竞争中容易引起消费者的注意（图4-15）。但在运用对比手法时，要注意统一的原则，防止对比过度而造成零乱。

6．仿生法

大自然隐匿了无数的视觉意蕴与形式意象，永远是艺术创作与设计取之不尽的源泉。仿生法就是通过提取自然形态中的设计元素或直接模仿自然形态，将自然物象中单个视觉因素从诸因素中抽取出来，并加以强调，形成单纯而强烈的形式张力。也可将自然物象的形态作符号化处理，以简洁的形态加以表现，使包装容器造型既有自然之美，又有人工之美。在化妆品包装容器的造型设计中，运用仿生形态的造型较为常见。如仿人体优美曲线的香水瓶；仿造各种花卉造型的容器；仿造动物形态的包装容器（图4-16）；也有仿人造物形，如心形、钻石形等。运用这种手法设计的造型惟妙惟肖，栩栩如生，使人爱不释手，有些还可以作为装饰品陈列。但使用这种方法应避免过于写实，给生产制作带来不便。

7．肌理法

肌理是与形态、色彩等因素相比较而存在的可感因素，它自身也是一种视觉形态。肌理虽然在自然现实中依附于形体而存在，但在包装容器造型设计中是最为直接而有效的形式。它是呈现包装容器的质感，塑造和渲染形态的重要视觉和触觉要素，在许多时候是作为被设计物材料的处理手段，以体现设计的品质与风格。

图4-8　Ego 香水，Lavernia&
Cienfuego，西班牙

图4-9　"葡萄之血"葡萄酒包装设计，
Constantin Bolimond，白俄罗斯

包装容器造型上的肌理,是将直接的触觉经验有序地转化为形式的表现,它能使视觉表象产生张力,在设计中获得独立存在的表现价值,增加视觉感染力。有些透明玻璃的表面运用一些肌理效果,能使包装容器表面肌理形成对比,更具有视觉和触觉质感。设计中的"视觉质感"可以诱惑人们用视觉或用心去体验、去触摸,使包装与视觉产生亲切感,或者说通过质感产生一种视觉上的快感。肌理一般可分为真实肌理、模拟肌理、抽象肌理和象征肌理等。

图 4-10　TSAR 香水,Masayuki Hayashi 设计,法国

图 4-11　Pola B. A,Pola Chemical Industries Inc,日本

图 4-12　40 ISLANDS 伏特加,Studio IN 工作室,俄罗斯

图 4-13　AgonistParfums:The Power Of Simplicity 简约的力量,Kosta Boda,瑞典

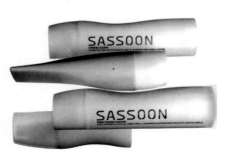

图 4-14　Sassoon 品牌形象包装,Dew Professional,英国

图 4-15　Dsquared2 He Wood 香水,DSQUARED2 设计,意大利

（1）真实肌理：是对物象本身表面肌理的感知。通过手的触摸实际感觉材料表面的特性，可以激发人们对材料本身特征的感觉，如光滑或粗糙、温暖与冰冷、柔软与坚硬等。在造型设计中，真实肌理一般可以直接运用有肌理的材料来获得，如有些包装容器造型设计直接运用木材与皮革、麻布与玻璃或金属，形成肌理对比，产生独特的视觉质感（图4-17）。

（2）模拟肌理：它是再现在平面上的形象写实，着重提供肌理的视错觉与某种心态，达到以假乱真的模拟效果。如有些包装容器的表面，运用摄影的手法表现皮毛的感觉，并将局部放大，使其表面纹理得到精致的刻画，调动全方位的视觉要素以达到真实的感觉（图4-18）。

图4-16 鸟人果汁包装设计，
MatsOttdal，挪威

图4-17 COGNAC DE LUZE 酒类包装，
SLEEVER INTERNATIONAL，法国巴黎

图4-18 英国 Old Guard 啤酒包装，viewpoint，英国

图4-19 资生堂 2011 香水包装设计，
资生堂，日本

图4-20 伏特加 Absolut Tune 酒包装，Absolut，瑞典

（3）抽象肌理：是对模拟肌理的图形化，对物象的抽象表达。它既显示了一些原有表面肌理的特征，又根据特定要求作适当调整、概括、提炼处理，使其更加清晰，更具有纹理特征，更符号化。如有些香水包装容器，采用抽象的肌理，增加了触感，更加具有典型性（图4-19）。

（4）象征性肌理：纯粹表现一种纹理秩序，是肌理的扩展与转移，与材料质感没有直接关系，它要求在设计中构建强烈的肌理意识（图4-20）。

8. 系列法

在包装容器造型设计中采用系列化的设计方法已成为一种趋势。它可以更好地营造品牌形象，并将之以统一整体形象展现给消费者，在竞争中形成大家族的群包装。这种方法在变化中求统一，在统一中求变化，如同一系列的包装容器造型，在比例上有所变化，在造型结构上统一或有细微的变化（图4-21）。

图4-21　Arboris皮肤护理系列产品，Ohmybrand设计，俄罗斯

9. 虚实空间法

在包装容器造型设计中，充分利用凹凸、虚实空间的对比与呼应，使容器造型中虚中有实，实中有虚，产生空灵、轻巧之感。如有些瓶型设计，在实体的造型中，用漏空的形式，使虚实相间，更加突出其个性特征（图4-22）。

10. 表面装饰法

在包装容器的表面运用装饰物来加强其视觉美感，既可以运用附加不同材料的配件或镶嵌不同材料的装饰，使整体形成一定的对比，也可以通过在容器表面采用浮雕、漏空、刻画等装饰手法，使容器表面更加丰富（图4-23）。如在细长的瓶子上运用水平方向的曲线进行装饰，使其具有流动感，并打破由于高而产生的不稳定感；又如有些玻璃瓶型，局部镶嵌少量金属材料，形成质感的视觉和触觉对比，更显高贵、典雅。

图4-22　武陵酒包装，梁文峰，中国

图4-23　Colier酒包装设计，
Reynolds and Reyner，乌克兰

4.4　产品包装容器造型设计的制作

我们知道,"设计是构想的视觉化",容器造型设计从构想到最终的加工生产,要经过一个复杂的不断修改、完善的过程。一般要经过项目解读—市场调研—概念发想—草图推敲—形态处理—效果图—制图—建模渲染—客户沟通—修改调整—模型制作—版面制作—展示与汇报等多个步骤。

1. 项目解读

在设计之前一定要了解设计要求的细则,如果是企业委托项目,最好由企业相关人员来介绍产品的相关信息和具体要求,掌握的信息越全面越细致,对后面的设计帮助就越大。

2. 市场调研

通过实地考察、拍摄、记录及寻访等方法,对现有市场开展深入细致的调研,尤其是同类产品的包装设计。也可以查阅最新包装发展动态资料,尤其是对包装容器的造型、材料、人体工学、消费者的需求等方面进行深入的研究,并写出市场调研报告,为设计寻找切实可行的方法和依据。

3. 概念发想

这是设计构思的过程,通过头脑风暴、形象思维的方法,进行构思创意,寻找到与设计最直接的关键词,进行联想、发散和想象,画出思维推导图(图4-24)。通过前期项目解读及市场调研,从容器形态、材料或其他方面进行思维发散整合。如在形态上,可以从简洁、明快的抽象形态发想,也可以从自然、生动的仿生形态发想;在材料选择上可以寻求新的可能性;在表现手法上寻找新的切入点,以求创造出新的形态。

4. 草图推敲

通过对前期的概念发想以及思维推导图的整理,针对性的勾勒出不同形态式样的草图,进行斟酌比对。以类似于速写的方式,快速准确地抓住想要表达的形态和材质的感觉。在前期定位的关键词中提炼出形态进行进一步延伸。如"抽象"形态追求简洁明快,块面感强烈的几何形体表现;"具象"形态定位于有机环保的角度进行创作草图发想;材料肌理对比等方面(图4-25)。

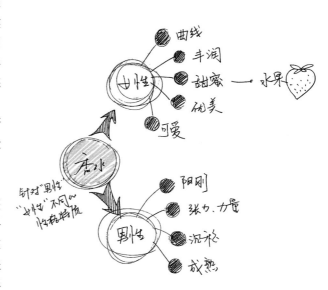

图4-24　概念发想思维导图

5. 形态处理

对草图前期创作的形态进一步完善细化,注重细节表现,强化形态秩序美感,弱化次要部分,细致处理体块连接的微妙转换,将形态的美感由内而外地传达与释放,力求完美,以效果图的方式展示(图4-26)。

6. 效果图

效果图是围绕着商品的属性特征来进行的,把头脑中所设想到的各种形态作修改、完善,并快速、准确、概括地表现出来,通过效果图的绘制完整、清楚地传达设计意图。它注重表现不同材料质感及材料在设计中运用的实际效果。效果图的绘制可以有多种方法,通常有手绘法和电脑辅助设计两种,主要表现出成品的材料、质感效果,底色以简单、明了最佳,不可杂乱或喧宾夺主(图4-27)。

图 4-25　香水设计草图, 帅国安设计, 王安霞指导

图 4-26　J&B-6℃ 酒包装, Bloom design, 英国

7. 制图

这一步需要制定包装容器的具体尺寸,并画出三视图。容器造型的制图是根据制图的统一具体要求来完成的,首先要画出造型的具体容器形态,然后根据比例与尺寸作标注,作为模型渲染和制作的数据,也是生产制作的依据。

（1）三视图

绘制三视图的工具包括绘图板、铅笔、绘画墨水笔、直线笔、绘图笔或针管笔、圆规、三角板、曲线板或蛇尺、丁字尺、绘图纸、硫酸纸、绘图用的炭素墨水等材料。根据投影的原理画出造型的三视图,即正视图、俯视图、侧视图、底部平视图、剖面图,要严格按照制图规范进行绘制,要准确标明各部位的高度、长度、宽度、厚度、弧度、角度等。在制图中对三视图的位置安排一般为:正视图放在图纸的主要部位,俯视图放在正视图的上面,侧视图安排在正视图的一侧。根据具体情况,某些造型只需画出正视图和俯视图,部分带有构件的造型也可以单独画出侧视图,位置在正视图的一侧(图4-28)。

图4-27　NOIR暗夜精灵香水瓶效果图,张宵雯、王斌设计,王安霞指导

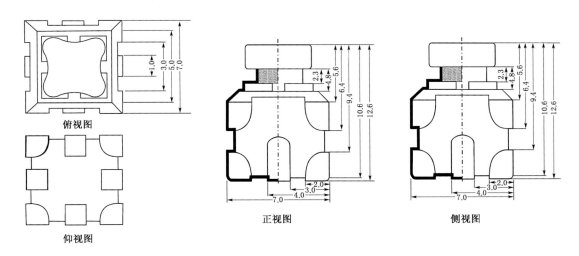

图4-28　魔力香水三视图,王云川设计,王安霞指导

为了使图纸规范、清晰、易看易懂,轮廓结构分明,线条必须使用不同的规范化线型来表示。

① 粗实线:用来画造型的可见轮廓线,包括剖面的轮廓线。宽度:0.4～1.4毫米。

② 细实线:用来画造型明确的转折线、尺寸线、尺寸界线、引出线和剖面线。宽度:粗实线的1/4或更细。

③ 虚线:用来画造型看不见的轮廓线,是被遮挡但需要表现部分的轮廓线。宽度:粗实线的1/2或更细。

④ 点划线:用来画造型的中心线或轴线。宽度:粗实线的1/4或更细。

⑤ 波浪线:用来画造型的局部剖视部分的分界线。宽度:粗实线的1/2或更细。

（2）剖面图画法

为了更清楚地表现出造型结构及器壁的厚度，必须将造型以中轴线为准，把造型的四分之一整齐地剖开去掉，露出剖面。剖面要用规范的剖面线表示，以便与未剖开部分区别。规范的剖面线有三种：用斜线表示（图 A）；用圆点表示（图 B）；用完全涂黑的方法表示（图 4-29）。

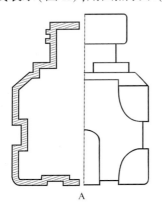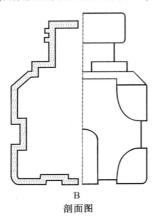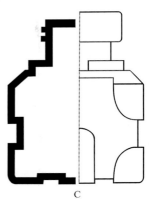

A   B   C

剖面图

图 4-29　魔力香水剖面图，王云川设计，王安霞指导

8. 建模渲染

以草图与三视图的比例与尺寸作为电脑建模渲染的参考，实现由草图向立体三维视觉效果的转换，直观了解容器的立体效果，从而完整地把握容器形态的设计。建模渲染首先选择犀牛三维建模软件建立容器设计的电子路径，形成立体构造，建模完毕后使用3D MAX & Vary赋予模型材质，选择适当的材料，合理运用灯光与环境进行精度渲染，最终完成三维立体效果图（图 4-30）。

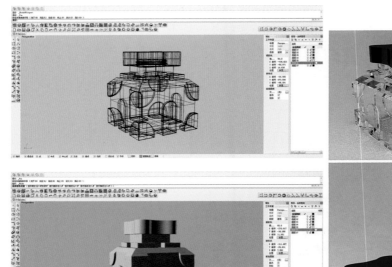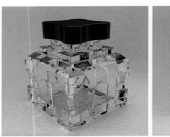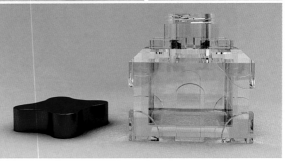

图 4-30　魔力香水电脑建模图，徐红磊设计，王安霞指导

9. 客户沟通

有效地进行设计沟通，能够准确、实时、高效地达到沟通目的，是实现设计目标的最佳途径。与客户沟通体现了客户与设计师彼此尊重、相互配合的一种双方互动的关系。客户须提出自己的要求和建议，明确设计需求，表明风格取向，设计师在设计过程中严格执行，将设计核心转化为设计要素，从而产生符

合双方需求、符合市场需求的最佳方案。在进行产品包装容器造型设计的过程中，设计者需要了解不同材料容器的制作工艺，所以要及时与生产企业进行沟通，掌握最前沿的生产信息，只有这样，才能更好地发挥不同材料的特性，设计制作出更精良的产品包装容器造型。

10. 修改调整

通过沟通，根据客户提出的修改意见，以市场为导向，以更好地满足客户与消费者的审美、功能、情感价值的需求为目标，做必要的修改调整，形成最终的设计方案（图4-31）。

图4-31　香水三维立体效果图，陈博阳、杨伦、张珺、邱志鑫、赵诗祺设计，王安霞指导

11. 模型制作

立体模型制作不仅是设计视觉化的表达，而且是进一步全方位观察、推敲和验证的有效方法，在平面上对容器造型的构画只是一种大致设想，不能替代实际的立体效果。因此，立体制模是必不可少的一环。可以根据模型的实际需求选择制作模型的材料，主要以石膏为主，也可运用油泥、木材等完成。下面介绍石膏模型制作的方法：

（1）石膏模型制作工具：平口、圆口、角口等不同型号的木工刀、锯条、卡尺、直尺、钢刮片、乳胶、细砂纸等。必要时还需用高度游标尺、转轮电动设备等。

（2）石膏模型制作流程：

① 用KT板做一个比实际尺寸稍大一些的闭合型，用于浇铸石膏模型的基本型。

② 在盆里先放好水，然后倒入石膏粉，水和石膏的比例为1∶1.2，用手将石膏调均匀，然后倒入围合的KT板型中。

③ 等待10～20分钟，等石膏干后去掉KT板。

④ 等石膏干后，在石膏上用铅笔画出所设计的型，尤其是对称的型，石膏的双面都要画，然后用木工刀进行加工，去除多余的部分，也可用锯条刮出曲面，或用高度游标尺画出水平或垂直线，进行面与线的加工。制作基本形：根据平面草图，对制作材料的毛坯进行切割，成为原大的基本形。基本形要比实际的容器尺寸稍大，以便留有余地，从方到圆，从大到小逐步进行修整（图4-32）。

⑤ 进行细部刻画与修正，然后用300～320号砂纸打磨。有时根据实际加工情况，可将容器分为几个部分分别进行加工，如盖、颈、体、底等部位，然后用乳胶将几个部分粘接在一起。根据效果图及容器造型的需要，可以进行涂色、喷色、上光、电化铝烫印、结扎等手法处理，使整个容器造型形态更加直观、逼真，也便于进一步检验（图4-33）。

12. 版面制作

将设计的最终效果图、模型、设计说明及使用环境，以制作展板的形式，有时还需要制作PPT向客户做最终的汇报（图4-34）。

图 4-32　石膏模型制作过程，华伟东示范

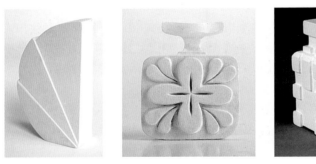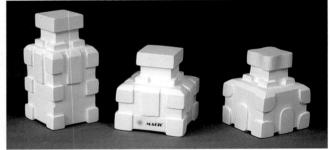

图 4-33　香水石膏模型，杜艳婷、甘卫、张宵雯、王斌、尹楚峰设计，王安霞指导

图 4-34　玉兰花香水、男士香水，王译晗、柳为设计，王安霞指导

13. 展示与汇报

展示成果对设计的成功与否是很重要的,要求有良好的设计整合效果图和设计表达,为企业的生产提供可靠的依据,同时也需听取企业和市场对设计效果的评估(图4-35)。

4.5 产品包装容器造型的心理效应

4.5.1 视觉造型的转换

造型转换是指以一个平面的基本形态为构架,将其转换为立体形态。形态的转换有反转、移动、反复、扩大、缩小、扭曲、挤压、拉伸、卷绕等手法;也可以通过不同的组合,如错位、推倒、重叠、连接、回转、旋转、竖立、摆放等来达到;还可以通过色彩的变化,如透明与不透明、整齐与突起、有光与无光、自然与不自然、舒适与不快、温暖与冷漠、柔软与坚硬等来实现。形态的转换有多种形式,如色彩转换、形状转换、素材转换、尺寸转换、维度转换、样式和结构转换、功能的转换以及技术、媒体和程序的转换。总之,丰富的造型表现背后蕴藏着无限的可能性,这种可能性是一种具有单纯性、规律性而又能刺激人们感性,包含着深刻内涵的东西。作为一名包装设计师,要能将这些不同的转换运用自如,游刃有余,才能创造出新奇的富有魅力的包装形态(图4-36)。

4.5.2 自然形态的解构与创新

设计师要不断从大自然中汲取养分,来创造新的设计形态。大自然永远是我们创造新形态的原动力,所以我们要善于发现自然中美的因素,并从中提炼,使之成为我们所需的设计形态。自然以它无声的形态,给我们的创作带来无数的创作灵感。最美的造型形态也是最自然的形态,对自然的感悟及表现主要取决于对自然的观察角度、理解与主观感受。应用解构主义的某些观点来诠释重构新的形态,打破思维定势,运用逆向思维和创新性思维,重新解读自然,转变观念,强调自然的语境化意境,运用隐喻、文脉、符号等方式,传达对自然文本的体验感悟、图像解读,以一种解构式的意象形式再现。运用这样的方法会产生一些意想不到的崭新的形态,具有神奇的视觉体验(图4-37)。

随着高科技的不断发展,新的影像技术与多媒体数字化、信息化技术的不断深入,新的数字化形态不断涌现,过去无法实现的形态,在今天已变得容易。模拟形态、虚幻形态已成为可视的视觉形态,作为设计师要时刻了解和掌握新观念、新技术,并能为包装形象的视觉设计服务,达到新的视觉效果。

4.5.3 包装造型形态带来的心理效应

包装造型设计是通过一定的组织结构和表现手段表现出来的,这些结构和表现手段构成了特定的包装造型的外在形式。

图4-35 J&B-6℃酒包装,Bloom design,英国

图4-36 Agonist Parfums:The Power Of Simplicity 简约的力量,Kosta Boda,瑞典

图4-37 BEEloved 品牌蜂蜜包装设计,Tamara Mihajlovic,塞尔维亚

它是由设计师运用一定的材料,并通过艺术与技术的处理手段,对空间的形体、光线、色彩、肌理等人们可以感知的信息进行加工的编码系统。这些信息编码系统有组织地传递着视觉信息,使观赏者的视觉器官受到刺激从而产生兴奋,这时外在形式中体现出的总体特征,如包装容器造型给人的浑厚、秀丽、华丽、质朴等感觉,就会对观赏者审美情绪的激活产生一定的诱发和心理暗示作用,并在观赏者的习惯知觉定势和设计作品具体的情境知觉因素之间产生交叉与重合,产生一定的心理效应,如"量感效应"、"动感效应"、"趣感效应"、"同步效应"等,这些心理效应会使其对包装的造型设计产生兴趣,引起注意,进而产生购买欲望与购买行为,达到商品销售的目的。

1. 量感效应

包装造型所产生的"量感效应",主要是指外在形式的物质量和观赏者心理量之间的交叉撞合。物质量是指包装造型本身的空间占有的区域和重量。如包装造型的大小、体积、重量等,也包含包装造型空间的涵纳量。心理量是指人们在长期知觉的基础上所形成的知觉定势。包装造型设计外在形式的心理效应是知觉定势作用的结果。要使包装造型设计产生"量感效应"有多种处理手法,如可以利用增加陈列数量的办法增强量感效应,打动消费者,这就要求在设计包装造型时必须考虑到包装整体的陈列效果,是否可以产生一定的阵势,进而产生强烈的视觉效应和心理效应。量感效应的强度还取决于观察的距离,在一定的距离内效应强度较大,但随着距离的增加,效应强度也会随之减弱(图4-38)。

2. 趣感效应

"趣感效应"是心理量大而物质量小产生的一种审美心理效应,如有些香水瓶的设计就采用较小的

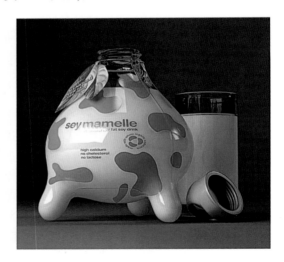

图4-38 Soymamelle 豆奶包装设计,KIAN,俄罗斯

体量,小巧精致,可爱迷你。这种造型处理手法具有很强的艺术情趣,不仅仅是靠体量的缩小,而且还要同夸张、变形的艺术处理手法及特殊的工艺处理相结合,才会产生特殊的审美情趣,达到良好的视觉效果(图4-39)。

3. 同步效应

"同步效应"主要产生于造型形态的力度感与节奏感,使观赏者产生一种与力度感、节奏感同步的内心体验。这种内心体验必须在一定的审美修养和艺术实践经验的基础上才会感悟领会到。同步效应是不由自主地产生的,与随刚而刚、随柔而柔、随律动而动的内心体验产生同步。它的心理机制主要依赖于人们过去的经验,在视觉受到造型的外在形式及各种信息的刺激后,引起一种直觉共鸣,从直觉兴奋中引起对过去经验的回忆,这种同步效应体现着人体自身反应的协调性。同步效应也是设计师所追求的心理效应(图4-40)。总之,设计的形式美感只有通过形式本身构成的情感概念和心理效应,才能在设计师和观赏者之间形成"心理同构"。通过这种心理同构作用,设计的造型形式就会产生传递情感信息的作用,进而起到加强艺术感染力的作用。作为设计师要充分利用心理效应所带来的情感传递效应,与消费者产生共鸣,并使其接受和欣赏新设计的包装。

图4-39 伏特加酒瓶包装设计,Johannes Schulz,德国

图4-40 Agonist Parfums:
The Power Of Simplicity
简约的力量,Kosta Boda,瑞典

【本章练习与作业】

1. 用仿生形态设计一个香水包装容器,要求用电脑制作出立体效果图。

2. 以抽象形态设计、制作一个酒或饮料包装容器,并制作出实物模型。要求容器造型有较强的视觉美感,能较好地反映商品的属性。

第 5 章　纸包装结构设计

　　包装结构设计就是根据包装产品的特征、环境因素和用户要求,选择一定的材料,采用一定的技术方法,科学地设计出内外结构合理的容器或制品。它在整个包装设计体系中占有重要位置,是包装视觉设计的基础。包装结构性能如何,直接影响包装的强度、刚度、稳定性和实用性,即包装结构在流通中应该具有可靠保护产品和方便运输、销售等各项实用功能,同时应该为造型设计和视觉设计创造良好的条件。

　　包装结构设计应处理好包装结构各部分之间的关系:即包装材料与内装物品之间的关系;包装结构与封装方法之间的关系;包装结构与环境因素之间的关系;包装结构与造型及视觉设计的关系;包装结构与工艺制造水平的关系;包装结构与人机工学的关系;包装结构与人的心理因素等关系。

　　在包装设计中,造型与结构是密切配合、相辅相成的。不同的包装结构必然会有不同的造型特点(图5-1)。

图 5-1　**Galette des rois** 茶包装,山内理惠,日本

5.1　纸包装设计种类与特点

5.1.1　纸包装设计的特点

　　纸包装长久以来一直受到人们的青睐就是因为它具有独特的优良特征。

　　(1)纸包装有一定的强度和缓冲性能,既能遮光防尘又通风透气,能较好地保护内装物品。纸包装质轻价廉,结构紧凑,流通中能节省运输和仓储费用。纸及纸板能根据商品特性设计制作出各种各样的包装造型,还能在其表面进行精美的视觉设计及印刷,是最佳的“无声推销员”,是设计师的最佳表现媒介(图5-2)。

（2）纸及纸板具有优良的加工性能。纸容器的成型较其他材料容器容易，只要通过裁切、印刷、折叠、封合，就能方便地把纸及纸板成型为所需的各种形状的箱、盒、袋、罐、杯等。而且纸包装成型及充填工艺都宜于机械化、自动化和高速化（图5-3）。

（3）纸包装运用范围很广泛，绝大多数商品均可采用纸包装，食品、医药产品、轻工产品、工艺品等使用率最高（图5-4）。

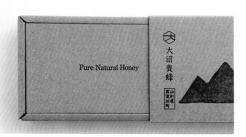

图5-2　大沼养蜂的产品品牌——百花牌品牌包装，akaoni，日本

图5-3　UZUMAKIYA 蛋糕卷包装设计，
渡边义一，日本

图5-4　牛奶包装，
Alice Samadi，新加坡

（4）纸包装符合环保的要求，是"绿色包装"（图5-5）。

5.1.2　纸包装设计分类

纸包装种类繁多，按其结构特点可分为五大类。

1. 纸盒

纸盒是纸包装容器里运用最多的形式，占有相当重要的地位。它用纸或纸板折叠和粘贴制作而成，其式样种类丰富多彩。纸与其他材料复合制成的纸制品，已部分替代了玻璃、塑料、金属等包装容器，如牛奶的纸盒包装逐渐取代了过去通常使用的玻璃瓶。

通常构思精巧、造型简洁的纸盒包装比短暂有限的市场广告标语更能为客户带来竞争优势。成功的纸盒包装可以在大众心中树立良好的公司形象，体现优异的产品质量，赢得广大消费者的信任。

纸盒生产一般分为三步：第一步是印刷，将各种文字、图形、色彩及主要的信息印在纸板上，以满足客户对具体形象的要求；第二步是切割，将纸板用切割器切成纸盒展开所要求的形状，标出必要的折线；第三步是修整处理，其中包括窗口的切割和粘合剂的应用。结构简单、便于制作的纸盒可以适用于大多数的产品包装；过于复杂的包装结构，则会给制作和使用带来不便。

纸盒主要分为折叠纸盒与粘贴纸盒。

（1）折叠纸盒

图 5-5　PETIT COMITE 包装设计，Valentina Llorente，委内瑞拉

通过印刷在纸或纸板上压制出折叠痕迹，由机器或人工折叠而成。折叠纸盒又可分为拆装式折叠纸盒和固定式折叠纸盒，其外形有多种形式，也可添加其他特殊结构及附件，如开窗孔、开启孔、倾倒口等，以满足不同产品的需要，常用于食品、化妆品和药品等的包装。折叠纸盒具有独特的优越性，它除了具有良好的保护功能外，还适用各种印刷方式，易于加工生产，便于储存和运输，可大大减少储存和运输时所占的空间，降低流通费用。它的结构变化丰富，有多种盒型，大致可分为以下几种结构：

① 管式折叠纸盒

纸盒的形状呈管状，一般由一张纸板折叠构成，其边缝接头通过粘合或钉合，盒盖和盒底通过摇翼组装固定和封口，盒身侧面比较简单，主要变化是在盒盖与盒底（图 5-6）。

② 盘式折叠纸盒

是由一张纸或纸板通过折叠、锁扣或贴合而形成的一种盘形的纸盒，它的高度较低，变化主要体现在盒体部分。它的特点是盒底负载面大，开启后消费者能观察到的内容物的面积较大，有利于消费者挑选商品，也有利于消费者拿取商品，一般多用于服装、食品及礼品包装（图 5-7）。

图 5-6　Eleia 橄榄油，Bob studio，希腊

③ 特殊形态的折叠纸盒

造型独特，有独特的个性，由管状盒型通过挤压、扭曲等变形手法制作而成。其结构变化丰富，在众多的商品包装中独树一帜，适合装一些富有个性的商品。但由于它的制作比较复杂，运用的范围有限（图 5-8）。

（2）粘贴纸盒（固定纸盒）

又称硬板纸盒，或裱糊盒，它的外形已固定不能折叠，由盒盖和盒体两部分组成。比折叠纸盒强度高，外部通常会用其他的材料来做表面装饰。成本较高，运输和存储费用也较高。由于是手工制作，产量较低，多用于高档商品、玻璃制品、工艺品、易碎物品和礼盒的包装等。固定纸盒由于有较好的陈列展示效果，因此大多数食品、礼品包装都采用这种形式（图 5-9）。

图 5-7　Royce 牌饼干包装，Royce，日本

2. 纸箱

纸箱一般是用比较厚的瓦楞纸板制成,其结构设计日趋标准化、系统化,主要用于运输包装和外包装。它的设计更加注重功能性和商品信息简洁、准确的传达(图5-10)。

3. 纸筒

纸筒是以纸为基础材料,经过层卷纸制成,其中纸管和纸杯筒径较小,纸罐与纸桶筒径较大,也有用复合纸制作的各种纸筒。纸杯是用纸板制成杯筒与杯座,经模压咬合形成杯体的小型纸制容器,通常口大底小,可以叠起来,便于储存、运输,具有轻便、卫生、可印刷彩色图文的特点,我们常见的有冰淇淋杯、一次性纸水杯、小食品纸筒等(图5-11)。

图5-8　Meo 鸡蛋包装,
Chi Hey Lee,美国

图5-9　Denby Pottery 陶瓷包装设计,
Penny Pan,英国

图5-10　纯净水包装设计,Tyler Merrick,
Dunham and Jonathan Rollins 设计

图5-11　EIGHTHIRTY 咖啡包装,
Noah Butcher,新西兰

4. 纸袋

纸袋是用纸制作的袋状软性容器,大多采用粘合与折叠结构,一般是三边封口、一端开口。它有多种形式,如手提式、信封式、方底式、筒式、阀式、M 式、折叠式等。手提纸袋的包装结构便于制作、携带,节省了费用,许多企业、商场都有专门设计的包装纸袋,非常具有个性,不仅方便了消费者随时随地地携带商品,而且很好地起到广告宣传作用,被称为"流动的广告媒体"。纸袋适用于纺织品、衣帽、小食品、小商品等的包装(图5-12)。

5. 纸浆模塑制品

纸浆的运用与纸张一样有着久远的历史,纸浆不像再生纸那样需要高质量的漂白表面,然而它展示的是极富质感有肌理的外表,给人特有的视觉感受。蛋盒是纸浆包装的著名例子。现在有些产品包装首选纸浆模塑制品,如手机的包装内盒,一方面能很好地适应手机的外形,起到保护商品的功能,另一方面由于它是利用回收纸制作而成的,所以成本低廉,符合环保要求。随着加工制作水平的不断提高,纸浆模塑产品的质量及外观视觉形象将越来越趋向完美(图5-13)。

5.2 纸包装结构设计的要求

包装结构设计就是产品的包装方法,其目的在于使产品包装能大量生产,机能良好,降低成本,更引人注目。然而,要同时满足这几个需求,必须依赖包装设计师、企划人员、包装制造业者等的协调合作。在进行产品包装结构设计时,应考虑以下几个方面的因素:

1. 保护需求方面

包装材料的强度、防潮性能;密封材料;运销过程中可能受破坏的因素;再封装技术。

2. 包装设备方面

准备以何种机械封装(用手工操作还是以半自动或全自动机械制作);选用既有设备包装还是用新设备包装;包装容器的大小、形态与充填方法、密封方法是否能与包装设备配合。

3. 储藏与运输方面

搬运方法,堆积方法,输送方法,在正常状态下是否会受损坏;陈列因素的考虑。

4. 消费者便利方面

产品的容量、容器的大小和形态是否适当;"易开"和"容易取出"是便利性包装的一个很重要功能;包装使用后,是否可作其他用途。

5. 经济条件方面

材料成本、制造成本、搬运及输送成本;经由包装提升的商品的价值。

6. 竞争力方面

产品品质的比较;材料、大小、造型、特色的比较;消费者意见调查;消费者的购买量。

5.3 纸包装结构设计的基本样式

1. 纸盒包装的结构形式

(1) 反向插入式

图5-14是一款最常见的盒子形式,盒盖和盒底的插入方向是相反的,一般多用于小商品的包装。

以这个盒子为基础盒形,了解一下盒子的基本尺寸。

A. 盒子的长度,即纸盒的开口处。

B. 盒子的宽度。

图5-12 为"自然健康和美丽营养"商店设计的整体形象,Marnich Associates,巴塞罗那

图5-13 OUTOCTON 鸡蛋包装,Lluis Serra Pla,西班牙

C. 盒子的高度,即盒子收纳物品的深度。

D. 糊头,是盒子的连接胶合处,它的尺寸与盒子的大小成正比。

E. 插舌,是插入盒身或盒底固定盒盖的地方。

F. 肩,是盒盖摩擦扣受阻力的部分。

G. 半径,等于插舌减去肩。

H. 公锁扣,是插舌锁合处,公锁扣比母锁扣小 2mm。

I. 防尘翼,在防尘的同时能增加盒子的强度,一般不大于 1/2 长度。

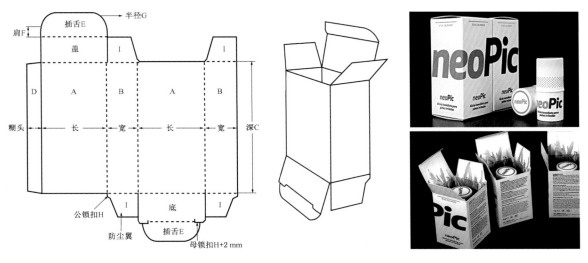

图 5-14　**NEOPIC 药品包装**,**Talking Design Studio**,西班牙

（2）摇盖式结构

图 5-15 是包装中最常用的形式之一,主要是指盖体与盒体连在一起的折叠纸盒,优点是方便开启,易于取出商品。为了便于陈列和宣传商品,在盒面上压有切线,沿着切线可以打开盒盖,既能看到商品,又能看到盒面精彩的图案、文字和商标。这种纸盒包装的设计形式一般有无侧边的平折盒盖、有两个侧边的带帘折合盒盖、几个折翼的自由折叠式等。通常摇盖式纸盒是用一张纸折成的,多用于普通的食品包装。

（3）天地盖式结构

这种包装形式由上下两部分组成,盒盖是天,盒底是地,结构是互不相连的。它的加工比摇盖式盒子要复杂一些,但在保护性能上要好一些,所以多用于高档的礼品盒,设计也更为精致（图 5-16）。

图 5-15　**Heart Wings 巧克力包装**,
mutfaktheBRANDkitchen,土耳其

（4）开窗式结构

开窗式结构是在纸盒的展销面上开窗口,透过窗口可以直接看见商品,便于顾客选购,满足了人们眼见为实的心理需求。通常开窗式结构有局部开窗、盒盖透明和多面透明等三种形式,这些形式一般与聚氯乙烯胶片结合起来使用。开窗的大小或位置,要根据商品特点或画面设计而决定,从而更好地达到科学、合理、美观和促销的要求,面包、糕点、小食品、速冻食品等大多采用这种形式。它比其他包装形式更具有直观性和方便性,更有利于在商品竞争中取得一席之地（图 5-17）。

（5）陈列式结构

这是一种特殊造型结构的摇盖式纸盒,盒盖打开后从折叠线处折转,并把盒子的舌头插入盒子内侧,盒面的图案便显现出来,与盒内商品相互衬托,具有良好的陈列和展示效果。设计这种形式时一定要兼顾展开与不展开画面的完整性和协调性,也应该考虑到它的趣味性,这样才能吸引消费者的注意,起到促销的作用(图 5-18)。

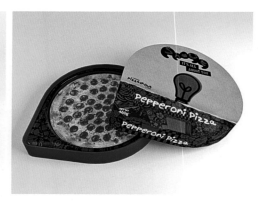

图 5-16　pepperoni pizza 比萨饼包装,　　　　　图 5-17　爱恨灯泡包装,
　　　　　pepperoni,意大利　　　　　　　　　　　　　Juan Regueiro,西班牙

图 5-18　情人节礼物包装,Carolina I. Cosgalla Martin,墨西哥

(6)手提式结构

这一类纸盒的优点是携带方便。造型结构是在盒体装有提手。提手部分可以附加,也可以利用盖和侧面的延长、相互锁扣而成(图 5-19)。

(7)异型结构

异型结构主要是对纸盒的面、边、角等加以形状、数量、方向等方面的多层次处理,有三角形、菱形、六角形、八角形、梯形、柱形、半圆形、书本式等各种形状。纸盒结构通过弧线、直线的切割和面的交替组合,呈现出各种形态变化的主体造型。设计异型纸盒,除追求新颖、美观外,还要注意节约用纸,有时设计不好会造成严重浪费(图 5-20)。

(8)仿生型结构

这种盒子的外形由仿生形态构成,可以是仿人物、动物、植物,也可以仿人造器物;可以是整体的仿生,也可以是局部的仿生;可以是包装结构的仿生,也可以是表面肌理的仿生。仿生设计给人活泼、可爱感,经常被用到食品包装上(图 5-21)。

总之,在设计不同的纸盒结构时,应有不同的方法,对一次性使用的纸盒,造型结构可以简单一些。

对于高档产品或易碎物品,纸盒的结构要求要高一些,应采取抗压、防震措施,通常的做法是加强纸盒本身的强度,可采用细瓦楞纸、裱彩印白卡纸,或在纸盒内加软纸包装、瓦楞纸衬垫等。

2. 纸包装的盒底结构形式

纸盒盒底的结构设计也很关键。设计纸包装结构时也应当考虑到盒底结构设计形式,以实现更好的效果。

（1）锁底式结构

这种结构是将框型纸盒盒底的四个摇翼部分设计成互相咬口的形式,这种盒底能承受一定的重量,在各种中小型瓶装产品中被广泛采用(图5-22)。

（2）自动锁底式结构

自动锁底式结构,是在锁底式结构的基础上改进而成,盒底经少量黏结,在成型时只要张开原来叠平的盒身,即能使其回复框型形状。盒底能自动锁底(图5-23)。

（3）黏合封底式结构

这种结构形式是将盒底的两翼用胶水黏合起来,用料省,盒底能承受较重的分量(图5-24)。

（4）插口封底式结构

这种结构一般只能包装小型产品,盒底只能承受一般的重量。特点是包装简单方便,被广泛应用于普通的包装(图5-25)。

（5）折叠封底式结构

这种结构是将纸盒底部的摇翼部分设计成几何型,通过折叠组成各种图案。特点是造型优美,但其结构是互相衔接的,一般不能承受过重的分量,可作为礼品的包装应用(图5-26)。

（6）正揿封底式结构

这种结构是在盒身下部压上直线、斜线或弧线的压痕,利用纸张本身的强度和挺力,揿下压翼来进行封底。特点是省纸,操作简单(图5-27)。

（7）托盘式结构

这是一种在盒底的几个边上延伸出几个面,将盒底与盒身设计在同一纸面上的各种拴结形式的结构,盒底呈盘状。这种结构适用于包装扁平类型的产品(图5-28)。

总之,在设计时必须根据产品的情况灵活选择结构形式,使之适应产品特点。

3. 纸包装的连接锁扣形式

包装盒在成型过程中,可以通过设计不同的锁扣结构,使盒子更加结实牢固。盒子的锁扣形式多种多样,大致可以分为互插式和扣插式。互插式即切口的位置不同,但切口的形状一样,这种方式比较简单,便于操作;扣插式即切口的位置与形状都不同,但非常牢固。无论那种形式都要求插接后有良好的固定功能,要容易开启(图5-29)。

在进行包装造型设计时,巧妙的包装结构能为包装带来诸多的便利,也能增添趣味感(图5-30~图5-32)。

图5-19　奇芋大地 kiyu taro
——气象台系列,美可特
品牌设计公司,中国台湾

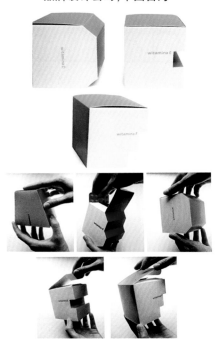

图5-20　怪物盒子设计,Diego Mooz,
Gabriela Bong,阿根廷

图5-21　日本甜食包装设计,
柳井纸工,日本

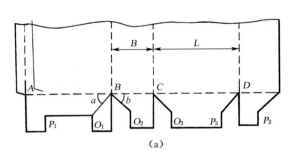
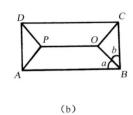
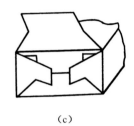

图 5-22　锁底式结构

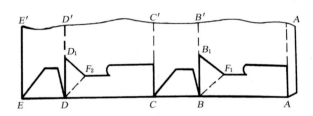
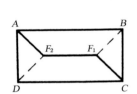
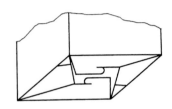

图 5-23　自动锁底式结构

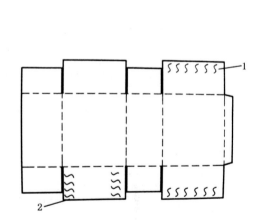

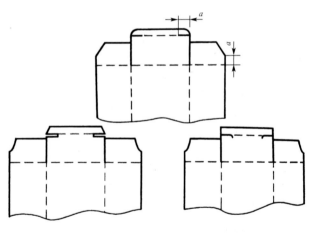

图 5-24　黏合封底式结构　　　　　　**图 5-25　插口封底式结构**

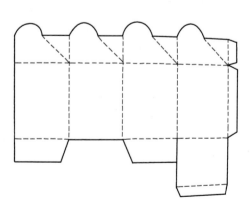

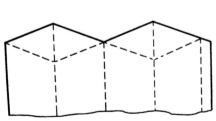
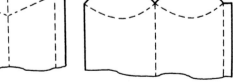

图 5-26　折叠封底式结构　　　　　　**图 5-27　正揿封底式结构**

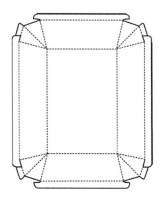

图 5-28　托盘式结构

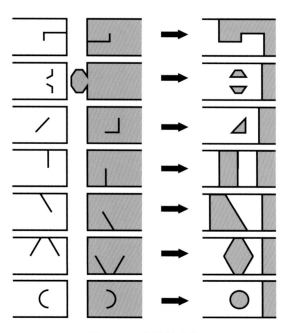

图 5-29　盒接插结构

图 5-30　海鲜味鱼形饼干包装，
柳伟设计，王安霞指导

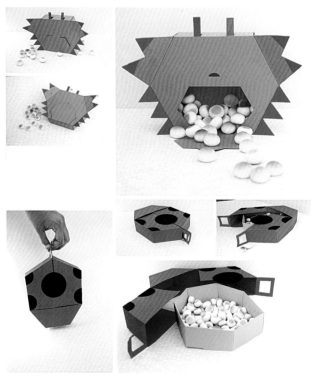

图 5-31　仿生形态包装结构设计，
边然设计，王安霞指导

　　包装以鲤鱼旗为装饰图案，巧妙地将鲤鱼鳞片排列成波浪的形状，让鱼形饼干穿插其中，有很强的装饰性和趣味性，同时又能让消费者直观了解产品。包装侧面的折叠结构很好地起到了缓冲效果，能有效地防止饼干因运输过程碰撞而碾碎。鱼尾部分的圆孔方便提拿，沿着鱼身与鱼尾之间的虚线扯开，就能方便地取出饼干。

设计师在掌握了纸盒包装结构的基本构成方式后,可以通过构思创意开发出更多更新的有个性的包装结构,以满足不断涌现的新包装需求(图5-33)。

图5-32　仿生形态、便捷式包装结构设计,赵佰惠设计,王安霞指导

图5-33　味觉 G 点—Chez Valois 食品包装设计, Chez Valois 设计,加拿大

【本章练习与作业】

1. 为了使学生对纸包装结构形式、折叠方式与制作过程有更加直观的感受,要求临摹制作三个不同结构的纸包装盒。

2. 设计制作具有一定功能的包装结构(如玻璃器皿或灯泡的包装结构设计),要求通过合理巧妙的结构设计,使其具有良好的保护功能。

3. 用仿生的形态设计制作一个有趣的包装纸盒。

第6章 产品包装的视觉信息设计

6.1 产品包装设计的视觉流程

6.1.1 产品包装的视觉流程设计与视觉最佳视域

对于成功的产品包装设计,人们在阅读其视觉语言时非常轻松、自然、流畅,而且有一个较好的视觉层次。首先看什么,然后看什么,最后看什么这个顺序是由包装画面的视觉中心及视觉形象的强弱度决定的。视觉信息的传达通过一定的设计使观者产生视线的不断移动和变化,我们称之为视觉运动。心理学研究证明,人们在阅读一个界定范围的画面时,人的视觉注意力是不同的、有差异的。一般上面比下面注目价值高;左侧比右侧注目价值高;左上侧位置最为引人注目,所以此位置是视觉最佳视域,也是安排信息内容最优选视域。因此,在设计时,把最重要的信息、最有趣的图形安排在视觉最佳视域,会起到事半功倍的视觉传达效果(图6-1)。

人们在长期的生活中产生了一定的视觉习惯(即先上后下,先左后右),正是这种自然习惯形成了一定的视觉流动规律。视觉兴趣作用的影响,构成了信息强弱的方向诱导,并产生形态动势和心理暗示,使视觉运动产生某些规律。从最初的注意力的捕捉开始一直到最后印象的留存结束,这一程序规则形成了各构成要素在视觉运动法则规定下的空间定位,即视觉流程设计。它是由平面内的构成要素的大小、位置、强弱、主次、轻重等诸多视觉因素形成的(图6-2)。

6.1.2 产品包装的视觉运动规律

产品包装视觉流程设计的基本原则是运用所需的构成要素,使观者的视线按照设计者的意图,以合理的顺序,快捷的途径,有效的感知方式,获得最佳的视觉传达效果。我们在观察一个物体时,眼睛从一端慢慢转向另一端,在视线的运动中,上下方向的运动比左右方向的运动困难些,这是人类的一种视觉习惯。在产品包装的视觉设计中,由于文字、图形、色彩的量的紧张感对视线的吸引,使视线不断移动和变化,这就形成了视觉的运动。视觉的运动是视线在画面中位置的移动,是一种生理和心理的感受,它是依赖视觉经验的知觉引起的反应。视线的运动具有直线性特点,即视线从一个视点转移到另一个视点时的运动轨迹是一条直线,所以在产品包装的视觉设计中,应该通过诱导媒介(文字、图形或色

图6-1 冷冻食品包装,Monika ostaszewska,波兰

图6-2 Jimmy's Iced Coffee 咖啡,Interabang,英国

彩),使阅读者的视线按照设计者的意图,以一定的方向顺序串联起来,形成一个有机的统一体,使其发挥最大的信息传达功能。

在视觉流程中,依据视觉运动方向的不同产生了以下几种不同的视觉运行方式:

(1)单向视觉流程:一般来说直线、斜线、曲线运动都是单向形式。它能表达一种流畅、自由、奔放,而且富有生命活力的动人气氛,是一般产品包装的视觉设计较常用的形式。

(2)回旋视觉流程:在画面上形成一种迂回贯通的运动轨迹,由线与线、面与面之间的空间造成。它能使有限的视觉面积产生一定的空间感和扩张感,令人寻味无穷。

(3)反复的视觉流程:画面中相同形状重复出现会产生反复的视觉流程,给人一种很强的节奏感和韵律感。

6.1.3 产品包装视觉流程设计的原则与方法

在产品包装视觉设计的各要素中,结构的关系必须能提供眼睛移动的途径,以及信息传达的吸引顺序。因此,在设计时必须考虑各要素的组成关系,以使观者了解哪些要素是最重要的,哪些要素是次要的,这些要素应组成一个相互关联的有机体,而不是孤立的。必须植入读者有兴趣的要素作为引导。读者视线移动的倾向不是一成不变的,必须由设计者做出适当的要素安排来引导观者的视觉方向。要想使产品包装的视觉设计更加合理、有效,达到预期效果,一般运用几种方法:

(1)视觉中心与最佳视觉视域的充分利用

在进行产品包装的视觉设计时,首先,要明确该设计所要传达的各种要素中,哪一个要素是最重要的,哪些要素是次要的,进行仔细的分析、定位,并将关键的设计要素植入到视觉中心或最佳视觉视域内。然后,按照视觉习惯的规律,依次有序地排列各要素,这是最简单也是最有效的方法,也最能抓住观者的视线。但这不是一成不变的,根据具体情况有所突破、有所创新或反其道而行之,也会出现惊人的效果(图6-3)。

(2)设计要素的群化

设计要素间可借助实际的或想象的运动线,使其达到群化的目的。相似的形、相似的色调、相近的大小、相似的质感等比较容易群化。也可以运用边界、反转等方式使其成一体。总之,通过适当的群化排列,能使整个画面更加整体统一,观者的视线流动也更加畅通、舒展。

(3)设计要素的区别化

群化要素的存在,意味着必然有同类组合与异类组合的区别,设计者必须依据各要素的形状、大小、色调、质感等群化原则来分辨相似或不同的要素,使群化后的要素之间存在区别。有了区别化,观者的视线才会有流动,产生跳跃感和韵律感。

(4)设计信息传达的简洁化

人类的眼睛有快速扫描以寻求兴趣点的特性。短暂记忆能力的特性、对视觉印象储存能力的不足,使人脑资料处理系统中的决

图6-3 绝对伏特加,
kamjou,瑞典

策能力也明显不足。因此,在大量商品信息中,读者只有很少的时间去注视他们所注意的视觉形态。在此情况下,产品包装的视觉设计所传达的信息势必要简洁,以适应人类处理资讯、记忆与决策的能力,避免超出负荷。只有简洁化、突出化,人们才能在很短的时间内被吸引,并很快地读懂包装画面上所传达的信息,产生购买行为,达到销售的目的(图6-4)。

6.1.4 产品包装视觉流程设计的认知过程

产品包装的视觉流程设计一般可分为第一感觉(视觉捕捉)、感知过程(信息传达)和留下印象(印象留存)三个阶段的认知过程。

(1)视觉捕捉:在最初的10～15秒内,对消费者的视线产生强烈的吸引力,引起消费者注意并使之产生兴趣,这是视觉流程设计的第一步。视觉张力的大小导致注意力的强弱变化。设计师应通过各种设计手段、表现技法使产品包装的视觉设计更加具有吸引力,即加强设计的视觉捕捉力。

(2)信息传达:这是产品包装的视觉流程设计的关键,也是最终目的。因此,必须将各种信息载体,遵循视觉运动规律进行有效的排列、组织、处理。传达信息的层次、表现形式的特色、流程设计的节奏都必须清晰明确。在产品包装的视觉流程设计中,应该有一个能贯穿整个视觉流程的"视线诱导媒介",如借助形态的动势或视觉方向的延伸,使视线按一定的方向顺利地运动,由主及次,把设计的各个构成要素流畅自如地串联起来,形成一个完整的有机体。

(3)印象留存:无论是视线的捕捉还是信息的有效传达,都是为了给消费者留下一定的印象。产品包装的视觉流程设计,一般将商品的名称、标志或品牌名称作统一化的设计,安置在适当的位置,产生一定的视觉效果,令消费者观看后回味。视觉传达设计的目的就是为了加深受众的印象,使传达的信息被更多的人记住。只有给消费者留下印象的包装设计,才能称为成功的包装设计。

6.2 产品包装设计的构图形式

6.2.1 包装展示面的构成关系

1. 图形与图形的关系

图形设计的内容、种类很多,按性质分有产品形象、标志形象、消费者形象、产品原料成分形象、应用说明示意形象、辅助装饰形象等。图形作为视觉传达语言,在设计中必须准确达意,应能反映商品的品质,抓住主要特征,注意关键部位的典型细节。

现代产品包装的视觉传达设计作为一种小型广告,必须注意图形的鲜明性与独特感,应有足够的效应和魅力。大面积的图形在视觉上有一种生动、真实以及向外扩张的感觉;小面积的图形在视觉上有精致、细巧以及向内稳定的感觉。大小不同面积的图形搭配使用,可以使视觉产生内外的节奏变化和版式空间的深度变化。无论以大图形为主,小图形为辅;还是以大图形为背景,以小图形为群化,关键是要明确版面的主体与从属、重点与一般的视觉传达信息(图6-5)。

图6-4　INNOCENT 饮料,Pearlfisher 设计公司,英国

图6-5　Natureland 婴儿食品, Dow Design,新西兰

2. 图形与文字的关系

图形与文字同植于一个画面上时,图形、文字、空白这三者之间的形式变化和比例关系组成了版式,图形表现相对是动态的,文字表现相对是静态的,而空白表现是中性的。这三者组合中的面积比是决定版式视觉质量的关键。大面积的图形易于视觉冲击,结合一定的空白表现趋于感性诉求;大面积的文字有利于增大信息容载量,结合一定的空白表现趋于理性诉求;大面积的空白往往给人以视觉审美意识上的"前卫"感。图与图、字与字、图与字的位置关系应灵活求变,保持整体的活泼奔放,调整局部的刻板生硬,"犬齿交错"、"你中有我"地突破分割界线和寻求呼应平衡,甚至可以冲破边框作"出血"式的图形处理,从而使版式表现的结构划分藏而不露,使版式表现的语言元素分而不割,既有区域秩序又确保整体浑然(图6-6)。

图6-6　OVER THE MOON 奶酪,Ziggurat Brands 设计公司,英国

3. 文字与文字的关系

所有的产品包装都离不开文字,它具有直接传达信息的功能。在设计中如何安排主题文字是关键。要考虑主题文字在整体设计中的位置、大小、比例以及文字的字体与色彩,只要文字和色彩、空间比例相适合,就可以起到突出主题文字的目的。文字与文字之间要有有机的联系,同一个包装上不宜有太多种字体(图6-7)。一般消费品,主题文字宜突出,可以用较粗的装饰字体排列在包装的视觉中心。但文字位置也可以巧妙地设计在包装的非常规位置,力求创新,追求个性化的设计。

图6-7　Diet Coke 包装设计,
Turner Duckworth,美国

图6-8　绝对伏特加,
kamjou,瑞典

4. 不同色块间的关系

不同形状、色相、明度、纯度的色块处于不同位置,给人的感觉是不同的。在构成中应注意不同色块

之间疏密关系的力的平衡与稳定。任何色块在构成中都不是孤立的,它需要与同种或不同种色块在上下、前后、左右诸方面彼此呼应,并以点、线、面的形式做出疏密、虚实、大小的丰富变化。色调的构成应根据内容、图形、效果,分清主次关系,即确定主导色、衬托色、点缀色(图6-8)。

高纯度的色相十分抢眼,视觉诱惑力强,易成为主导色;面积大的色块视觉效应性大,易成为主导色;主体形象的色彩有视觉的特殊吸引力,易成为主导色;中心位置的色彩影响整个色彩的构成,也易成为主导色。

色彩的衬托主要依赖于各种形式的对比:明与暗衬托,如用较大面积的亮色与较小部分的暗色进行对比;冷与暖衬托,如用较大面积的冷色与较小部分的暖色进行对比。

点缀色具有醒目、活跃、生动的特点,在构成中起到画龙点睛的作用,应注意其位置与面积关系,可在暗色中点缀明色或冷色中点缀暖色等手法。

主导色、衬托色、点缀色是互相对比与依赖而产生的,它们与面积的关系是灵活多变的,有十分微妙的转换性。

5. 不同包装展示面的关系

产品包装设计必须是一定商品信息传达和视觉审美传达相结合的设计,产品包装上要说明的内容很多,如产品名称、商标、厂家地址、实物形象、用途说明、规格、条码等,所有这些内容在构图时要统筹安排,合理搭配,既要突出主题,又要兼顾其他,条理清楚。

产品包装设计主要体现在图形设计、色彩设计、文字设计和编排设计四个环节的综合处理上。首先,在设计中,主体图形与主体文字必须安排在包装的主要展示面,同时要注意主要展示面的基本色彩和编排。主要的展示面上一般包括商标、牌号、品名、出产者、主体图形等,简洁的广告语也可以在主要展示面上出现。因此,在构图时要通过各种手段,如位置、角度、比例、排列、距离、重心、深度等来突出主要形象。其次,要主次兼顾,在包装画面诸要素的整体安排上主要部分必须突出,次要部分则应充分起到衬托主题的作用,给画面制造气氛,加强主要部分的效果。设计应主次分明,各得其所,相互呼应,相互对照(图6-9)。

在设计中,包装的各个面应遵循统一性、整体性、联系性、生动性等原则方法。

(1)统一性

在包装设计中必须善于处理统一与变化的关系,在同一个包装不同的展示面上设计的各个要素,要协调统一(图6-10)。

(2)整体性

要有一种基本构成格局与基调,才能支配局部成分的具体处理,赋予包装整体的和谐效果(图6-11)。

(3)联系性

包装的各个要素之间构成有机的关联,如对称、贯通、呼应、依

图6-9　啤酒包装,
Ivan Maximov,俄罗斯

图6-10　灯包装设计,Palo Martin,Meri
Iannuzza, Borja Martinez and
Monica Liena 设计

图6-11　My olive tree 橄榄油,
mousegraphics,希腊

托、藏露、渐变、适形等手法的运用。如主要展示面的主体形象的边缘或延伸至两个侧面,或向上延伸至顶面,使主侧面相互呼应产生联系(图6-12)。

（4）生动性

生动性就是要破除统一的单调感,使构成关系富于生机。可利用各种差异取得效果,如分与合、松与紧、齐与散、直与曲、方与圆、正与斜、疏与密、轻与重、明与暗、鲜与灰、冷与暖等,通过巧妙的设计使包装更加生动有趣(图6-13)。

6.2.2 构图方式与方法

构图的方式方法与变化是无穷尽的,根据有关资料与实践可归纳出一些常用的构成类型。

1. 对称式

对称式可分为上下对称、左右对称等形式。其视觉效果一目了然,给人以稳重、平静的感觉。设计中应利用排版、距离、外形等因素,造成微妙的变化(图6-14)。

2. 均齐式

均齐式具有横向平衡、竖向垂直、斜向重复的构成基调,在匀称、平齐中获得变化,大方、单纯,是较常见的形式。在同一方向的构成中,一般要注意适当处理上、中、下三段关系的变化(图6-15)。

3. 线框式

利用线框作为构成骨架,使视觉要素编排有序,具有典雅、清晰的风格。在具体构成时亦有多种变化,应防止过于刻板、呆滞(图6-16)。

4. 分割式

分割式是视觉要素以明确的线型规律占有空间位置与面积的构成方法。几何分割的构成关系,可以形成规整的画面形式,严谨均齐。分割的方法有多种:垂直对等分割、水平对等分割、十字均衡分割、斜型分割、曲线分割等。运用分割式时须利用局部的视觉语言细节变化,造成生动感与丰富感(图6-17)。

5. 参插式

参插式是多种图形与文字、色块相互穿插、嵌合、透叠、交织的构成方法。多种对比带来富有个性的效果,既较有条理又较丰富多变。在进行组织构成时,也应该不断运用对比与协调的形式原则,乱中求齐,平中求变(图6-18)。

6. 重复式

重复式是使用完全相同的视觉要素或关系元素进行构成,与图案设计中的连续纹样极为相似,重复的构成方式产生单纯的统一感,效果平稳、庄重,可以给视觉留下反复深刻的印象。在重复的基础上,稍作变化,可以产生多种效果,增加丰富感。如改变少数的基本视觉元素或关系元素,可平中求齐,称为特异。又如基本形按上下、左右与斜线方向逐渐由大变下或由下

图6-12　Ipacs 酒类包装,
Café Design,匈牙利

图6-13　蛋糕盒包装设计,Vladimir
Shmoylov 设计,俄罗斯

图6-14　Eleia 橄榄油,
Bob studio,希腊

变大,称为渐变,给人以空间移动的深远之感(图6-19)。

图6-15 Barbasol 剃须膏,Gworkshop Design,厄瓜多尔

图6-16 巧克力包装, Noemi Barcina,西班牙

图6-17 Crumples City 地图, alvvino. org,意大利

图6-18 SEA CIDER 苹果酒, ilovedust 设计公司,英国

图6-19 Midnight 饮品,Mucho,美国

7. 中心式

中心式是将视觉要素集中于中心位置,四周留有大片空白的构成方法,其主体内容醒目突出,效果高雅、简洁。所谓中心可以是几何中心、视觉中心,或构成比例需要的相对中心。应讲究中心面积与整个展示面的比例关系,还须注意中心内容的外形变化(图6-20)。

8. 散点式

散点式是视觉要素分散配置排列的构成方法,形式自由、轻松,可以造成丰富的视觉效果。构成时需要讲究点、线、面的配合,并通过相对的视觉中心产生整体感(图6-21)。

图6-20 牛奶包装设计,植松达马
Tatsuma Uematsu,日本

图6-21 朵云(云朵般的蛋糕),美可特品牌
设计公司,中国台湾

9. 边角式

边角式构成是将基本图形、文字与色块放在包装边、角处的方法,有明显的疏密对比关系,因而有利于吸引注意力,其视觉效果的冲击力很强,极富现代感。处理时要敢于留出大片空白,要适度处理空白部分与密集部分的关系(图6-22)。

10. 疏密式

疏密式是加大疏密对比的构成方式,形式与边角式较相似,只是空间更为宽阔,变化余地更大,具有奇异的趣味性与简洁、高档的文化品位。处理空白时不能盲目,空白的位置与面积应疏密得当,虚实相生(图6-23)。

图6-22 stories 品牌包装,Johan
Andersson,美国

图6-23 Finca de la Rica
酒类包装,Dorian,西班牙

图6-24 EatPastry 食品品牌,
Moxie Sozo,美国

11. 综合式

综合式是一种无固定规律的构成方式,但无固定规律并非无规律,而是遵循多样统一的形式规律,产生多样丰富的效果(图6-24)。

当然,构图没有固定的格式,应当根据包装内容的不同进行创新设计。可以打破常规,反其道而行之,自由发挥,出奇制胜,设计出更新更美的作品。

6.3　产品包装中的文字信息设计

6.3.1　产品包装中文字的类型与特性

根据文字在包装设计中的功能作用,可分为三个部分,即品牌形象文字、广告宣传文字和功能说明文字。

1. 品牌形象文字

包括品牌名称、商品品名、企业标识名称和企业名称。这些文字代表产品形象,是产品包装平面视觉设计中最主要的文字,一般被安排在主展示面上较醒目的位置,要求精心设计,使其富有鲜明的个性和丰富的内涵与视觉表现力,给消费者留下深刻印象并产生好感(图6-25)。

2. 广告宣传文字

在产品包装的平面视觉设计中,有一些文字是宣传商品特色的促销口号、广告语等。这部分内容必须诚实、可信,设计要简洁、生动,要遵守相关的行业法规。它一般也被安排在主展示面,但视觉表现力不能超过品牌名称,避免喧宾夺主(图6-26)。

图6-25　YAK 鞋油,Gworkshop Design,厄瓜多尔

图6-26　Lovetub 布丁, Ziggurats Brands,英国

3. 功能说明文字

功能说明文字是商品的功能与使用内容的详细说明,其中有些文字是相关行业的标准和规定,具有强制性,不是由设计师和企业决定的。功能说明文字的内容主要有:产品用途、使用方法、功效、成分、重量、体积、型号、规格、保质期、生产日期、生产厂家、地址、电话、注意事项、清洁保养方法等信息。这些文字通常采用可读性较强的印刷字体,主要安排在包装侧面或背面,一般位于包装的次要位置(图6-27)。也可印成专门的说明文附于包装盒内,如药品通常在小包装内另附有详细的说明文。

图6-27　TWEEZERMAN 包装设计,Packaging Concepts,美国

6.3.2 产品包装中文字的设计原则

1. 良好的可读性

文字是人类进行信息交流的媒介,这是文字的最基本功能。无论是品牌文字、广告文字还是说明文字,都必须遵循这一基本原则。有些文字设计很有创意,但可读性差,难于辨认,就失去了文字传达信息的意义。今天,在琳琅满目的商品包装中,消费者在每一件包装上的视觉停留时间只有不到 1 秒,想要抓住消费者的视线,文字的可辨性、可读性就显得尤为重要。特别是品牌文字,无论怎样变形、装饰、夸张,都要求简洁、明快、易懂、易读、易记(图 6-28)。

2. 明确的商品性

不同形态的文字所表现出的视觉心理感受和情感特征是不同的,所以在设计文字时,一定要充分考虑包装内容物的商品属性。尤其是品牌字体的设计,要突出商品的性格特征,强化它的视觉形象表现力,使表现的视觉特征符合商品本身的属性,即形式与内容要统一(图 6-29)。

图 6-28　FIZZY LIZZY 饮料,
JJAAKK,美国

图 6-29　蜂蜜包装设计,Turner
Duckworth,美国

3. 整体的统一性

在产品包装设计中,一般有多种内容、多种形式、多种风格的字体设计同时出现在包装画面上,这时无论是中文、拉丁文、数字等,要求文字与文字之间能相互统一、相互协调。特别是在品牌文字的设计风格上,更要相互关联,有机统一,给人一气呵成的整体感(图 6-30)。否则,会显得杂乱无章,直接影响包装的信息传达,也影响消费者整体的视觉印象。

图 6-30　The White Company
沐浴和身体产品,Aloof,英国

图 6-31　Burnt Sugar 食品,
d. studio,英国

4. 独特的创新性

想要在众多的商品中吸引消费者注意,必须使包装的视觉形象具有独特、鲜明的个性。成功的文字设计是达到这一目的的有力手段,所以在产品包装的文字设计中,要充分利用形象思维和创新思维,设计出富有个性、别致、新颖的文字形式,以区别于其他同类商品包装的文字,给消费者留下独特的视觉感受和良好的视觉印象,达到销售商品的目的(图6-31)。

6.3.3　产品包装中文字的编排设计

在产品包装设计中,应使所有的文字有一个恰到好处的位置,符合人的视觉流程习惯,让人流畅地把所有文字读完。这就要求有一个合理的文字编排设计,先读哪些文字,后读哪些文字,有主有次,使消费者的目光能随着设计者的意图来阅读,达到良好的阅读性。

1. 文字与文字

在包装上,文字是必不可少的视觉设计元素,它的主要功能是传达商品信息,也具有一定的审美装饰作用,有些包装甚至只有文字。在设计中如何来安排文字,是设计师必须认真考虑和推敲的。

首先是包装的主题文字在整体设计中的位置、大小、比例以及字体的设计、色彩的选用,一般主题文字被安排在视觉中心位置(即最佳视域)。大小、字体、色彩恰当才能凸显主题,文字的色彩与背景的关系应处理得当。

其次,要处理好主要文字与次要文字之间的关系,可以从字体、大小、色彩、位置等多方面考虑。字体种类的搭配要协调,一般一个画面中,不易选择多种字体,最好不要超过三种,否则容易产生杂乱、不和谐感。字体大小的搭配要适中,几种字体、字号间应拉开适度的距离,使层次分明。有些字体在画面上可以处理成线的感觉,有的可以构成面的感觉,这样容易使画面整体不零乱而富有节奏感;对有些需要强调的字可以做特别的处理,如放大突出、加装饰、立体等(图6-32)。

汉字与拉丁字母的配合要协调,要意找出两种文字字体对应的共同点,如宋体与罗马体、黑体与无饰线体等,尽量使两种文字之间有内在的联系,使其既变化又统一。如果文字较多,可以通过以下几种排列来达到整齐统一而又富于变化的效果。

(1)齐头排列:是指每一行或每一段内容的开头字,排在同一行的第一格,形成前面对齐的排列效果(图6-33)。

(2)齐尾排列:每一行或每一段的末尾均安排在同行的最末格,形成后边取齐的排列效果(图6-34)。

(3)居中的排列:是指以中心为轴向两边排列,或左右,或上下,中心要居中(图6-35)。

(4)齐头齐尾排列:是指文字的开头和结尾都在同行同格,这种方法在视觉上十分规则,使用率较高,但有时会显单调呆板,一般用在说明文上(图6-36)。

图6-32　CALBEN 肥皂公司,Wond3r 设计公司,美国

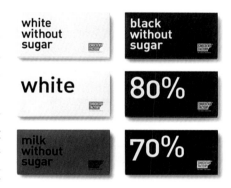

图6-33　巧克力包装,David Ruiz,西班牙

图6-34　1270 a vuit 酒类包装,ATIPUS,西班牙

（5）分割排列：根据构图的需要，将文字分段排列，使用时要注意可读性，使人容易识别（图6-37）。

（6）不规则排列：根据实际需求，文字的每一行按一定的节奏变化，自由排列。可以直排、斜排；可以网格式排列；可以沿一定的曲线、弧线、圆形排列；也可以在大文字中套小文字。自由排列一定要有内在的规律，要与其他设计要素相呼应、协调，否则就会零乱松散，不利于文字的阅读（图6-38）。

一件包装设计往往需要使用多种字体，因此字体间的互相配合与协调就成为十分重要的问题。

（1）字体种类的搭配

字体选择过多，极易造成纷乱感，难以协调和谐。一般情况下字体选用控制在三种以内为好，并使每种字体在数量上有多有少，以突出重点（6-39）。

图6-35　巧克力包装，
David Ruiz，西班牙

图6-36　香水包装，
David Ruiz，西班牙

图6-37　Maimon's
烹饪品牌，Blend-it Design，以色列

图6-38　啤酒包装设计，
Jess McElhone，澳大利亚

图6-39　Q SKYR FRUKT 酸奶，
Anti，挪威

图6-40　茶包装，
Carlos Velasco，西班牙

（2）字体大小的配合

几种字体的大小应拉开适度的距离,层次分明,想要突出的文字可以适当地加大或加粗(图6-40)。拉丁字母中常将一个词组的第一个字母写得很大,并附加装饰。设计中如需要将汉字与拉丁字母写得大小一致,不能只看字号的大小号码相同,更应注意凭视觉经验进行实际感觉的大小调整。

（3）汉字与拉丁字母的协调

汉字与拉丁字母配合应用时,应注意找出两种文字的字体间的对应关系以求统一。也可通过对比产生和谐的效果(图6-41)。

在对文字进行艺术形式处理的同时,不能忽略其一般意义上的合理性,即规律上的常识。文字的书写必须正确严格,包括文字的规范化、印刷字体的笔顺次序、简体字与繁体字的区别使用等。另要注意字体的可视性即易读性:字体设计应使视觉在尽可能短的时间内识别文字;字体的大小应在一定的范围与距离内适合视觉功能;字体整体设计应注意视觉移动从上到下、从左到右、直线阅读速度快、曲线阅读速度慢等的科学性,并要注意横向与竖向两种排列的主次组合关系,避免均等处理及漫不经心编排导致的视觉流向混乱。可采用线形编排形式、面形编排形式、沿图编排形式、变化编排形式。不管是用哪种方式排列主题文字或辅助文字,都需要设计者反复推敲文字的字体和文字的编排方式。

2. 文字与图形

在包装设计画面中,经常是图形与文字共置并存,这时文字与图形的关系就显得尤为重要。首先,要分清主次,然后再决定突出什么、削弱什么,避免造成视觉混乱。如果想要突出文字内容,可以采用削弱图形的色彩对比度或层次感的方法,使图形向后移,让文字更加突出;也可以加大文字或加大文字色彩的对比度,使文字向前移。文字与图形的位置关系灵活多变,可以是:文绕图;文字在图的上方或下方;文字在图的前面,以图作为背景;图中有文,文中有图,浑然一体。总之,图形和文字的排列变化是多样的,这要针对具体的商品属性与画面要求,由设计师根据经验来确定,以达到最佳的视觉传达效果(图6-42)。

图6-41　台湾啤酒包装,台湾烟酒股份有限公司,中国台湾

图6-43　WICH概念三明治店品牌设计,BLOW,中国香港

图6-42　HEMA咸味小吃,Studio Kluif工作室,荷兰

图6-44　万圣节糖果，Cako Martin，西班牙

图6-45　Lion Heart 洗发系列包装设计，富田高史、半井梨佳、长崎幹広设计，日本

图6-46　梅赛德斯-奔驰汽车香水及包装设计，QSLD Paris，德国

3. 文字与空间

在包装设计画面中，留有适当的空白是为了更好地突出其主要的设计元素，尤其是在追求简约设计的今天，许多包装上通常留有大面积的空白，给人更多的遐想空间。文字与空间形成的相互对比、相互衬托的关系，其实也是一种虚与实的对比关系，文字是实体，空白是虚体，正确处理好这两者的关系，可使画面产生空灵的意境和简约的现代感。"少即是多"的现代设计思想，使得现代产品包装设计中，常常会出现非常简约的设计作品。心理学实验证明，空白占画面的60%时效果最好，所以在包装设计时一定要在画面中留下适当的空间，给人的视觉留下短暂的休息和透气的地方，缓解人们的视觉疲劳；给主题内容留下更多的精彩，更加突出包装画面上的主题内容，使人们的视线更加集中（图6-43）。

6.3.4　产品包装中文字与品牌形象的营造

文字是造型语言中最简洁、最常用的视觉语言，它是传达信息最直接、最有效的媒介。文字不仅可以传达文字本身所承载的信息，也向消费者展示商品的文化内涵、品牌形象和商品本身的特色。在现代产品包装设计中，仅靠文字形象设计来塑造品牌形象的设计作品屡见不鲜，而且逐渐形成了一种新的设计潮流。它以清新、典雅、简洁的现代文化特质备受消费者的青睐。以文字为主要设计元素来设计产品包装，其目的和作用可体现为以下几个方面：

1. 营造良好的品牌形象

以品牌形象为主要设计要素，通过画面的编排设计，强调品牌的个性特征，使产品包装更加简洁，具有强烈的视觉冲击力，从而使品牌形象具有强烈的视觉效果，以达到宣传品牌、推广品牌的作用（图6-44）。

2. 体现商品的品位与特色

在产品包装设计中，以品牌字体为主要视觉表现要素，字体设计就代表着商品本身的特点。如女性化妆品的品牌文字，可采用较细的曲线形字体，充分表现女性柔美、温和的特性；男性化妆品的品牌文字设计，宜采用较粗的直线形字体，简洁大方，充分表现男性的阳刚、稳重之感。儿童用品包装设计的字体，应该考虑儿童的心理需求，选择活泼、可爱或卡通字体。设计要与消费对象相吻合，也要与企业的宗旨相一致（图6-45）。

3. 体现企业文化的内涵特质

企业文化是一个企业的精神所在，是企业经营理念的体现。在产品包装设计中，文字设计应该与企业文化相一致，并能起到宣传企业文化的作用，使消费者在消费产品的同时，感受到企业文化的魅力（图6-46）。

4. 体现民族文化特色

在传统包装设计中,通常会采用具有民族特色和传统意蕴的书法,使包装的整体形象充满浓郁的民族特色。日本的传统包装做得比较成功,他们有专门为商品包装设计书法字体的创作者,懂得什么样的商品适合什么样的书法造型,在日本包装上使用的书法字体风格多样,形式感很强,把商品特色和设计完美地结合在一起(图6-47)。

6.3.5 "设计书法"与产品包装设计

汉字起源于"象形"。它既是字,又是画,自古就有"书画同源"之说。经过历史的发展,汉字由繁至简,由具象到抽象,自然之美化为抽象之美,成为一种规范化的文字符号。中国的汉字有篆、隶、楷、行、草五种字体,通过毛笔书写,具有很高的审美价值和艺术特征,形成我国独有的书法艺术。书法之所以能成为独树一帜的艺术,原因在于其艺术创作遵循从"有法到无法"再从"无法到有法"的法则,其实质就是将自然和生活中抽象的形象融会,创造出能为人感知的视觉形象。这种独特的视觉形式和象征性艺术特点,是一种经历了长期历史淘洗与积淀而形成的凝练的视觉形态,长久以来被认为是中国一切造型的原本。在产品包装设计中,文字不仅能表示商品的名称、功能、用途及其说明等,而且它能准确、迅速传递信息,最符合现代商品销售策略。文字字体选择不同,排列位置不同,给人的视觉形象也不相同,可读性、可视性也不相同。过于整齐、规范的印刷体有时会显得呆板、单调,缺乏人情味,很难达到情景交融的意境,而书法艺术则能弥补这些不足,篆、隶、楷、行、草字体各自有着不同的形式美。如草书,似奔腾的骏马,飘逸、潇洒、飞舞流畅,具有节奏和韵律之感,给人以极美的境界,即使是不懂中文的外国人也常常为之倾倒,它的美和感染力是一般印刷体所不能代替的。近几年,书法艺术愈来愈被设计界所重视,亦出现了不少引人注目的好作品,这些作品很好地利用了中国书法艺术,既迅速、准确地传达了商品的信息,又使消费者欣赏到书法艺术给人带来的美感和特有的亲切感。由于书法字体的结构不同,字与字之间的组合不同,排列不同,给人的形式美和感受也不相同,如颜真卿的书法雍容大度、端庄深厚,给人一种力量感。这说明艺术形式与情感之间在本质上是相通相融的,是形式上特有的属性唤起了人的情感同构,使设计具有很强的吸引力。这要求设计人员有很高的艺术修养,能准确地将书法应用于包装设计中,丰富我们的设计语言,使作品更具艺术魅力。

"设计书法"在产品包装设计中的运用,可以遵循以下原则:

1. 书写方式打破常规

书法在产品包装设计中的运用,有时要进行一些打破常规的处理,注意绘画与书法的调和,从所有书法的表现中提炼出有用的要素,探索书法中蕴含的现代视觉美感。适当地改变原有书写程序与用笔方式,会带来极大的视觉冲击力与新的形式。这样创作

图6-47　腌渍产品包装设计,
三浦正纪,日本

图6-48　Hiro 清酒,
Monday Collective,美国

图6-49　GLOBUS 有机食品,
schneiter meier AG,瑞士

图 6-50　灾后应援酒，
添田幸史，日本

图 6-51　荞茶包装，
正昱包装设计，中国

图 6-52　日本酒，冈田
善敬，日本

出来的字形有的粗犷，有的活泼，生趣盎然，既有书法固有的气质与韵味，又不同于传统的书法表现(图 6-48)。

2. 文字处理的形象化

现代人的审美情趣与传统有异，大致趋于明快、强烈、单纯、刺激。将少数字的字形放大，会带来线条的粗犷、幅度的外涨与结构的奇特，增强了线条的表现力——字形的扩张导致线条艺术能量外泄，会产生一种大幅度的构图美。这种方法重视书法字体的造型、字义与文字书写形式的和谐统一，对于包装设计中品牌形象文字所承担的传达商品属性甚至表现企业品质的任务来说，这一点十分可贵。书法不再只是书法家个人主观意志的产物，客观的要求开始伴随书写的过程，书法有了商业设计的可能(图 6-49)。

3. 设计书法的通俗化

书法这门文字书写艺术对于包装设计中的文字设计而言具有极重要的意义，在产品包装中运用书法可以营造出浓厚的文化氛围，也有助于提高产品的层次。应合理运用书法所表现出来的章法与布局，墨色运用变化，飞白的虚实处理，在文字的编排上应尽量缩小与现代消费者的距离，使消费者尽快理解其含义，让书法"大众化和通俗化"。书体的变化也应当兼顾汉字繁笔与简笔交替产生的跌宕起伏的节奏感以及文字组合的外形，做到丰富多彩，变化无穷，从而表现出东方艺术所讲究的"意境"、"神韵"(图 6-50)。

4. 设计形式的简洁化

产品包装的外观形式简洁并不意味着"内容"简单。书法文字本身的视觉效果十分丰富，所以它有足够的分量成为主体。文字在视觉传达诸要素中，传达的信息最为直接和清晰，再加上每款文字服务于商品属性的独一无二的形态，无疑把信息传达的高效推向极致。这种在东方意境下形成的既简洁又自然的传达形式，是与书法的作用分不开的(图 6-51)。

5. 精彩的细节处理

包装设计中的书法文字与其他视觉设计要素互相配合，可产生很多精彩的细节，使得产品包装富有节奏感，更加耐看。比如有时出于视觉传递的形式需要，在书法中加入图形效果，产生别致的趣味；或者将细小的英文字体的排版与粗犷的东方书法结合，使东方书法的粗犷和西方字体的严谨形成对比，产生时尚的视觉效果(图 6-52)。

在产品包装设计中，文字设计不能只停留在文字原型的设计和样式编排上，应该进一步研究如何引申延展，通过符号来替代表现汉字的意义，使汉字成为一种真正的视觉语言，更具有时代性、设计感和符号化。文字的视觉性设计是对文字的再设计，是寻找文字符号化、图形化、信息化与设计相结合的最好契合点，能使产品包装的文字视觉设计更具时尚性。

6.4　产品包装中的图形信息设计

人类早在发明文字之前,就已经对图形的表现形式和选型规律有了很深的认识和掌握运用,这一点我们可以从远古时期彩陶纹样和洞穴岩壁画中得到证实。图形的历史比文字更久远,文字也来自图形。

"图形"一词的英文为"Graphic",源于拉丁文"Graphicns"和希腊文"Graphickos",其狭义指由绘、写、刻、印等手段产生的符号,是具有说明性的图画形象,以区别于文字、语言、词语的视觉形式,并可以借助于各种方式大量复制;广义指所有能用来产生视觉图像并转化为信息传达的视觉符号。现代图形是指由绘、写、刻、印及现代数字技术和摄影等手段产生的能传达信息的图像符号。随着数字化、信息化时代的到来,图形的空间也在不断扩大,其目的已不再是单一地传达信息,而是在错综复杂的视觉环境中,针对新资讯化动态构筑新的价值体系。现代图形设计要求开发更新的传达系统及视觉语言,以更好地为今天的生活服务。

在产品包装设计中,图形的表现是不可缺少的部分,它隐含的形象较为单纯,也更容易记忆;它比文字语言的传达更为直接、明晰,而且不受语言障碍的影响,有着无国界性。成功的包装图形设计,既可以暗示内容物的品质,也可以传达包装所蕴涵的精神因素。所以,图形设计主导着包装的成功与失败。

图 6-53　TIZZI 华夫饼,
Prompt Design,泰国

6.4.1　产品包装中图形要素的分类与特性

在每一件包装上,都存在着多种图形要素,尽管不同产品包装的重点不同,所表现的侧重点也各不相同,但大致可分为以下几类。

1. 产品相关形象

（1）产品实物形象

这是产品包装视觉表现中运用最多的形象之一,它能满足消费者想直接看到内容物的心理需求。一般采用摄影、写实插画的形式,对产品进行写实性的视觉表现。既可以针对产品的外形、材质、色彩和品质进行真实可信的传达;也可以通过特写的手法,对商品的个性特征或局部进行放大、深入的描绘展示,从而产生强烈的视觉冲击力和说明力。使用这种表现形式时,切记要给人以真实信任感,避免虚假感(图 6-53)。有些商品形象表现的是实际使用时的状态,如速溶咖啡的包装,盒面上的主要图形是一杯刚刚冲泡好的热气腾腾、香气四溢的咖啡形象,具有很强的吸引力。

（2）产地形象

有些产品具有一定的地域特色,产地是某些产品质量的象征和保证。一些地方特色产品和旅游纪念品的包装,多采用这种表现形式,突出表现当地的美丽风光和风土人情,使包装更具有浓郁的地方特色和鲜明的个性特征(图 6-54)。

图 6-54　**Mekong Red Dragon
Rice** 大米,**Design Positive**
工作室,英国

（3）原材料形象

有些产品在使用时已无法看清其原料的本来面目,而这些原材料又是高品质、与众不同的,为了突出这一点,有些包装就将生产产品的原材料展现在包装盒面上,有利于消费者了解该产品的特色和品质,更好地引起消费者的购买欲望,如果汁饮料的包装,往往会采用原材料水果的形象,充分表现饮料的新鲜(图6-55)。

（4）使用产品示意形象

为了使消费者准确地使用商品,有些包装上展示的是商品的使用方法与程序,给初次使用该商品的消费者带来方便和指导,也突出商品本身的特色。一般示意图被安排在包装盒的背面或侧面,采用简练、明快、使人一目了然的图形。

2. 标志形象

标志(symbol)即符号、记号之意,是一种大众传播符号。它是经过设计的特殊图形符号,以象征性的语言和特定的造型、图形来传达信息,表达某种特定含义和事物的视觉语言。标志与人们的生活密切相关,在现代设计中占重要的位置。它包括的范围很广,涉及的领域很宽。在产品包装设计中,标志是必不可少的视觉元素,是信誉和质量的象征,它本身也具有价值性。对于著名品牌,其商品包装利用标志形象作为视觉传达的主要图形是很有效的设计方法,因为标志既是商品质量的保证和身份的象征,也是商品与消费者之间的桥梁,在认牌购物的消费心理越来越趋向成熟的今天,突出品牌形象显得尤为重要。在产品包装设计中,标志形象一般包括以下几个方面的内容:

（1）商标

商标(trade mark)指公司、企业、厂商、产品或服务等使用的具有商业行为的特殊标志。它象征企业的精神与面貌,是企业信誉及品质的保证,起着保护企业信誉,维护消费者利益,美化、宣传产品的作用。知名商标如同一种承诺和保证,成为创造产品形象和企业形象的基础与内核。在产品包装设计中,商标是必不可少的设计元素,在画面中也起到一定的装饰审美及有画龙点睛的作用。它一般被放置在主展示面上较醒目的位置(图6-56)。

（2）企业标志

企业标志代表企业形象,它具有识别功能并通过注册而得到保护。它利用视觉符号的象征功能,来传达企业的信息,通过符号体现企业个性,传播企业文化。有些企业由于产品种类繁多,根据不同类别使用不同的商标;有些企业将企业标志和产品商标综合为一个形象,以利于形象宣传。企业标志作为一种视觉识别符号,有独特的艺术语言——简洁、单纯、准确、易认、易解、易记、易欣赏。在产品包装设计中,有时会同时出现商标和企业标志,这时一定要注意两者的关系,要相互衬托、相互呼应,避免造成形象的混乱。

图6-55　TWISS饮料,
Ambigraph,英国

图6-56　CROWN VALLEY
葡萄酒,Siebert Head设计
公司,英国

（3）质量认证标志

质量认证标志是行业组织对商品质量或标准的认证，有的商品上会同时出现几种认证标志，如 CCIB 安全认证标志（中国进出口商品检验局检验标志）、强制性产品认证标志、绿色食品标志、绿色环保标志、国家著名品牌标志、纯羊毛标志、有机食品标志、无公害农产品标志、回收标志等，这类标志在产品包装设计中一般被放置在次要位置，否则会喧宾夺主（图 6-57）。

（4）其他类型符号标识

在产品包装设计中，还要使用一些特殊的符号标识，尤其是外包装盒上，其主要作用是为了保证安全有效地运输、储存、装卸商品，引起从业人员的注意，使他们按图示标志要求操作。小心轻放、向上、吊起、易碎品、防湿、防淋等标志，即使没有语言描述也使人容易读懂、容易记忆（图 6-58）。

图 6-57　食品质量认证标志

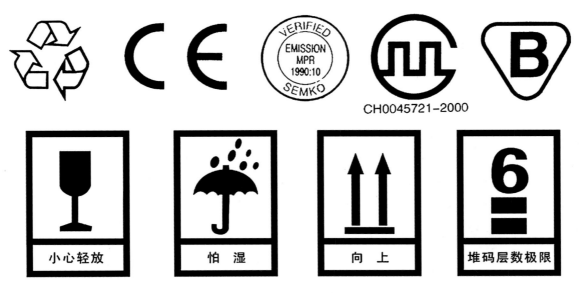

图 6-58　运输包装盒上的常见标识

3. 消费者形象

在产品包装设计中,直接运用商品的消费对象、使用对象来做包装的主要图形,更能吸引消费者,并产生共鸣。如在儿童奶粉包装的主展示面直接采用天真、活泼、可爱的婴儿形象;女性化妆品包装直接采用影视女明星形象,以迎合青年女性追星的心理,产生明星效应,进而引起购买欲望;宠物食品包装直接采用动物形象。但无论是什么形象,都必须健康向上、具有美感、可爱动人,才能吸引更多的消费者,达到销售商品的目的(图6-59)。

**图6-59 Superdrug 女性脱毛产品,
burst 品牌包装顾问公司,英国**

4. 象征性形象

即运用与产品内容相关的形象,以比喻、借喻、象征等表现手法,突出商品的性格和功效。有些商品本身的形态很难直接表现,只有运用象征的表现手法,才能增强产品包装的形象特征和趣味性。如有些饮料包装或运用冰山的形象,象征饮料的清澈、无污染的水质;或用流动的曲线来象征饮料的可口、爽口。有些牛奶的包装,采用原生态牧场的形象,体现牛奶的绿色无污染(图6-60)。

5. 装饰形象

一些传统性很强的商品、土特产品、文化用品的包装,利用具有传统特色和民族风格的装饰纹样作为包装的主要图形,既体现商品的传统文化性,又体现商品悠久的历史性和地域特色。中国传统文化有着丰富的内涵和底蕴,许多都蕴涵着吉祥如意、祈福的寓意,所以将其运用于包装上会有美好的寓意(图6-61)。

**图6-60 First Taste
奶制品,Brand-B,俄罗斯**

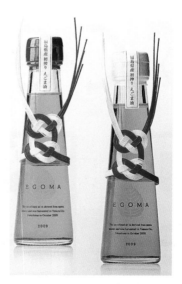

**图6-61 食用油礼品包装,
Deziro,日本**

6. 商品包装条形码

所谓条形码是一组宽度不同的平行线,是按特定格式组合起来的特殊符号。它可以代表任何文字数字信息,是一种为产、供、销等信息交换所提供的共同语言,就像一条纽带将世界各地的生产制造商、出口商、批发商、零售商和顾客有机地联系在一起,也为行业间的管理、销售以及计算机应用提供了快速识别可能。

条形码是数字码,一般运用 EAN-13 标准条形码,它由四部分信息标识组成,即条形码管理机构的信息标识、企业的信息标识、商品的信息标识和条形码检验标识(图6-62)。应用到商品包装上的条形码基本可分为两类,一类是原印条码,是指商品在生产过程中已印在包装上的条形码,适合于批量生产的产品;另一类是店内条码,它是一种专供商店印贴的条形码,只能在店内使用,不能对外流通,在超市中购买散装商品就使用这类条形码。

注:
① 前缀码"690"、"691"、"692"、"693"是国际物品编码协会(EAN)组织分配给中国的代码。("978"、"979"为国际标准书号代码。"977"为国际标准刊号代码。)
② 表示厂商代码,一般由7~9位数字组成,用于对厂商的唯一标识。厂商识别代码是中国物品编码中心负责分配和管理。
③ 表示商品项目代码,目前由3~5位数字组成,商品项目代码由厂商自行编码。在编制商品项目代码时,厂商必须遵守商品编码的基本原则:对同一商品项目的商品必须编制相同的商品项目代码,对不同的商品项目必须编制不同的商品项目代码。保证商品项目与其标识代码一一对应,即一个商品项目只有一个代码,一个代码只标识一个商品项目。
④ 校验码为1位数字。

图6-62　条形码

条形码是一种比较特殊的图形,它是通过条形码阅读设备来识别的,这就要求条形码必须符合光电扫描的光学特性,反射率差值要符合规定的要求,即可识性、可读性强,颜色反差大,以达到最佳的识别效果。一般情况下,只要能够满足对比度(PCS 值)要求的颜色即可使用,通常采用浅色作空的颜色,如白色、橙色、黄色等,采用深色作条形码的颜色,如黑色、暗绿色、深棕色等,最好的颜色搭配是黑条白空。根据条形码检测的实践经验,红色、金色、浅黄色不宜作条形码的颜色,透明、金色不能作空的颜色。

条形码一般被放置在包装主展示面的右侧,以利于光电扫描器阅读。商品条形码的标准尺寸是37.29mm×26.26mm,放大倍率是0.8～2.0。当印刷面积允许时,应选择1.0倍率以上的条形码,以满足识读要求。放大倍数越小的条形码,印刷精度要求越高,当印刷精度不能满足要求时,易造成条形码识读困难。

6.4.2 产品包装中图形设计的原则

1. 准确的信息传达

无论是文字还是图形的运用,目的都是为了准确地传达商品信息。这就要求包装上的图形设计一定要具备商品的典型特征,包装外部形象要与包装内容物相一致,并能准确地传达商品信息、商品特征、商品品质和品牌形象等。通过图形视觉语言的表现,使消费者很清晰地了解所要传达的内容和信息。有针对性的设计和传达,对消费者有一种亲和力,能产生共鸣和心理效应,引起消费者的购买欲望。所以,准确传达信息不仅是图形设计的最根本的原则,也是整个产品包装设计的基本原则。

2. 鲜明的视觉个性

我们在进入信息化、数字化时代的同时,也进入了个性化时代,人人都在追求个性、突出个性,张扬个性已成为今天青年人的追求和时尚。在商品竞争中,包装设计的个性特征越来越重要。无论是包装设计,还是广告宣传、品牌形象和企业形象等,无一不是在追求各自鲜明的个性。产品包装设计只有具有崭新的视角和表现,在同类包装中脱颖而出,吸引消费者的视线,并产生兴趣,才能在商品的海洋中战胜竞争对手(图6-63)。

3. 恰当的图形语言

图形语言的运用有一定的局限性和地域性,国家、地区、民族风俗不同,在图形运用上也会有不同的忌讳,如日本人喜欢樱花,忌讳荷花。有些图形在不同的国家所表达的寓意是不同的,如乌龟图形在日本是长寿的象征,经常被用于设计中,而在中国却很少被运用。图形的禁忌有许多,设计师一定要深入了解并掌握这些知识,尊重相关国家和地区的规定和风俗,避免因不当的设计而带来不必要的损失。

4. 图形的完形法则

心理学家都认为视觉有着基本的定律:"任何刺激物之形象,总是在其所给予的条件许可下,以单纯的结构呈现出来。"越简洁、越规则的东西越容易从背景中凸现出来,构成完整的图形。

(1)类似原则

越相似的形象,越容易构成完整形,人们很容易将大小、色彩、明暗、速度等相似者予以群化,所谓物以类聚就是这个道理。所以,在设计时如果要追求和谐统一,应尽量采用相似的形。

(2)接近原则

越接近的物象越容易构成完整形;同质的物象,距离近者易于结合成一群。所以,在设计的构图中,有时需要将比较接近的设计元素构成面的感觉,使画面不零乱而整齐。

(3)闭锁原则

闭锁是指存在于不完整的视觉画面上的间隙式空间的知觉倾向。闭锁的东西容易构成完整形。

图 6-63 Pandaro 饼干,
Prompt Design,泰国

（4）连续原则

视觉容易把有连续性的形式结合成一群，如现代设计中经常采用二方连续图形，给人以视觉上的起伏感和流动感。在包装上，有时主展示面通过连续不断的手法，将图形延伸到侧面或背面，给人以整体统一感。

（5）规则原则

若将图形进行有规则或按比例间隔排列，很容易产生整体感。现代构成设计就是运用这一原则，设计出形态不同、构图完整的图形。现代包装设计也大量运用这一原则，使产品包装设计更具有现代感。

5. 图形与背景原则

在视觉心理学上，将从背景中浮现出来为我们所认知的对象称为"图"，其周围背景则称为"地"。物体大小、形象、明暗、肌理、闭锁等诸多因素决定着我们应该把哪一部分称为"图"，哪一部分从属于"背景"。另外，还有一些条件，可以促成情况发生逆转，使图形变成背景，背景变成图形。图与背景是相互矛盾、相互依存的。图具有前进性、高密度、紧密性、凝缩性；而背景具有后退性、低密度和松弛性，随时有被侵略的可能性。图能令人产生强烈的视觉印象，有充实感，具有明确的形象，它的境界线属于图；而背景的视觉印象弱，无充实感，其形不明确，也无固有的境界线。在以图形为主要元素的包装设计中，图形与背景的关系十分重要，图形能否从背景中脱颖而出，形成强烈的视觉效果，是设计师必须考虑的问题。

6.4.3　产品包装中图形的表现技法

图形的表现形式多种多样，表现手法也丰富多彩。不同的工具所产生的视觉语言不同；不同产品内容所需表现的内容形式不相同；不同设计师所运用的视觉语言也有所不同。按照表现形式，图形大致可分为三类：

1. 具象图形

即对自然物、人造物形象用写实、描绘、感悟性手法表现的图形，它最能具体地说明包装内容物，并能强调产品的真实感。这种图形可运用独特的个性表现手法，突出特殊的造型，如用喷绘、精密描绘（绘画）表现的形象能引起人们特殊的关注。具象图形的表现比较客观真实，容易使消费者接受，常常被用来直接展现商品的特征或细部，从视觉上勾起人们的需求欲望，从情理上取得人们的信赖，并在心理上缩短与消费者的距离，产生良好的说服力，是一种被强化的视觉语言。

在产品包装设计中，具象图形通过摄影、插画等手法，表现直观、具体的产品客观形象或与之相关的形象。一般表现具象图形的手法有以下几种：

（1）摄影：在产品包装设计中，这是运用最多、最广、最直接的表现手法。摄影图像可以直观、准确地传达商品信息，真实地反映商品的结构、造型、材料和品质，也可以通过对商品在消费使用过程中的情景做真实的再现，宣传商品的特征，突出商品的形象，激发消费者的购买欲望（图6-64）。

图6-64　Feeding Collection 冰激凌，Estudio Milongo，西班牙

摄影作为一门独立的艺术,有其自身的技术性和艺术性,要求摄影师能熟练地掌握照相机的性能、布影、布光技巧与暗房操作技术,在摄影过程中根据产品的不同内容灵活运用各种技巧,以最佳的方式表现产品的特点。专业的商业摄影师根据自身的专长分工很细,如有专门拍摄食品广告和包装的摄影师。摄影虽然是自然形态比较忠实的再现,但由于摄影师的主观性,可使照片呈现出与自然物象不同的状况,一旦被设计师运用到包装设计中,就会出现有别于被摄物体的新的视觉语言形式。

随着数码技术的不断发展,传统的胶片图像记录方式已被数字化记录方式所取代,随之而来的是更加广阔的表现空间和想象空间,这更加丰富了摄影的语言,同时也为摄影图像的处理带来更多便捷(图6-65)。

(2)商业插画:其由传统的写实描绘逐渐向夸张、理想化和多变的视觉表现方向发展,更加强调意念和个性的表达,有助于强化商品的特征和主题。现代商业插画的表现手法多种多样,常用的表现形式有以下几种:

① 素描法:指用简单的工具,如铅笔、钢笔、炭笔等,进行单色描绘的方法。它的特点是单纯、朴实,具有较强的艺术感染力和表现力,传达一种清新典雅的感觉(图6-66)。

图6-65 FJORDLAND OKOLOGISKE
食品,Studio Fredirik Staurland,挪威

图6-66 Logan Wine — Ridge of Tears,
War Design,澳大利亚

② 水彩画法:指利用透明的水彩颜料和水进行的绘画。它的特点是色彩透明、丰富而富于变化,给人一种亲和、轻松、自然之感,有很强的审美性。在包装设计中,水彩画有其独特的效果,可在精细写实的水彩上赋予一定的功能性设计概念,表达出设计师的祈求。因此,包装上的水彩表现之创意动机就是将原本单纯、写实的水彩作品,附加上设计师的精神和设计概念,使整个设计有鲜明的视觉效果。水彩描绘可表现在各种不同质地、材料的包装上(图6-67)。

图6-67 奇芋大地kiyu taro——气象台系列,
美可特品牌设计公司,中国台湾

图6-68 Loud & Lola 酒类包装,
Designworks,新西兰

③ 喷绘法:是利用气泵和喷笔进行精细描绘的一种手法,由于喷出的颜料呈雾状,因此层次均匀、柔和、细腻。一般用来进行精细的刻画,突出商品的立体感,能达到逼真的效果(图6-68)。

④ 水粉、丙烯画法:水粉色即广告色,是常用的绘画色彩,有较强的塑造力和表现力,通常用于表现风景、人物等。丙烯是一种水调剂颜料,它的特点是防水性强,使用方便,塑造力强,可以使作品有水彩或油画的效果(图6-69)。

图6-69 "幸福八宝"大米包装,美可特品牌
设计公司,中国台湾

图6-70 项链包装,
渡边良重,日本

⑤ 蜡笔、彩色铅笔、色粉笔画法:蜡笔是一种蜡质颜料,其笔触粗犷、自由,可以利用水与蜡不相溶的特点,绘制波澜绚丽的色彩效果,给人轻松活泼之感,如果用它来表现具有童趣的画面,更显生动、可爱。彩色铅笔可以用作像素描一样精心细致地描绘,给人逼真和轻松感;水溶性彩色铅笔画可以达到水彩画的效果。色粉也是一种极具表现力的表现工具,它可以很好地刻画、很潇洒地表现一些物体的背景及表面肌理,尤其适合表现一些家用电器等产品的效果图(图6-70)。

⑥ 马克笔画法:利用马克笔可快速准确地表现商品形象。它的特点是生动、洒脱、轻松自如(图6-71)。

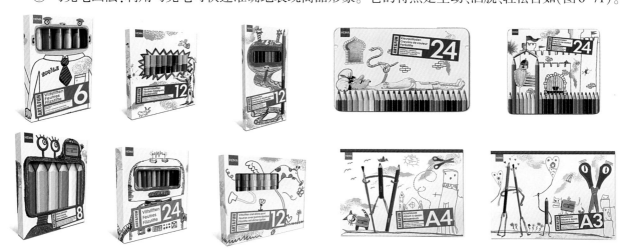

图6-71 HEMA办公用具,Paul Roeters Christina Casnelli设计,欧洲

⑦ 版画法:是利用雕刻刀在木板或胶板上刻画,然后涂以油墨印在纸张上,其风格粗犷、奔放,有很强的肌理感,运用这种手法来表现一些具有悠久历史的商品,可使包装更具有传统性和可靠性(图6-72)。

另外,还可运用油画手法,如运用世界名画做为包装的表现内容,使包装具有很强的绘画感和典雅、优美的视觉特征。

⑧ 随着科学技术的不断发展,电脑软件不断更新,越来越人性化、智能化,并且能模仿各种绘画工具的特点,达到乱真效果,如Painter、Illnstrator、Corel DRAW、Photoshop等绘图软件,为现代产品包装设计提供了新的天地和新的图形语言。

(3)传统素材表现法:其方法有以下几种类型。

① 水墨画构成法:就是运用中国传统水墨画的技法,从画法结构中抽离出对设计有用的因素,赋予其现代设计新语汇,把原本比较感性的水墨画法结合理性的造型观念和设计原理,进行再创造,构成新的视觉效果,取得新的突破,达到神奇空灵的意境(图6-73)。

② 书法图形化:中国文字是象形文字,其基本结构都是以大自然的事物为创作原本,具有极佳的生命力和审美性。文字本身就蕴含丰富多彩的内涵,同时也是一种视觉符号。各种书法更是强化了文字的装饰性和结构意象美感,它洒脱的笔触或给人行云流水般的韵律美感,或给人苍劲雄浑的力量感和运动美感。设计师不应仅仅停留在书法本身赏心悦目的美感上,而应从基本的造型观念着手,以书法为素材,重新布局构成,以适合产品包装设计的要求,使书法成为更具有设计感、图形感和符号性的新视觉语言(图6-74)。

图6-72 茶籽堂Cha Tzu Tang——"油、发、身、家"全系列产品,美可特品牌设计,中国台湾

图6-73 咖啡包装,立花胜子,日本

图6-74 GLOBUS有机食品,schneiter meier AG,瑞士

③ 中国画素材新构成:中国画历史悠久,博大精深,题材丰富多彩。它的山水、花卉、人物都有着不同一般的意境,而其中丰富深邃的内涵,更是现代设计所不及的。若能以现代设计的构成原理,配合现

代包装设计的诉求,综合国画的创意表现,则可设计出既符合现代包装设计要求,又强调产品的亲和力、归宿感和趣味性的视觉传达设计(图6-75)。

④ 金石转化法:中国古代的金石艺术至今仍然散发着夺目的光辉,现代设计可以从中汲取充足的养分,为产品包装设计服务。金石印章书体有古文、篆体、隶书、行书、楷书等,题材有动物、植物、山水、人物等,如果能将这些金石艺术转化应用到现代设计中,不仅能使传统艺术再生和延展,而且能使现代设计充满中国传统性和文化性,具有中华民族丰厚的艺术底蕴与文脉(图6-76)。

⑤ 民间艺术体裁新设计:中国幅员辽阔,地大物博,有着历史悠久、丰富多彩的民间艺术。它们是广大劳动人民在长期劳动、生活中形成的喜闻乐见的艺术形式,是智慧的结晶和艺术的宝库。现代设计应该从民间艺术中寻找素材,汲取其精华,摒弃其糟粕,将设计的视野扩展延长,深入探索研究民间艺术丰厚的内涵和造型规律,收集有关的艺术形象,并加以重新创造,为产品包装设计添加新的视觉表现。民间艺术的形象造型纯朴、原始、浑厚,是现代设计不可多得的借鉴对象。其色彩鲜艳而质朴,给人以热烈、喜庆之感,对现代包装设计有一定的启迪作用(图6-77)。

图6-75　茶叶包装,乐自在茶业,中国

图6-76　中国新年直邮包装,
Kevin Kwan,新加坡

图6-77　牛轧糖,美可特品牌
设计公司,中国台湾

2. 半具象图形

半具象图形是将生活中具象的题材,通过适当的变形、夸张,使原有图形更加单纯、简洁,成为兼具具象和抽象的形象。它比具象图形更加简洁、更具有现代时尚感,比抽象图形更容易让人了解、辨认。所以,在产品包装设计中运用半具象图形,更具有吸引性、准确性和趣味性,通常用于漫画、卡通、图案中。它的表现技巧,大部分是利用绘画的手法,较注重主观的认知形象,可根据所要表现诉求的需要,重新组合创造新的形象。这种图形表现较为自由,想象空间较大,富有个性。电脑技术的产生为半具象图形的描绘,提供了更多、更快捷的表现方法,也为半具象图形提供了新的词汇语言。值得一提的是,随着卡通造型形象趋于成熟,在包装上运用半具象图形已经成为一种潮流和趋势,且深受广大青少年的喜爱和青睐。卡通形象具有鲜明的个性特征,生动活泼、令人喜爱的造型具有很强的亲和力,特征明确,易于识别,具有个性和时代感。卡通形象采用夸张、变形的手法,无论是造型、色彩都具有很强的艺术性,其设计专业性很强,要求有深厚的绘画功底和超前的设计理念、丰富奇特的想象力。运用在产品包装设计中的卡通形象一定要能结合商品的特性,以更加突出产品形象与个性为前提。成功的卡通形象会产生"明星效应"和"名牌效应",如"米老鼠"、"凯蒂猫"、"史努比"、"喜羊羊"等,给企业带来丰厚的无形资产。卡通形象虽更多地运用于儿童商品的包装设计,但日趋成人化、大众化,受到更多人的喜爱(图6-78)。

3. 抽象图形

在心理学中,抽象是一种思维过程,是在分析、综合、比较的基础上抽取同类事物的本质属性而形成概念的过程。在图形设计中,抽象是指从自然物象中抽取提炼出其本质属性而形成脱离自然痕迹的图形。抽象图形是利用造型的基本元素点、线、面,经理性规划或自由构成设计得到的非具象图形。也有些抽象图形是由实物提炼、抽象而来的。抽象图形的表现手法自由、形式多样、时代感强,给消费者创造了更多的联想空间。具象表现手法注重的"象",是指客观对象和造型特征之间的形象联系,注重的是"形象"的象。而抽象图形的"象"更注重"意象"的象,就是通过点、线、面构成肌理特征和色彩关系,并传达视觉和情感特征。抽象图形用来象征商品的内在属性和性格,人们通过视觉经验产生联想,从而了解商品的内涵。

图 6-78　MOMS 糖果,Designers Journey 设计公司,挪威

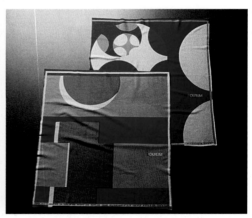

图 6-79　IFOURUM-THE GIFT OF ART 礼物包装,Ter&Larry 设计公司,新加坡

在产品包装设计中,运用抽象图形作为主要表现形象时,其概念与祈求通常与所包装的产品相关联,而且含有强烈的暗示性,使消费者通过包装上抽象的图形而联想到包装内容物的优良品质与丰富内涵。抽象的美可以给消费者更多的自由思维空间。

产品包装设计中的抽象图形大致可分为以下几类:

(1)几何图形:是指设计师通过点、线、面等造型元素,运用最基本的语言和单位,进行精心的编排设计,创造出视觉上具有个性秩序感,兼具符号和图形双重特征的图形。几何图形是使用直线及曲线所构成的图形,可以表达不同性格和内涵,按形式美规律设计,运用节奏、韵律、对称、渐变、变异、疏密、比例、放射、旋转、均衡、矛盾等方法。有些几何图形也能突出地表现色彩,具有强烈的冲击力(图6-79)。

(2)有机图形:即对自然界的对象,采集其纹理,用自由曲线构成的图形。自然界有着无数的物质与现象,它们的形体、状态、肌理都是创作的源泉。自然界不同的材质都有丰富的表面肌理特征,如粗糙与光滑、干燥与湿润、柔软与坚硬、冰冷与温暖等,给人以不同的视觉感受和联想。在产品包装设计中,根据商品本身的特征,适当地运用有机图形,能更加突出商品的性格和品位(图6-80)。

(3)偶发图形:指设计师在创造过程中偶然产生的图形。它源自设计师的灵感,也是由设计师创造设计出来的,只是形象上更具有偶然性。它给人的感觉是轻松、自由,具有人情味。大部分是用笔绘制出来的,有笔触感和神秘感;也可用泼洒、喷绘、拼贴、平撕、拓印、火烧、吹洒等手法创作。偶发图形具有感性和灵活多变的视觉效果(图6-81)。

(4)电脑特技图形:在今天的包装设计中,运用电脑辅助设计,通过图像设计软件,可以得到变化莫测的抽象图形,为包装设计提供广阔而丰富的素材,给人带来一种绚丽多姿、令人迷惑的视觉效果(图6-82)。在运用这种图形时,一定要注意与内容物的统一,不能过多地沉溺在电脑的特技之中,喧宾夺主,忽略设计的原创性,给人以空洞、表面、浮夸的感觉。

4．装饰图形

是对自然形态进行主观性的概括描绘,它强调平面化、装饰性,拥有比具象图形更简洁、比抽象图形更明晰的物象特征。装饰图形依照形式美法则进行创作设计,具有很强的韵律感(图6-83)。我国装饰纹样设计有几千年的历史,积淀了许多精美的装饰纹样。在产品包装设计中,有些就直接采用传统装饰纹样作为视觉传达设计的主要元素,这是因为传统装饰图案本身就具备丰富的文化内涵和美好愿望的寓意,如龙纹、凤纹、虎纹、牡丹纹、如意纹等,都是大众喜闻乐见的图案纹样。我国是一个多民族国家,许多少数民族也有自己独特而精彩的装饰图案,有很强的装饰性和审美性,在设计具有中国传统风格的包装时,适当地运用这些具有民族韵味的装饰图案,会使其具有很强的民族性、传统性和

图6-80　Natura Pure 化妆品包装设计,Depot WPF,俄罗斯

图6-81　"Molokot"and"Molokoshka"奶制品,Brand-B,俄罗斯

图6-82　HALO4 电子游戏包装,Microsoft studios,美国

文化氛围。

在运用装饰图形时,一定要注意与现代设计观念的结合,应从传统纹样中提取精华,使其成为现代设计的新元素。可以对其进行取舍、提炼、变异和二次再造,形成新的民族图形,从而更加符合现代设计观念,也更加符合现代人的审美需求,使设计融现代意识与民族精神于一体;也可以从民间美术中提取元素,使新的设计既具有民间美的特征,质朴、热烈奔放,又符合现代设计简洁、明快的视觉传达性;还可以从中国传统的建筑中寻找创作灵感和设计元素,抽象出新颖、别致的图形,表现一种空灵的意境和深邃的文化性,使设计作品得到进一步的升华。

6.4.4 产品包装中的图形语言

包装中的图形语言,即形象、色彩和它们之间的组合关系,设计师就是利用这些要素来传达包装所承载的信息和意念。图形语言像其他语言一样,有其自身的语汇、语法结构和风格特征,并随着时代的变迁不断发展、演变,不断创新其内涵和外延。图形语言的创造,是在人的视觉经验基础上,运用现代科学技术,以新的表现方式来传达现代人的思想观念和精神观念的变化为目的的。图形语言主要是为了互通信息。为了使图形语言更加准确地传达信息,必须了解各设计因素的潜在涵义。对于视觉形态,人们有自然归纳语义的习惯,所以,人们处理图形语言和处理文字语言一样,有基本的视觉直觉系统。设计师正是利用这一系统,通过图形符号"词汇"的重新组合,获得有全新创意的"语句"。设计师在日常生活中,要善于发现,善于思考,寻找灵感,并将其运用到产品包装设计中,创造新的意念和视觉图形语言。图形语言是非文字传达方式的主要形式,它配合人的思想、行为,不需过多借助文字形式就能传达某些意念。

产品包装设计,是一个有目的性的视觉创造计划和审美创造活动,是科学、经济和艺术有机统一的创造性活动。所以,设计师必须了解图形语言的成因,掌握图形语言生成和创造的规律,以更好地设计出成功的包装设计作品。我们不仅要认识图形语言的表象,而且也要认识和了解图形语言的意象,深入了解其本质内涵,才能更好地进行新的图形设计。

1. 视觉图形语言的表象

(1)图形的单纯化与涵义的模糊性

在视觉语言中,单纯的形比复杂的形更具有持久性。这是因为,一方面人的心理由于各种复杂的社会环境和生活环境的干扰,为达到某种心理平衡而寻求一种单纯化;另一方面是因为构造简单的形象最容易被识别,也最容易被记忆,所以单纯的形也最具有视觉冲击力和心理感染力。

单纯不是简单、无内容、无价值,单纯化的最终目的是利用简洁的图形来表达丰富的内涵。在产品包装设计中,单纯的图形容易引起消费者的注意,往往高档商品的包装,其图形设计既比较单

图 6-83 **Brahma Carnival** 酒类包装,
PIERINI Partners,阿根廷

纯,又能准确地传达信息,这符合现代人快节奏的生活需求和追求心理平衡的心理需求。

单纯的图形有丰富的内涵,这涉及图形涵义的模糊性。随着现代科学技术的不断发展,综合化、整体化、系统化越来越占有优势,呈现在我们面前的客观世界是一个相互联系、相互依存、相互作用的画面。因此,模糊问题出现在现代科学的前沿。模糊性概念作为更新、更高层次上的认识,对客观事物中大量存在的不确定性和相对性做了科学的概括。图形的模糊性并不是指图形传达的概念不清,而是指它具有一种不可思议的魔术般的魅力。模糊性的视觉语言与图形设计自身的特性相关,并依赖于人的思维,特别是形象思维,我们常说的"在似与不似之间"就是模糊性在形象思维中的反映,有些不确定图形本身具有一种形态的模糊性,有着不可思议的魅力和奇妙的意味。

（2）秩序与混沌

秩序与混沌是相对立的两个概念。秩序是造型整体与部分、部分与部分之间的有机组合关系,属于集中统一原则。秩序化是形体与周边及部分之间相互产生的关系,强调群化和组织的原则,在造型中表现在相似形的比例和节奏韵律上:比例是物体间的比较关系;节奏是指在音乐中交替出现的有规律的强弱、长短变化;韵律是指诗词中的平仄格式和押韵规则。节奏和韵律是不能分开的,如果说节奏是"形",那么韵律则是"神"。节奏的形式主要有重复、渐变、交替。图形的节奏和秩序,会使人更加容易知觉和把握图形所传达的信息。秩序是产生美感的必要条件。

混沌通常是指错综复杂、杂乱无章的状态是有序与无序的对立统一,既有复杂性,又有规律性。人们的心理是复杂多变的,有其两面性。过于容易感知和呆板的单纯秩序,会给人以平凡无味之感,需要有一定范围内混沌的刺激来打破单调的秩序,进而产生变化。但过于接近原始状态的混沌,会显得杂乱无章,也不会产生美感,所以一定要做到恰到好处。只有有序与无序的对立统一,才符合设计要求和审美心理需求。

（3）视觉稳定与视觉平衡

视觉稳定是对形态的重心规律和眼睛所看到的情形做心理上的平衡判断。稳定的图形,使人的视觉心理产生平衡的感觉;不稳定的图形,会造成视觉心理的紧张、不安和失衡感。人类天生就有寻求均衡的心理特征,在观赏图形时也同样如此,图形的均衡中心和两边的视觉趣味中心、分量是相等的。均衡能产生美感,所以均衡是重要的形式美法则之一。在现代图形设计中,均衡是常见的一种创作手法。对于不规则的图形,为得到视觉上的均衡,可以通过对视觉中心的强调,重量和度量的权衡,杠杆平衡的原理来调整。

2. 视觉图形语言的意象

意象是一种被情绪、心愿、情态所浸染的感性形象,意中之象,是人心营造构建之象。在视觉语言的范围里,意象是主观、理性的。意象与表象的区别是,表象是感性认识的产物,是浮现在人脑中朴素、表面、外化的感性形象;而意象则具有理性成分,是发自内心、被心态所感染的理性形象。意象在视觉图形语言中是一种有意识地将主体的"意"与客体的"象"相结合的产物,它既要使"意"更深入,又要使"象"塑造得更生动,还要使二者结合得自然和谐,使观者从图形的意象中得到更清晰、更准确的信息,并能把记忆中的意象和想象中的意象,通过图形的创造和设计,变成寓意深刻、生动感人的图形形象。这对于产品包装设计中图形的创造有着很重要的作用。消费者通过被图形的意象打动,产生想象和共鸣。

（1）视觉图形语言的虚与实

从艺术的眼光和角度来看,世间万物其实都是"虚"的形象,它们随着艺术的想象扩大、缩小、转换、演变,甚至是无中生有、有中生无,这些都是心灵的表现。图形语言的创造既要借助于真实的形象,又要创造出超越真正形象的虚形象,即"弦外之意"。浩瀚的宇宙中有"实"存在,就有"虚"存在。"实"的存在称之为物,如物质、物体;"虚"的存在,在东方被称为"气",如精神或意念,国画、书法中常说的"气韵生动"就包含了这层精神内涵。虚和实,是相互依赖的整体,是不可分割的,实中有虚,虚中有实,虚实互换、互动,图形的意象也以此为表现内容。

产品包装中的图形创意,是设计师通过主观、客观、画面三者的相互结合而完成的。主观心象为虚,具有心理世界特有的精神追求,在设计中表现为一定的设计目的和精神祈求。客观物象为实,它承载着大量的心理世界的信息,包括客观世界中长期积累、沉淀的认识和经验,在设计中表现为具体的认知对象所传达的信息。艺术形象处在主观和客观的交界处,是"心源"和"造化"的交合之象,在设计中表现为设计师由心而创造的艺术形象。设计师通过一定的手段,视觉化地将之加以组合、构成,形成完整的视觉图像,目的是把不存在的"意"变成可视的"象",把精神和心理上的"虚"变成艺术形象上的"实",为人类提供奇妙的想象空间和新的视觉感受。

(2)视觉图形语言的移情

移情是超越物之界限,将他物之涵义移到该物身上,也就等于将人对他物的感情转移到该物之上,使形象具有启发和引导观者进行丰富联想的功能。在视觉图形语言中,拟人化也是一种移情,它冲破时间、空间的界限,给物体注入人的感情,这种注入一定要贴切、适当,否则会给人牵强、不自然的印象。在视觉图形语言设计中,采用移情的手法,一定要明确对象要传达的思想情绪,要考虑选择什么形象,才能更有效地完成传达任务,达到和谐、自然的视觉效果。

总之,产品包装设计要求其视觉语言具有准确性和说服力,其图形在形象选择上应根据市场需求,找到恰当的切入点,依据信息表现、信息传达的需求来决定它的形象。消费者在购买商品时,不仅仅是简单的视觉接受,更重要的是伴随着视知觉产生相应的视觉判断和心理效应。也就是说,产品包装中采用的视觉形象应当对消费者具有很强的诱导力和吸引力,能引起消费者的兴趣,并产生心理效应,激发购买欲望,这也是商品竞争中设计的目的所在。

6.4.5 产品包装设计的符号化语言

人们在历史文化积淀中,形成了许多特定结构的图、文、色等形象组合,它们便是人们经常接触、反复运用的符号元素。对设计符号而言,设计符号与人类的内在情感、精神风貌具有逻辑上的类似性,在产品包装中运用它们,便产生代表产品、反映产品、传递商品信息的视觉符号。

1. 设计符号的特征性

同任何符号一样,设计符号也具有能指、指涉物与所指三个方面的内容,前者表现为色彩、图形、气味、声音等物质形式,即设计产品的形象和形态;后者则表现为思想、观念和情感,即设计产品的形象、形态所反映的概念、意义。

设计符号是一个完整的体系,是由形式和语意两个相互关联、相互制约的部分组成,它用相对固定的物质形式来标记某种相对固定的意义。设计符号正是在形式和语意的矛盾统一体中存在着、发展着。设计符号的特征性表现为以下几点:

(1)设计符号是一种综合交叉的文化表现形式。在符号的大家庭中,设计符号是一种最复杂、最引人注目的符号系统。绘画符号作用于人的视觉,音乐符号作用于人的听觉,文字符号给予人感官的作用也是单一的:或作用于视觉,或作用于听觉。而设计符号却同时作用于人的多种感官——视觉、听觉、嗅觉、触觉、动觉等,其中视觉是人们接受设计信息的主要通道。由于设计符号存留了人类的各种感觉经验和文化观念,我们可以通过视觉、听觉、味觉、触觉和嗅觉感知设计符号传递给我们的信息,因而感知设计符号是一个综合交叉的过程。

(2)设计符号是由具体的物质材料构成,其组合规律受结构、构造法则和经济、技术、自然条件等物质因素的限制。设计者的意图是通过设计产品的形态传达给使用者的,但如果不具备一定的结构条件,设计产品就成为空中楼阁,设计者的意图自然就失去了表达渠道。

(3)设计符号具有抽象性、多义性和相对稳定性。由于物质构成手段和具体使用功能的限制,设计符号不可能以具象描述为主要表达方式,而是更多地借用象征和隐喻的手段,这就带来了语意理解上的多义性。符号与意义并非严格的一一对应,同一"语句"可以有多种解释,即一形多义;而同一语意又可以有多种表达方式,即一义多形。也正是因为符号的抽象性和多样性,使它更富有表现力,更加符合当代人们多元化的审美需要。设计符号是一个整体,任何符号都不是孤立存在的,任何单一的符号意义都不可能脱离整体意义。设计符号具有稳定性,但从历史的角度来看,它又处于不断的发展、演变之中,随着时代的变迁,新的符号和语法不断产生,陈旧的符号、语法会逐渐淘汰。

2. 符号化语言在产品包装中的意象

包装符号意象是用来代表产品或者表征产品的基本形象,其造型结构、图、文、色要反映出商品的特性。符号意象是产品特征、功能、价值的直接展示,利用符号元素构成喻体(包装)与本体(产品)的关系,使它们之间相互影响、渗透,整合成一个完整的形象。比如酒类的瓶、罐,应具有保质封存的优点;水彩笔的透明塑料袋是为了颜色辨认方便;金银首饰的高档装饰盒能够增加商品的价值。这些表现出来的图像、功能、味道、价值就是符号所赋予的产品包装意象。

符号的意义包含在解释者针对泛涉对象所作的解释或说明中,任何符号都是在一个符号系统中发挥作用的。其一是感染性,它通过对对象的模拟或写实来表征产品,即该媒介与泛对象之间在形象上的关联性。如食品包装上写实的摄影图片,可以增添产品某种情趣和真实感。其二是指示性,该媒介与指涉对象之间具有一种因果的或者形象的直接联系。如方便面包装,以企业标志、标准字体、标准色和象征图形构成产品包装形象,使消费者在认识包装的同时,加深对企业的认识。其三是象征性,该媒介与指涉对象之间并无相似或因果联系,而是约定俗成的结果。如将曲线或弧线用于洗发水、洗洁剂等产品的包装图像或者包装容器造型设计,象征柔和、优雅、灵活和美好。

给产品赋予一个适当的形象用于包装设计,需要各元素的互相结合或者分离。圆形或椭圆形符号给人以圆满、包容的感觉,它是许多产品包装的基本形,但是为了画面效果,有必要同其他符号元素结合起来。符号具有一定的心理效应,因此在产品包装设计中不能只局限于符号的指代意义,还要考虑到它对人们的情感影响,只有将强烈的情感输入特定的符号,才能唤起受众各种层次的需要,形成包装形象(符号)的升华,激发人们对商品潜在的意象联想。

3. 合理运用产品包装设计符号

产品包装设计最重要的是如何把商品特性做最佳的表现,也就是处理好符号元素与商品的关系。由于图形符号能表现出具体的形象,对人们的视觉有引导性,故在包装表现中占有主导地位。文字符号和色彩符号也是一种代表企业产品意象的现代表现形式,在实际操作过程中,只有将图的意味、色的感观、字的形象变化、包装结构的合理、造型的新颖等因素有机结合才能产生好的设计效果(图6-84)。一般可以从下面几个方面加以考虑:

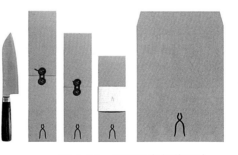

图6-84　庖丁工房包装设计,
广村正彰 Masaaki Hiromura,日本

(1)真实性——以图片或插图为主的表现。

(2)可读性——以文字形象为主的表现。

(3)可视性——以商品本色或对比色、金、银造成形式感和视觉感。

(4)统一性——以标志、标准字、标准色为设计要素,形成企业产品的形象感。

(5)形体性——以突出个性(造型结构)为产品树立形象。

(6)感觉性——以抽象几何形表现产品特性,形成一种再造的形象,从而迎合新时代的消费观。

合理运用产品包装设计符号,应把握好以下几点:

(1)图、文、色等形象组合无认知障碍,易于消费者识记、辨认。

(2)包装形象鲜明并能引发一定的联想,将形象转化为情感符号形成秩序感。

(3)从结构上考虑方便使用,从造型中体现包装的个性特征。

(4)设计符号的选择运用,应适应印刷及制作工艺技术要求。

产品是为人服务的,而产品包装具有销售产品和引导消费的双重功用,其设计应体现以人为本的理念,随社会心理的变化、社会文化氛围的变化和经济条件的变化而变化,因此及时深入地开展市场调研、探求新的包装设计符号是十分必要的。包装符号是联结生产和消费的纽带,在现代生活中发挥着重要的作用。

6.4.6 产品包装设计的语义表达

我们认识了解产品语义学,目的是将其在产品包装设计中加以运用。今天的设计正处于重新构建语言、符号、范式的时代,那些封闭式、经验型、直观再现的设计必将受到冲击。人们越来越注重精神、象征、意义功能和文化内涵的追求。现代产品包装设计,更加注重人情味、个性化,借助文脉、隐喻、象征等手法表达精神与文化内涵,以满足人们日益增长的需求。

在产品包装设计中,通过一定的视觉图形与符号的运用,特别是通过包装特有的形态语言表达,使消费者能方便、快捷地理解包装的内容和商品的功能、特性,使包装界面的视觉形式与外在形态以语义的方式加以形象象征化,如包装的开启方式可直接暗示消费者如何操作更便利,也可以通过色彩或形态语言来暗示指导消费者。目前,市场上有些包装设计,消费者拿到后无从下手,难以开启,没有明确的提示,也没有语义或暗示,造成许多不便,这说明包装设计中语义的表达是非常重要的。

在商业高度发达的信息社会,只有设计新颖、造型独特、有丰富内涵及很强美感的设计,才能刺激人们的购买欲。今天的人们已不满足于单纯的物质价值,更多地追求包装诉诸人们心灵的内容。产品语义学注重以象征意义挖掘产品的深层内涵,为人与物架构起一座互通的桥梁,它的理论及方法直接影响着包装设计的观念、方法。

在产品包装设计中,为表达某种精神和文化观念,应尽量运用各种形态语言,从中提炼选择与主观情感、思想相融合的形象来塑造包装形象,这种选择实际上是客观物象主观化的过程。包装的形态语言是意象的载体,意象表达是过去的感受和知觉的体验在人们心中的复现与回忆,包装形象的意象表达是选择能引起某种联想的具体物象来抒发内心世界的,如包装上运用龙的图形,表现的是尊贵、吉祥。

包装形态语言是由造型形态元素构成的,通过形象直觉为人所把握,保持了直接经验的丰富性与充分性。当然,我们也不能否认,有时在语义的传达过程中存在着局限性、时域性和地域性,不同的文化背景、民族、环境,同样的形象所传达的语义是不同的,如同样是龙的图形,在东方被认为是尊贵的象征,在西方就被认为是邪恶的象征。又如蝙蝠图形在中国的礼品包装上大量地被运用,寓意长寿、吉祥,是福星的象征,而在西方则被认为是吸血鬼、凶恶、不祥的象征。所以,包装语义的运用,一定要实现人与物良好的沟通,尽量使语言明晰,易感悟,遵守环境概念赋予形态的象征意义,在包装相应的使用情境中找到特定的意义和依托。其中所谓使用情境是指一系列活动场景中,人和物的行为活动状况,特别指在某个特定时间内相关人、事、物的发展状态,强调某时在某个场所内人们的心灵动作及行为,即特定环境及时间内发生状况的关联性。在一定的使用情境中,产品包装设计应扮演好自身的角色(即包装本身的机能角色),如它的保护性、说明性、传达性和象征性。包装的象征性是人的主观情感投射在包装上而形成的,它在使用情境中显示出人的心理性、社会性、文化性的象征价值,是人抽象观念的某种定性投射,但它依然源于客观现实,离不开人、社会环境的大背景,是在一定情境中多重社会因素赋予商品外部的"表情",必定会受到相关人、物、环境的交互影响。所以,在产品包装设计中,一定要在使用情境中,根据人、物、社会、环境等关系,通过视觉形象来传达商品的性能、品质的便利与宜人,引导消费者正确的操作行为,同时传达心理性、社会性、文化性的价值,赋予商品"人性"的力量,实现人与物的情感沟通。

6.5 产品包装中的色彩信息设计

我们身处一个充满色彩的世界,大自然给我们提供了取之不尽、用之不竭的色彩现象。人类心灵中具有直觉的感性与理智的理性两种活动。直觉的感性可以透过事物外表去感受事物的内涵。而理智则会将这份内涵所产生的反应转化为经验与记忆的实用性知识，并将实用性的知识转化为意志活动付诸行动，以创造自己理想中的世界。色彩设计就是指将广泛而普及的生活色彩、自然色彩所有的不同用色技巧、应用手法等，通过设计师的色彩设计技术与艺术行为，创造另一个崭新的人工自然色彩环境。而产品包装的色彩设计，就是运用色彩学的基础理论，根据市场、产品及消费者的需求，进行有意义的色彩企划，通过产品包装的色彩表现而达到准确传达信息，吸引消费者注意的目的；通过鲜明动人的色彩引发联想，引起情感活动，从而激起消费者的购买欲望，进而产生购买行为。

心理学研究表明，人的视觉感官在观察物体的最初 20 秒内，色彩的感觉占 80%，形体的感觉占 20%；两分钟后色彩占 60%，形体占 40%；5 分钟后各占一半，并且这种状态将继续保持。可见色彩给人的印象是多么迅速、深刻、持久。

一切视觉意象都是由色彩和亮度产生的，无论是绘画作品，还是艺术设计作品，色彩总是起着一种吸引眼睛注意的诱惑作用。人的视觉对色彩的特殊敏感性，决定了色彩设计在产品包装设计中的重要位置。良好的色彩设计有强烈的视觉冲击力，不仅能捕捉人的视线，还能直接影响人的情绪和感觉，间接地影响人们对包装的判断，进而决定是否购买商品，并能使消费者产生愉悦的心理感受和审美享受。

我们必须对色彩的科学性、功能性及色彩的心理效应、感性作用、视觉表现力及色彩设计的原则等做深入的研究与探讨，对色彩的基本属性和构成要素有所了解。我们常说的"远看色，近看花"就是古人总结的色彩具有的先声夺人的视觉效果。在五彩缤纷的世界里，色彩是抓住观察者注意力的关键元素之一，无论是鲜艳还是暗淡、单一还是复杂、生理还是心理、理论上还是经验上，具有说服力的色彩都会吸引人的注意力，刺激商品的销售。

6.5.1　产品包装中色彩设计的功用

在产品包装设计中，色彩起着很重要的作用，它可以营造醒目、清晰、对比的效果，能帮助人们更好、更快地阅读，可以"诱惑"人们的视线，同时还能强调设计和解释信息，能表达感觉或情感。色彩在包装中的功用有以下几点：

（1）色彩能起到吸引人注意的作用。色彩能吸引人的视线，让人产生继续观看的兴趣。实验表明，彩色的包装设计更具有吸引力和视觉冲击力，更能捕捉人的视线。

（2）色彩能更加真实地反映商品的特性。色彩能把商品的相关信息真切、自然地表现出来，以增强消费者对产品的了解和信任，使消费者更加直观地了解和认识商品。

（3）色彩能更加突出包装设计的主题。包装的色彩设计所显示的情调，能使消费者受到某种特定情绪的感染，直接领悟包装所要传达的主旨，进入包装设计的特殊语境之中，引起共鸣，产生好感。

（4）色彩能起到暗示商品品质的作用。包装运用独特的色彩语言，借以表达商品的种类、特性、品质，便于消费者辨认购买。

（5）色彩具有悦目的视觉效果。良好的色彩设计，不仅能够有效地传达商品信息，而且还具有一定的审美功能，能调动观者的观赏兴致，保持对包装的更多注意，给观者以赏心悦目的审美享受和熏陶。

（6）色彩能有效地树立产品和企业的威望。把色彩作为传达意识的一种工具，通过知觉刺激和象征意义，宣传企业的经营理念和商品特点，更加有利于企业形象及品牌形象的树立。

（7）色彩能起到加强记忆的作用。人们在不同的场合受到同一种信息刺激后，会形成比较牢固的记忆。包装就是运用色彩反复传递同样的信息，使观者对产品留下深刻的记忆，进而在心目中留下印象。

6.5.2 产品包装中色彩设计的原则

1. 传达性

指在产品包装设计中,通过适当的色彩设计使包装更有效、更准确地传达商品信息。色彩运用的目的是使包装具有良好的可视性、可辨性和可读性,使其与同类商品有明显的差异性、鲜明的个性特征和良好的识别性。色彩不仅具有强烈的视觉冲击力和较强的捕捉人们视线的能力,也能使消费者在阅读商品信息时更容易、更快捷。这就要求设计师在进行产品包装的色彩设计时,必须进行全面的市场调查和分析定位,根据企业、产品的特点,通过对色彩的科学分析,有针对性地对色彩进行设计和应用。应依据色彩的科学规律、人的心理因素和色彩的感性因素,适当地运用色彩的对比与调和,使包装设计符合明视性、诱目性、易读性及趣味性等生理知觉条件。

人的视觉包括色彩视知觉和形象视知觉两个方面,彼此之间相互依存,任何色彩都不能脱离形象,形象也正是依靠色彩的对比作用为我们的视觉所感知。色彩对比强,形象视知觉也强,传达性也就强;色彩对比弱,形象视知觉也弱,传达性也就弱。为了强化色彩在包装中的视觉效果,达到良好的传达性目的,可以充分利用加强明视度的设计手法。所谓明视度就是利用色彩的对比关系所达到的醒目程度(图6-85)。

图6-85 SosoFactory, Eduardo del Fraile,西班牙

图6-86 茶饮料包装设计,
London Tokura,日本

2. 商品性

不同的商品包装具有不同的色彩形象及习惯色。产品包装色彩设计的目的就是利用色彩来表现商品的特殊属性,使消费者通过色彩所传达出的整体印象、感觉、联想,准确地判断出商品的内容。这取决于消费者以往的知觉经验和联想作用。商品的习惯用色一般由两方面因素决定,一是商品本身的性能、用途和色;二是消费者对商品使用的考虑与对色彩的感受。如果味饮料的包装设计,大多采用明快、鲜亮的水果色,充分表现饮料的新鲜、可口和美味;电子类产品的包装大多采用稳重、沉着的色调,表现产品的科技性、质量可靠、坚实耐用和品质优良。如果在包装设计中用色不当,必然会造成信息传达的不确定性,造成商品识别误会,带来一定的经济损失(图6-86)。

3. 整体性

在进行产品包装的色彩设计时,必须处理好包装色彩的整体效果,注意色彩与色彩之间、色彩与图形之间、色彩与文字、材质之间、局部与整体之间,以及单个盒面的色彩与其他几个盒面的色彩之间相互呼应、相互影响的效果。在考虑商品货架冲击力的同时,应尽量运用简洁、明快的色彩,避免孤立地突出某一局部色彩而造成整体效果的不协调。产品包装设计各个要素和谐统一,有良好的整体视觉效果,才能吸引消费者。色彩设计还必须与企业形象、企业标准色、企业象征色、市场营销、产品设计和广告策略等联系在一起,在设计和实施时保持一致风格(图6-87)。

4. 独特性

独特性是某商品区别于其他商品最重要的原则之一,只有强化产品包装的差别性,使其具有独特的个性魅力,增强其吸引力,才能在众多的竞争对手中脱颖而出。所以,在注重色彩的整体性的同时,也要使其具有独特的个性,以给消费者留下深刻的印象(图6-88)。

图6-87　**LUX FRUCTUS** 果酒包装,**Marcel Buerkle**,南非

图6-88　**LASCALA** 红酒包装设计,**Eduardo del Fraile**,西班牙

5．时尚性

当前整个世界呈现出一种流行化社会的趋势。许多商品都转变为流行商品,生活行为都变成流行行为。这种流行现象是在某个社会群体中,一定数量的群众在一定期间内由心理驱使造成的群体行动。青年人更易受流行的驱使,追求新的变化和流行。流行的主要要素有款式、造型与色彩,其中色彩最为明显,多数人嗜好的颜色成为流行色,而流行色的时代性、季节性很强,这种现象在服饰上表现得尤为突出(图6-89)。

图6-89　BERMELLON 糖果商店,Anagrama,美国

现在消费品位正在改变,人们都会选择自己真正喜欢的颜色,以追求个性,同时市场也会产生新秩序,从而带动流行。所以在产品包装设计中,应恰当地考虑市场流行色,时刻注意流行色的趋势,走在时代的前沿,引领新的时尚。

6．科学性

色彩设计必然有科学规律存在。产品包装的色彩设计,是在色彩的理性规律、视觉规律的基础上进行科学分析,并依据市场调研资料去测试结果,设定符合市场需求、满足消费心态的色彩战略。

7．系统性

产品包装的色彩设计应有一个完整的色彩计划,在商品的不同发展阶段,有相对应的阶段色彩风格。色彩计划将抽象的语言形式与色彩形象结合,以进行系统性的色彩形象设计,每个色彩均有特定的意义和作用。产品包装的色彩计划和企业形象系统设计相互对应,和企业的标准色、象征色也有联系(图6-90)。

图6-90　CURE Life 品牌包装设计,Mucho,美国

6.5.3　产品包装中色彩的视认度与诱目度

在产品包装设计中,色彩的视认度与诱目度直接影响着产品信息的传达度和可视度。

1. 色彩视认度

色彩在视觉中容易辨认的程度称为色彩视认度。视认度受色相、纯度、明度等多方面因素的影响，其中受明度的影响最大。我们习惯于白底黑字，就是由于黑白两色的明度级差很大，即黑白分明。但如果在白底上写黄字，白与黄明度级差小，色与色太接近，其色彩视认度低，就难于辨认。视认度还与亮度和色彩面积有关，亮度高、面积大，色彩视认度就高；与色彩对比有关，对比强，色彩视认度就高；与冷暖色有关，暖色视认度高。在产品包装设计中如果要想突出某些内容或信息，在选择色彩搭配时一定要选择视认度较高的色彩，如包装上的商品名称，一般都选用对比较强或明度较高的色彩，以突出主题(图6-91)。

2. 色彩诱目度

色彩诱目度是色彩容易引起视觉注意的程度。诱目度高的色彩并不一定视认度高，如鲜艳的红色与绿色搭配非常刺眼，诱目度高，但视认度较低，这是因为两色之间的明度级差较小。诱目度高的色彩受色相与纯度影响较大，暖色有前进感和膨胀感，容易引起视觉注意；冷色有后退感和收缩感，不容易引起视觉注意。所以，在设计一些礼品包装时，常常采用暖色系列的色彩搭配，除了具有喜庆感外，同时也考虑到了它的诱目性，以更加吸引消费者(图6-92)。

6.5.4　产品包装中色彩的对比与调和

对比是指颜色与颜色的相关情形，是一种色彩与另一种色彩在时间和空间上的相互关系对视觉所产生的影响。

1. 色彩对比

(1) 色相对比：色相对比是将两个不同的色相并列在一起所产生的对比效果。在产品包装设计中，运用色相对比能使设计的整体效果鲜明、突出、明快，有较强的视觉冲击力(图6-93)。

(2) 明度对比：将两种不同明度的色彩并列而产生的对比反应称为明度对比。其对比效果会使明色变得更亮，暗色变得更暗。在产品包装的色彩设计中，运用明度对比能使包装的整体形象更加鲜明、强烈，重点更加突出。

(3) 纯度对比：是指不同纯度的色彩并列之后产生的比较性变化，其结果是鲜明的色彩愈鲜明，灰浊的色彩更灰浊。

(4) 冷暖对比：色彩具有心理上而非物理性的温度感，红、橙、黄色系会给人以温暖感，而蓝、绿、青色系会给人以清凉感，这些都是人的心理作用，将这两种属性的色彩并置，可产生冷暖对比的作用。在运用冷暖对比时，应以一方为主、另一方为辅，以相互协调。

(5) 补色对比：在色相环中，互补的两色位于直径的两端，互补的两个颜色称为补色对，如红与绿、黄与紫、蓝与橙等。补色对中的两色并排或相邻会使人感到纯度增加，色彩更明艳，这种情形称为补色对比。在包装设计中，运用补色对比进行色彩设计，会使产品包装有一种绚丽夺目的感觉，使包装在众多的竞争对手中脱

图6-91　曲奇包装设计，美可特品牌设计公司，中国台湾

图6-92　绝对伏特加包装设计，kamjou，瑞典

图6-93　Frütea 概念饮料包装，Nosh Creative 设计工作室，美国

颖而出。但运用一定要恰当,否则会显得嘈杂混乱。

(6)面积对比:颜色所占的面积大小,结合人的心理作用,也会使人产生不同的感觉变化。一般面积越大,愈能使色彩充分表现其明度和纯度的真实面貌;面积越小,愈容易形成视觉上的辨识异常。在包装设计中,如要突出某个重点内容,可以利用加大色彩的面积来增强其效果。

另外,色彩通过与形态、位置、层次感的对比,也能获得丰富的视觉效果。

2. 色彩调和

调和是视觉生理最能适应的感觉,即视觉生理平衡。色彩和谐是相对色彩对比而言的,有对比才有调和,两者是对立的统一,所有的色彩对比都要以和谐为最终目的。

(1)类似调和:类似调和强调色彩要素的一致性,追求色彩的统一感。类似调和以强调共性取得和谐,追求统一中的变化,主要靠各个类似色之间的共同点来产生调和作用,以求得较好的趣味感,给人柔和谐调之感。类似调和可分为同一调和、近似调和,也可分为色相类似调和、纯度类似调和、明度类似调和。商品的包装设计不同,采用的类似调和不同,给人的视觉效果也各不相同(图6-94)。

(2)对比调和:对比调和是调和的另一种手段,以强调变化来组合和谐色彩。对比色系的调和原理,蕴含着不相干两原色的并置技巧。运用得当,会产生明显、辉煌、华丽的效果;运用不当,颜色相互排斥,会使画面产生不和谐之感。对比色、补色调和难度较大,可通过加强明度、纯度的共性,使色调趋向一致来达到调和;也可以通过降低对比色、补色的纯度,或拉大对比色双方的面积差来达到调和。在包装设计中运用对比调和,会给人带来意想不到的视觉效果,让人过目不忘。

(3)秩序调和:在产品包装的色彩设计中,色彩各要素往往处于变化之中,如果能给这些变化以一定的秩序,也会产生和谐感。秩序调和是通过重复、渐变、节奏等秩序有规则变化的方法,使画面取得和谐美感。当色相、明度、纯度按一定的级差递增或递减时,必然产生有规律的秩序美。调和层次越多,越容易获得协调感。

(4)隔离调和:是从民族传统艺术中借鉴来的色彩调和方法。民间艺术品的色彩纯度达到了极致,画面绚丽多彩又十分和谐,就是由于使用了以黑、白、灰、金、银等色衬底或勾边的方法隔离对比色,以达到画面的协调。隔离调和通过在相邻的两色之间插入第三色进行分隔,使色彩关系发生变化,使模糊的关系变得清晰,使生硬的关系变得融合。通常用黑色间隔会增加纯度,色相感更加明确;用白色间隔会减弱纯度。

(5)空间混合调和:将鲜明对比的纯色以一种极小面积的交替混杂状态并置,使色彩间发生同化作用,视觉中各色的感觉与原色相产生差异与变化,从而在视距的影响下产生特殊的色彩视觉

图6-94 VILJE 校园食品包装,Rebecca Egebjerg, June Sagli Holte&Eivind Reibo Jentoft,挪威

混合效果。这种色彩的同化效果是视觉对色彩的总体印象。

6.5.5　产品包装中色彩的视觉心理效应

1. 色彩的感情与性格

色彩能够表现感情,这是一个无可辩驳的事实。色彩的感情是靠人的联想得到的。色彩对于人的视觉有刺激作用,对人也有一种潜在的感召力。色彩能影响人的心理活动,不同色彩给人的感觉不同,所表达的涵义与带来的联想也各不相同。从心理感觉而言,色彩由于渗入了人类复杂的思想感情和生活经验,变得富有文化性,成为一种思想的表达。人们看到某一种颜色,自然会产生相应的感情联想,如红色不仅给人以温暖的"生理感受",更多的是给人热情、喜庆、积极向上的"文化联想"。无论是色彩的"生理感受"还是"文化联想",都影响着人们的行为反应与评价。因此,在产品包装设计中,我们要善于从文化心理的角度选择恰当的色彩,以激起大众积极的心理反应,对包装产生良好印象。

色彩除了具有知觉刺激并引起人的生理反应外,还会受观赏者的社会经验、社会意识、风俗习惯、民族传统、自然景观、日常用品等因素的影响,从而产生具体的联想和抽象的感情,这种联想和感情是人类对色彩的共同认识。个性色彩的挖掘依赖于共性的认知,共性的认识又在个性的色彩中得到体现。色彩本身是没有灵魂的,它只是一种物理现象,但人们都能感受到色彩的情感,这是因为人们长期生活在色彩的世界里,积累了许多视觉经验,一旦知觉经验与外来色彩刺激发生一定的呼应,就会在人的心理上引出某种情绪。人的主观感受使抽象色彩具有了生命意义并富有人性化表情,不同色彩具有不同的感情。

(1)红色——是一个让人产生强烈而复杂心理作用的色彩。其光波最长,是所有颜色中最能加速脉搏跳动的颜色,非常容易引起兴奋、激动、紧张和焦躁,也很容易造成视觉疲劳。红色的具体联想有火焰、太阳、鲜血、辣椒等;抽象感情意味着活力、积极、热情、温暖、前进、热烈、青春、朝气、革命、健康、甜美、喜庆等,也有危险、灾难、爆炸、警告、恐怖、禁止、防火、发怒等含义。所以在运用红色时一定要注意分寸,运用恰当。

在中国传统文化中,红色是喜庆、吉祥的象征,许多中国传统节日,如春节、元宵、中秋等,大量运用红色来渲染节日气氛,所以在设计有关传统节日商品包装时,应该充分考虑到大众的普遍心理,适当地运用色彩,使消费者产生共鸣(图6-95)。

图6-95　婚庆视觉传达设计,一路两个人,中国

(2)橙色——是十分活泼、辉煌的色彩。它既有红色的热情,又有黄色的辉煌,具有强烈的易见度和识别性,但也是容易造成视觉疲劳的颜色。橙色是一种象征富足丰收的色彩,可使人联想到硕果累累的秋天景色,极富活力,诱人食欲,所以常被用在食品包装上。橙色的具体联想有桔子、柿子、秋叶等;抽象感情意味着快活、温情、健康、欢喜、和谐、任性、疑惑、危险等(图6-96)。

(3)黄色——是光感最强、最有扩张力、明度最高的颜色,在高明度下能保持很强的纯度。黄色在黑色、紫色或深蓝色等低明度色的衬托下,最为醒目。黄色的具体联想有灯光、黄金、金发、香蕉、柠檬、蛋黄、秋叶、银杏树叶、稻穗、黄河等;抽象感情意味着轻快、明快、朝气、鲜明、希望、快乐、富贵、权利、轻薄、未成熟、刺激、注意等。在包装上,果汁饮料、蛋糕等经常运用黄色以表示新鲜、可口(图6-97)。

（4）绿色——是自然生命色，它显示大自然生生不息的自然美，与稚嫩、生长、青春、旺盛的生命力紧密联系在一起。绿色很宽容、大度，可衬托多种颜色而达到和谐。它的注目度、易见度都不高，对人的刺激也不大。在商品包装中，一般用绿色传达清爽、理想、希望、生长、健康、和平、安全、青春等意象。绿色的具体联想有大地、草原、庄稼、森林、蔬菜、青山、绿水等；抽象感情意味着自然、健康、成长、新鲜、安静、环保、和平、凉爽、清新、安全等（图6-98）。

（5）蓝色——是冷静、理性的颜色，是现代科学的象征色；给人以神秘莫测之感，使人联想到宇宙、天空、大海；是永恒的象征，给人冷静、沉思、智慧和征服自然的力量。在商品包装设计中，多用于科技类产品的包装，也被用于表现清凉、降温的食品包装上。蓝色是一种最冷的颜色，对视觉的刺激较弱，它能缓解紧张情绪、身体不适，有助于调整体内平衡，使人感到幽静、宁静、平和，所以镇定药品的包装大量采用蓝色。蓝色的具体联想有天空、海洋、水、青山等；抽象感情意味着沉静、平静、科技、理智、速度、年轻、知性、寂寞、冷漠、消极、阴郁、诚实、真实、可信等（图6-99）。

（6）紫色——是神秘高贵之色，给人印象深刻，有时也给人以压迫感。紫色处于冷暖之间游离不定的状态，所以充满着神秘而复杂的情调，总给人以无限浪漫的联想。紫色的具体联想有紫罗兰、葡萄、萝卜、花朵等；抽象感情意味着优雅、高贵、细腻、神秘、不安定、情感、气魄等（图6-100）。

图6-96　香蕉芭士、地奉系列，美可特品牌设计公司，中国台湾

图6-97　MY CAT LOVES 宠物食品，Robot-food 设计公司，英国

图6-98　AWAKE 护肤产品包装设计，Kosé 高丝，日本

图6-99　RIMMEL 1,2,3LOOKS 睫毛膏，Crepuscule 设计公司，法国

图6-100　Haircare-Xpression 头发护理，Gworkshop Design，厄瓜多尔

（7）白色——由所有色光混合而成，是光明、神圣的象征色。白色明亮、干净，适合与各种颜色搭配，任何沉闷的色彩加入白色后会立刻变得明亮。略带色相的白色显得文雅，但没有个性和味觉的联想。在包装设计中，大面积地运用白色会给人简洁、通透、空灵之感。白色也有高贵、圣洁的意象，所以

有些高档商品包装上会大面积地运用白色。白色的具体联想有雪、云、雾、白纸、白布、天鹅、鸽子、瀑布、雪山等；抽象感情意味着纯洁、清白、纯粹、纯真、清净、明快、和平、神圣、轻薄、空灵、空白等（图6-101）。

（8）黑色——是极好的衬托色，可以把其他颜色衬托得更加鲜艳、热情、奔放。黑色象征着黑暗与暴力。黑色与白色都可以表达对死亡的恐惧和悲哀，具有不可超越的虚幻和无限的精神，具有超强的抽象表现力以及神秘感。黑白组合最朴素、最分明，而且有凝重感，适合表现严肃、悲剧的题材。黑色与白色代表着色彩世界的阴极和阳极，太极图案就是以黑白两色的循环来表现永恒的宇宙运动。在包装设计中，黑色具有高贵、稳重、科技的意象，许多科技产品、机电产品的包装都用黑色。黑色也是一种永恒的流行色，适合与许多色彩搭配。洋酒、香水的包装常运用黑色调，表现其高贵感，具有男性化倾向；但食品包装中运用黑色要谨慎。在一些少数民族地区，仍然保留着尚黑的习俗。黑色的具体联想有夜晚、黑发、黑烟、乌鸦、煤炭、阴暗、黑眼睛等；抽象感情意味着沉着、厚重、陈旧、坚硬、年老、古典、不吉利、悲哀、绝望、恐怖、死亡、地狱、阴险、神秘等（图6-102）。

（9）灰色——中性色，是色彩和谐的最佳配色，也是复杂的颜色，是色彩世界中最被动的色彩，容易受有彩色的影响。漂亮的灰色常常要依靠邻近的色彩获得生命。灰色一旦靠近鲜艳的暖色，就会显出冷静的品格；若靠近冷色，则变为温和暖灰色。浅灰色有文雅、精致、明快的感觉；深灰色有沉重、内敛、厚重的感觉。灰色对眼睛的刺激适中，既不炫目，也不暗淡，是视觉最不容易感到疲劳的颜色。在包装设计中，灰色具有柔和、文雅的意象，属于中性，男女皆可接受，所以永远是流行色。在许多高科技产品包装上，尤其与金属材料有关时，宜采用灰色来传达高级、科技的形象。灰色的具体联想有水泥、鼠、阴天等；抽象感情意味着平凡、谦和、失意、含蓄、中庸、朴素、雅致等（图6-103）。

（10）金、银色——是光泽色，是质地坚实、表层平滑、反光能力很强的物体色。在某些角度反光敏锐，亮度很高；在有些角度又会使人感到亮度很低。由于金、银本身价值昂贵，又富有特殊的光泽，金、银色便成了富贵、华丽、光彩、豪华的象征，适合与任何颜色搭配，并为其他颜色增姿添彩。在包装设计中适当地运用金、银色，更能体现产品的高档感和豪华感。金、银色的具体联想有金属、金子、银子；抽象感情意味着财富、高贵、豪华、富丽、富贵等（图6-104）。

2. 色彩的感觉

人们在观看色彩时，由于受到色彩的视觉刺激，在思维方面会产生对生活和环境事物的联想，进而产生一系列的心理变化，这就是色彩的心理感觉。色彩的生理现象与心理现象是交叉影响的，在产生生理变化的同时，往往会产生一定的心理活动；生理反应是下意识的直觉反应，而心理反应是复杂多变的，能引起人许多联想

图6-101 酒包装，卓上设计，中国

图6-102 The White Company 沐浴和身体产品，Aloof，英国

图6-103 BELVEDERE 伏特加，Aloof，英国

图 6-104 圣伊内斯橄榄油包装设计，Estudio Versus，西班牙

图 6-105 幽灵船朗姆酒的包装设计，Galima Akhmetzyanova，俄罗斯

图 6-106 Hatziyiannakis 糖果，mousegraphics，希腊

图 6-107 ZOEGA 咖啡，Neumeister Strategic Design AB，瑞典

和情感变化。色彩所唤起的人的心理情感因人而异，但由于人类在生理构造和生活环境等方面存在着共性，对大多数人来说，在色彩心理感觉方面有共同的情感，主要表现为以下几个方面：

（1）冷暖感：冷暖感属于皮肤的感觉。色彩本身没有温度，色彩的冷暖感觉不等于皮肤的冷暖直觉，它只是比较间接的大体概念，来源于人们自身经验的联想。通常冷色使人感到寒冷、凉爽，如青、蓝、蓝紫等色，让人联想到冰峰、积雪、大海等；暖色使人感到温暖、炎热，如红、黄、橙等色，让人联想到太阳、炉火、熔岩等。色彩冷暖是相对而言的，不是孤立的，如绿色和橙色相比是冷色，但和蓝色相比就是暖色。冷暖色的感觉是针对色相而言的，但与明度、纯度也有关。高明度、低纯度色具有冷感；低明度、高纯度色具有暖感。无色相的白是冷色，黑是暖色，灰是中性色（图 6-105）。

（2）软硬感：在色彩的感觉中，可分出柔软和坚硬的色系。它跟色彩的明度和纯度有关。明度较高、纯度较低的颜色通常倾向于柔软，如米黄、奶白、淡黄、粉红、淡紫、淡蓝等，使人联想到丝绸、皮肤、奶油蛋糕等；明度较低、纯度较高的颜色会显得坚硬，如黑、蓝黑、赭石、熟褐等，使人联想到钢铁、岩石、煤、砖、木头等。强对比色调具有硬感，弱对比色调具有软感；暖色系有柔软感，冷色系有坚硬感。在包装设计中，一般为表现蛋糕等食品的松软感，会采用软感的奶黄、淡黄等色；而对巧克力却采用熟褐、赭石等较硬的色，以体现巧克力优良的品质（图 6-106）。

（3）轻重感：浅色和白色等使人联想到棉花、空气、云雾、薄纱等，给人轻飘柔美的感觉。深色和黑色等使人联想到金属、岩石、泥土等，给人厚重、沉稳的感觉。色彩的轻重感主要由明度决定，明度高的色彩感觉轻，明度低的色彩感觉重，白色最轻，黑色最重。同明度、同色相的色彩，纯度高的感觉轻，纯度低的感觉重；暖色感觉轻，冷色感觉重。物体质感对色彩的轻重感也有影响，质感细密、紧实的感觉重，表面结构松软的感觉轻。设计时要注意整体画面的平衡性，避免失衡的感觉（图 6-107）。

（4）干湿感：是皮肤对物体所含水分多少的感觉。皮肤接触干燥物会有干爽感，干燥物往往呈现灰白、金黄、淡黄、黄橙等色彩；皮肤接触较湿的物体，会有潮湿感、湿润感，往往给人水蓝、浅蓝、湖绿、草绿、墨绿、黑等色彩感觉。

（5）厚薄感：一些明度较低、纯度较高的不透明色彩，会给人厚实的手感，如黑、深色、深褐、赭石、土红、橄榄绿、大红等，使人联想到毛呢、天鹅绒、地毯、泥土、树皮、枕木、铸铁等；一些明度较高、纯度较低的色彩会给人轻薄的手感和透明感，如白、浅蓝、浅绿、水红、浅黄、浅灰、淡紫等，使人联想到透明玻璃、玻璃纸、薄绸、薄纱、薄云、尼龙、薄雾、纱巾等。色彩的厚薄感，对设计服装的包装很有用。

（6）动静感：一些高纯度的色相对比，配合具有动感的形态，能表现一种运动感，如红、黄、蓝、紫、玫瑰红等，使人联想到火焰、太阳、晚霞、流动等，给人逼近、退远、扩大、缩小、颤动等运动感。

而一些低纯度、以黑白构成的画面则会给人安宁、恬静的感觉,如黑、褐绿、蓝绿、青灰、赭石等,使人联想到土地、山林、岩石、深夜,给人静止、平稳、安详、坚定等感觉。在设计音乐产品包装时,可以充分利用色彩的动静感,产生节奏感和韵律感,使包装与音乐的内涵相吻合。

(7)远近感:色彩的距离感与明度有关,明度高的色彩具有前进感,明度低的色彩具有后退感;暖色有前进感,冷色有后退感。充分利用色彩的远近感,可在一定程度上改变空间尺度、比例、分隔,改善空间效果。

(8)性别感:色彩的性别感主要是通过男女不同的外表、性格、爱好等典型特征给人的总体印象来表现,如女性色鲜艳、明亮、柔软、和谐,一般用粉红、粉橙、粉紫等色彩来象征。男性色朴素、稳重、硬朗、分明,多金属、泥土味,一般用色单一、素净、明度低,充分体现一种阳刚之气(图6-108)。在化妆品包装上,仅仅观看外包装的色彩就能判断是男用化妆品还是女用化妆品,这正是色彩性别感在起作用。

(9)香臭感:人们对食品的味感特别敏感,而色彩往往就关系到这种味感。色彩搭配得当,会给人芳香可口、垂涎欲滴的美味感和芳香感,如玫瑰红色、粉红色给人一种芬芳的花香味。但色彩运用不当则会给消费者心理上产生不适感(图6-109)。

(10)华丽与质朴感:鲜艳而明亮的颜色具有明快、辉煌、华丽的感觉,而单纯的灰色和沉着的颜色给人以朴素的感觉,弱对比色调也具有朴素感。在设计包装时应根据产品的特性、档次,决定色彩是华丽还是朴素。古老传统的商品,需要表现一种乡土味或质朴感,可以运用较稳重的灰色或淡雅的色彩,来体现一种纯朴、素雅的感觉和悠久的历史感(图6-110)。

(11)兴奋与沉静感:高明度色有兴奋感,低明度色有沉静感;暖色具有兴奋感,冷色具有沉静感,如红、橙、黄色给人兴奋感;蓝、绿、紫色给人沉静感;色相对比强的色有兴奋感,色相对比弱的色

图6-108　SMIRNOFF ICE 酒精饮料,The Creative Method 工作室,澳大利亚

图6-109　地耕味——香蕉巴士,美可特品牌设计,中国台湾

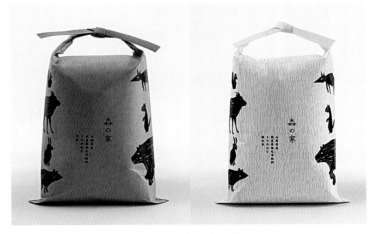

图6-110　森之家大米包装,akaoni,日本

有沉静感。随着颜色纯度的降低,兴奋感与沉静感也会减少,而变成中性。色彩的活泼兴奋感与忧郁沉静感往往分别会给人积极与消极的感觉。

3. 色彩的通感

色彩不仅与视觉密切相关,与人的其他感官知觉也有一定的联系。人的感觉器官是相互联系、互相作用的整体,视觉感官受到刺激后会诱发听觉、味觉、嗅觉等其他感觉系统的反应,这种伴随性感觉在心理学上称为"通感"。写实的色彩之所以能影响人,在于它能影响人的通感,如看到一张画着桔子的画,就可以感觉到它的甘甜,引起味觉。但通感不是千篇一律的,它因人而异,每个人有各自不同的感受。

(1)色彩与听觉

听觉与视觉有着不可分的关系,听觉可以使人联想到色彩,唤起人们对色彩的想象,进而在人们脑海中展示一幅幅无限优美的视觉画面。俗话说:"绘画是无声的诗,音乐是有声的画",把色彩与音乐的关系形容得淋漓尽致。有人形容莫扎特的音乐是蓝色的,肖邦的音乐是绿色的,这正说明音乐与色彩的相容与共通,真可谓"听音有色、看色有音",听觉与视觉之间自然而然地转化着。

(2)色彩与味觉

视觉虽不能代表味觉,但各种不同的颜色、形状、肌理等都能引发人的味觉。色彩的味觉与我们的生活经验、记忆有关,看到某物我们就能大致分辨出它的味觉性质,如红苹果甜,红辣椒辣,青李子酸等。色彩的味觉联想往往是与形结合在一起表现出来的。中国饮食文化尤其重视色、香、味、形俱全,以色居首位,可见色彩对人的味觉的重要性。色彩感觉有时比味觉、嗅觉更能引起人的食欲。明亮的暖色系,尤其是橙色系最容易引起食欲,所以饭店酒家多用暖色光来营造温馨甜美的气氛,也使食物看上去更加新鲜。在食品包装上,大多数采用暖色系来烘托食品的可口美味。绿色和冷色的搭配使人产生酸的感觉(图6-111)。

图6-111 **CHOCOLATES WITH ATTITUDE 2012**,Bessermachen,丹麦

(3)色彩与嗅觉

色彩与嗅觉的关系与味觉相同,也是来自生活感受,由联想而得。可以从闻到的各种味道想到各种色彩,如闻到玫瑰花香想到玫瑰色;闻到茉莉花香想到白色;闻到柑橙香想到橙色和黄色。也可以从各种色彩联想到各种物体的气味,如看到绿色想到草木的清香;看到浅黄色就会想到奶油、蛋糕的香味等。

(4)色彩与个性

长期以来,人们认为爱好何种颜色和个性之间有密切的关系。调查表明,人们对色彩的爱好可分为几类,喜好相同的人在个性上显现出相同的倾向,如喜欢明亮色的人,即便经济条件较差,仍能对人生保持乐观的态度;相反,喜欢暗色的人,即便各方面条件不错,其不满的情绪仍较浓。由此可知,对颜色的喜爱和个性之间有着密切的关系。

(5)色彩与意境

意境是中国艺术审美的最高境界。诗人在诗歌中常将色彩作为营造意象和创造意境的关键。诗词的色彩表现手法与绘画一样,或对比,或调和,手法多样,不拘一格。如范仲淹《苏幕遮》:"碧云天,黄叶地。秋色连波,波上寒烟翠。山映斜阳天接水。芳草无情,更在斜阳外……"浓墨重彩地描绘了秋色,而景在秋色,情在相思。文学诗词本身不具备色彩的可视形象。音乐靠听觉使人产生联想,文字则由描述传递情感而使人产生联想和想象,它属于诱导性,自觉性比音乐弱,只有对文字理解、对文学诗词意境领会,达到想象的境界,才能使之形象化。在传达信息的同时,给观者诗一般的意境,是设计的最高境界,也是每一个设计师所追求的(图6-112)。

4. 色彩的喜好与禁忌

人们之所以热爱色彩,是因为色彩能与人的心灵对话,能给人带来丰富的联想和回忆,使人随之产生喜、怒、哀、乐等情绪与心境,从而寄寓人的某种精神。对色彩的爱好人皆有之,而爱好的随机性很强,经常会因个性、时代、民族传统、生活习惯、社会形态、风土人情、周围环境、教育形式等的差异而有所不同。不同的人、不同的民族对色彩的喜好是不同的。中国人比较喜欢红色(图6-113)。

由于历史传统、文化等原因,有些色彩往往引起公众的不良情绪和联想,这样就形成了色彩的禁忌心理。国家、民族不同,色彩禁忌心理也不相同,在进行产品包装的色彩设计时,一定要回避运用禁忌色,以免造成不必要的损失。

5. 色彩的象征性

从原始社会起,人类就懂得使用色彩来表达某种象征性的意义。象征是历史积淀的文化结晶和约定俗成的文化现象,也是人们共同遵循的色彩尺度,它具有标志和传播的双重作用。色彩的象征性源于人们对色彩的认知和运用,它是通过时代、地域、民族、历史、宗教、风俗、文化、地位、意识、情感等多方面因素体现出来的。不同国家、民族,对色彩具有不同的偏爱,并赋予各种色彩特定的象征意义。如黄色在东方宗教中被认为是最为神圣的色彩,在中国是权力、尊贵的象征,因此世代皇帝都穿黄色衣裳,以显示自己的权威。而在西方则认为黄色是下等的色彩,有妒忌、厌恶、野心的意味。象征色的运用面非常广,在服装上运用最多,在中国古代,服装色彩是等级区分的重要标志,如皇帝服装是黄色,三品以上官员服装是紫色,民众穿白衣、蓝衣、黑衣等。而我国在几千年之前就用白、青、黑、赤、黄五种颜色分别对应西、东、北、南、中五个方位,反映了独特的宇宙观。我国的国粹京剧,其脸谱通过不同色彩特定的象征寓意表现人物性格,如红色代表忠心耿直;黄色代表干净威猛;绿色代表草莽英雄;紫色代表热情忠诚;白色代表阴险奸诈;黑色代表刚正勇敢等。世界各国的国旗也都有各自特别的象征意义,红色运用最多,它象征为国家独立、民族解放而斗争的精神和烈士的鲜血。

色彩的象征性往往依附于一定的形象,离开了特定的形象,象征意义也随之消失。在不同文化体系下,色彩所表达的意义可能完全不同。所以,在产品包装的色彩设计中,一定要认真研究色彩的潜在语意,充分发挥色彩的表现力,避免造成不必要的麻烦,给商品销售带来损失。如在西方有关圣诞礼品的包装,都

图6-112　茗人名岩,茶包装
设计,之间设计,中国

图6-113　天澜庄·红悦茶包装
设计,金汇通设计公司,中国

图6-114　**Christmas Sweet Gift
2009**,**Home Kitchen**,俄罗斯

会采用红和绿的色彩搭配,象征节日的气氛(图6-114)。

产品包装的色彩设计应根据特定目的决定特定色彩搭配,某些看起来不和谐的色彩,却符合特定色彩要求。因此,配色必须考虑实用性与目的性,要依据设计对象的性质、主题、功能而定。符合目的性的配色才是真正和谐配色。色彩具有形成商品印象和促销等功能,成功的色彩设计有助于产品包装整体水平的提升。好的色彩设计具有的共同特征是用色少,配色适当,具有品牌特色,色彩简洁,有品位,引人注意而且容易记忆;相反则色彩复杂、繁琐,没有明显特征和个性,不容易被消费者所记忆。

【本章练习与作业】

1. 设计一套或一系列产品的包装设计(内容不限)。要求构思新颖独特,结构合理,传达信息准确,制作精良,有较好的整体视觉效果(要求包装制作出实物,并附有设计说明)。

2. 包装要求信息完整,包装结构合理,传达准确。

第7章　产品包装设计的印刷与制作

印刷术是一种科学技术,是广泛传播各类信息的媒介。一件包装设计需要通过大量的复制才能行销市场,并深入到人们的生活当中,而这种大量复制的方法就是印刷。印刷能准确、迅速、大量地复制和传播,是其他传媒方法不可替代的。

作为包装设计人员必须全面了解与熟悉印刷工艺、制作、流程以及成本的核算,这样有利于在进行产品包装设计时考虑到印刷术的可适应性,不至于给整个印刷制作造成很大难度,而带来高成本的损失或影响到包装印刷的效果。

7.1　产品包装的印刷种类与特征

印刷术是中国古代四大发明之一,经过一千多年的发展,今天的印刷术已成为融现代科技成果和技术表现于一体的现代化综合技术,越来越多的新型印刷技术为包装设计的完成,提供了完善的技术与工艺的支持。

产品包装的印刷是指在产品包装材料、产品包装容器上印刷各种图文信息。产品包装设计的印刷种类有很多,按印刷方式不同可分为以下几种。

7.1.1　凸版印刷

凸版印刷是一种直接印刷方式。由于印版图文部分凸出,高于空白,故称凸版印刷。其成品轮廓清晰、墨色浓厚、线划整齐、笔触有力、颜色饱满,所使用的版材多样,能满足各方面不同要求。凸版印刷制版方便,印版耐印力高,生产周转快,印刷机械占地面积小,机动性强,比较适合包装盒的印刷。它对承印材料的适应范围较宽,不仅可以承印不同质量、不同厚度的多种纸张,而且还可以承印多种材料,印刷方便快捷。一般多用于专色印刷、烫金、凹凸版等。但它生产成本较高,印刷速度没有平版印刷速度快(图7-1)。

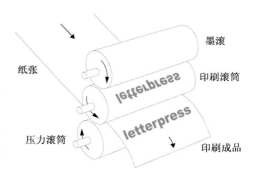

图7-1　凸版印刷示意图

7.1.2　凹版印刷

凹版印刷的印版图文部分被腐蚀或雕刻凹下,低于空白部分,凹下的深度随图像的黑度不同而不同,图像部位越黑,其深度越深。凹版印刷成品图文精美,墨色厚实,具有立体感,色彩鲜艳,层次丰富。凹印机结构简单,印版耐印力高,生产速度快,干燥迅速,成本较低,印刷材料的适应面广。因此,凹版印刷适宜于精美图片的包装印刷,常用于印刷有价证券、塑料包装袋等。又由于凹版印刷能在各种大幅面的纸张、塑料薄膜、金属箔纸及特种纸张等承印物上印刷高质量的图像,因此也被广泛应用于商品包装、商标软包装、礼品包装等(图7-2)。

7.1.3　平版印刷

现代平版印刷多采用间接印刷的方式,即印版上的图文先被转移到一个橡皮滚筒上,然后再从橡皮滚筒上转移到承印物上,亦称为胶印。平版印刷印版上的图文部分和空白部分几乎处在同一平面上,通过物理、化学、电学方式,利用油水相斥原理在版面上建立起具有亲油性的印刷图文部分和亲水性的空白部分。

平版印刷的成品油墨比较平薄,对连续调图像的阶调、色彩有较强的表现力,在包装设计中适合印刷带有图片、图像的包装盒。它运用先进的光机电技术和设备,使景物、人像的真实感和艺术创造性在印刷品上得到完美体现。胶印具有生产效率高、生产周期短、经济效益好、同时多色连接印刷的特点,设备有四色机、六色机等。在产品包装设计中,要大量地采用反映和再现真实的照片,这对制版、印刷分色提出了很高的要求(图7-3)。

7.1.4　丝网印刷

丝网印刷的印版是以真丝、尼龙丝、聚酯纤维、天然或人造纤维和金属丝的网状织物为版材,绷紧并粘固于特制的网框上,用手工、化学或照相制版的方法在网上制成版膜,再将图文部分的网膜镂空,非图文部分的网膜保留制成的。印刷时,将油墨用柔性刮墨刀在框内加压刮动,使油墨从版膜上镂空部分"漏"下印到承印物上,形成印刷复制品(图7-4)。

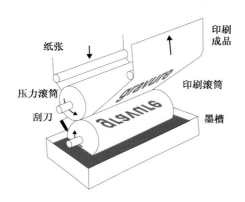

图7-2　凹版印刷示意图

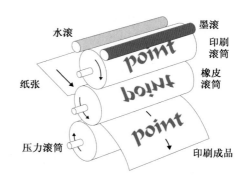

图7-3　平板印刷示意图

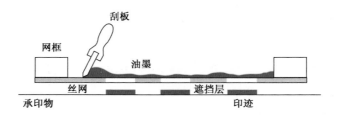

图7-4　丝网印刷示意图

丝网印刷品油墨层较厚,图文略微凸起,不仅有立体感,而且色彩浓厚,适合印刷于各种类型的承印物上,它对印刷条件的要求较低,不需要更多的设备便可印刷,因此丝网印刷应用范围十分广泛,常用于印刷办公用品、包装、不规则的曲面等,如化妆品瓶型上图文的印刷、纺织品的印刷等。

7.1.5　特种印刷

有时包装印刷品有特殊要求,因此除了以上四种印刷方式外,在包装印刷中还使用许多特殊的印刷方式,如立体印刷、发泡印刷、全息印刷、柔性印刷等。

1. 立体印刷

立体印刷是根据光学原理,利用光栅板使图像景物具有立体感的一种印刷方法。它是用照相机对同一景物从不同角度通过透镜光栅板拍摄成底片,再经制版印刷后,在每张印刷品上复合一层与拍摄时完全一致透明的塑料光栅板。当人们通过光栅板观察图像时,由于光栅的折光作用,使一个图像进入左眼,另一个图像进入右眼,由于左右眼视角不同,通过视觉中枢的综合,便产生了图像的立体感。

立体印刷能逼真地再现物体,具有很强的立体感,印刷成品的图像清晰、层次丰富、形象逼真、有趣味性,也有一定的动感,特别受到青少年的喜爱,常常被用于儿童玩具、文教用品、化妆品、钢笔、打火机、纪念章、小礼品的包装,有些礼品包装的盒盖也应用立体印刷作为装饰。

2. 发泡印刷

发泡印刷是在纸张、塑料、皮革、纺织品等承印物上,采用特殊的发泡油墨进行印刷,再经过加热处理,使印刷的图案随着墨膜发泡凸起,然后自然冷却凝固形成浮凸的图文。发泡油墨的连接料一般为水性,故使用方便,无污染,具有较好的耐溶剂性、耐药性,在重压下不变形,具有较强的立体感、手感舒适柔软、耐磨、耐水洗等特点,具有良好的视觉效果,多于服装、纺织品及包装盒上局部的点缀。

3. 喷墨印刷

喷墨印刷是指通过计算机控制,使油墨从喷嘴喷出附在承印物上面获得图文的印刷方法。它先将原稿的模拟图像信息转换为数字印刷信息,以数字形式存储,印刷时数字信号指挥喷墨装置使墨水按要求喷射到承印物上形成图文,无需制版,喷墨头与承印物保持一定距离,不需要压力,因此是一种无压印刷方式。

喷墨印刷对承印物没有特殊要求,有很强的适应性,可以在垂直的罐头盒、瓶身、瓦楞纸箱等物体上印刷;也可以在凸凹不平的皱纹纸、牛皮纸、普通纸、皮毛、丝绸、铝箔等柔性材料上印刷;还可以在陶瓷、玻璃等易碎物品上印刷。由于全部操作过程实现了自动化,可以单色或多色印刷,而且印刷装置体积小、质量轻、操作方便、运转费用低,因此被广泛用于包装印刷、商标标签印刷,还被用于包装工业的产品流水线上,以快速打印生产日期、批号、条形码等。随着计算机技术的不断发展,喷墨印刷被越来越多地运用于包装。

4. 全息印刷

全息印刷是在全息照相技术的基础上,运用先进的激光技术进行印刷的新方式。全息图像的立体感是在照相时使用某一固定频率,以两束光相遇后发生干涉作用的激光作为光源,感光材料所记录的是被摄体的立体信息,是构成景物的每一个质点射出光波的全部信息,其不仅记录了被摄体上光的强度,而且记录了光在被摄体上的凹凸变化。当观者在一个相应方向通过全息图片进行观察时,尽管实物已不存在,但人眼仍能接受到原物体上的光波,看到三维物像,即虚像;如果用与原来参考光束传播方向相反的光束照射这张全息图片,在原物体所在的位置上就会产生一个三维的物像,即实像。全息印刷通常被用来印刷包装上的防伪标志和特殊标签等。

5. 柔性印刷

柔性印刷是使用柔性印版,其图文呈浮雕形凸起,通过网纹传墨辊传递油墨的印刷方式。承印材料与印版直接接触,印刷原理与凸版印刷原理一致,但传墨方式不同,它使用短程传墨方式,省去了复杂的输墨辊组,输墨控制反应迅速,操作方便,降低了印刷成本。柔性印刷机可以与各种后加工机械连接配套,形成流水线,提高了劳动生产率。它适应于小批量、多品种的包装印刷,如商标、纸袋、塑料袋的印刷,还适用于超薄、表面极光滑的材料和超厚、表面粗糙的材料,如厚纸板、瓦楞纸板、牛皮纸箱等的印刷。柔性印刷采用水溶性油墨,它渗透性好、墨色坚实,所印成品具有良好的视觉效果,无污染,符合环保要求,被称为绿色印刷。因此,在印刷食品、饮料、酒、药品及化妆品的不干胶标签,食品包装袋、购物

图 7-5　UNICO MUSK 香水，
Lavernia&Cienfuego，西班牙

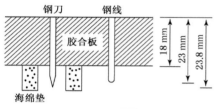

图 7-6　PUMA 彪马包装，
Fuseproject，美国

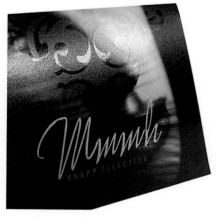

图 7-7　Mmmh 品牌包装设计，
12ender，德国

袋、软包装袋等方面占很大的优势。

7.1.6　包装印刷品的表面加工处理

包装印刷品除了通过各种印刷方式印上相应的商品信息外，有时还要进行一些特殊的表面处理，如凹凸压印、模切压痕、上光与覆膜、电化铝烫印等特殊的加工工艺，使之达到更加完美的视觉效果。

1. 凹凸压印

凹凸压印是印刷中一种特殊的加工工艺，是在印刷完毕后的印刷物表面再压印凹凸图文，以增强印刷成品表面立体层次感的工艺方法。它使用凹面和凸面两块模板，通过压印机完成凹凸压印，多用于包装纸盒的表面加工、贺卡、标签等视觉形象的印刷，具有很强的立体感和肌理感，有良好的视觉美感和触感，增强了包装的可视性（图 7-5）。

2. 模切压痕

模切压痕是现代包装、商标、纸容器印刷中不可缺少的工序，是实现包装印刷现代化的重要手段之一。模切是将钢刀排成模、框，在模切机上把包装印刷品压切成一定形态的工艺过程。压痕是利用钢线，通过压印，在包装印刷品上压出痕迹或留下可弯折的槽痕，它可以使包装印刷品的边缘形成各种形状，也可以实现开天窗或其他的艺术效果（图 7-6）。

3. 上光、覆膜

上光、覆膜是在印刷好的成品表面进行再加工的工艺过程。上光是在印刷品表面涂上或印上一层无色透明的涂料，经疏平、干燥、压光后在印刷品表面形成一层薄且均匀的透明光亮层，或亚光、UV 涂层，主要目的是为了增强印刷品表面的质感、视觉效果和起防护作用。覆膜是在塑料薄膜上涂上胶粘剂，将其与纸张经橡皮滚筒和加热滚筒加压后粘合在一起，形成纸塑合一的印刷成品，其目的是使印刷品的表面增加光亮度，改善耐磨程度，增强视觉美感，也使印刷品表面的防污、防水、耐光、耐热等特性得到加强，延长印刷品的使用时间，提高印刷品的档次（图 7-7）。

4. 电化铝烫印

电化铝烫印是将金属箔或颜料箔通过热压转印到印刷品或其他物品表面的特殊工艺。在印刷品表面烫印电化铝能进一步增强包装形象的视觉艺术效果，使主题更加突出，也使整个包装更显富贵感，但切记不宜过分使用，如大面积地运用电化铝或在同一包装盒上运用多种不同的电化铝，则会使包装整体效果变得庸俗、夸张，喧宾夺主。只有运用得恰到好处，才会有画龙点睛的作用（图 7-8）。

7.2　产品包装印刷制作过程

包装印刷制作过程如下：

设计稿——电子分色输出菲林——打样——制版——印刷——后期加工成型。

（1）设计稿

设计稿是预想印刷后的一种效果稿，包括对具体的文字、图形、色彩等各种要素进行全面准确的设计。包装设计稿现在多采用电脑辅助设计完成。

（2）电子分色输出菲林

对设计稿中的插图与摄影照片经过照相分色或电子扫描分色，经过电子照排系统，利用计算机实现设计稿的排版输出，将设计稿分为CMYK四色胶片，然后可以直接制版印刷。电子分色比照相分色更快捷准确，印刷效果精美。

（3）打样

打样，是利用输出的胶片在打样机上进行少量的试印，以便和设计稿进行比对，尤其色彩的偏差，在打样时可以进行调整，以取得更好的印刷效果。它也是校对和印刷的依据。

（4）制版

无论是凸版、凹版、平版还是丝网版，基本上都是采用晒版和腐蚀的方法进行制版。现代平版印刷则是将各种不同制版来源的软片，分别按照要求的大小拼到印刷版上，然后晒成印版（PS版）进行印刷。

（5）印刷

设计经过打样试印，校对，调整达到设计稿的要求后，可以进行批量印刷。

（6）后期加工成型

对印刷成品进行压凸烫金、烫银、上光覆膜、打孔、模切、折叠、粘合等后期工艺制作，完成整个印刷过程。

7.3　产品包装与计算机辅助设计

我们已进入到一个崭新的数字化时代，计算机被广泛地运用于现代生活的各个领域，也进入到现代包装设计与制作的各个环节。多种既方便又快捷的设计软件被运用于包装设计中，一般常用的有CorelDRAW、Photoshop、Illustrator、Freedhand、AutoCAD、PageMaker、3DMAX、北大方正的FonnderPack系统等，它们在包装设计制作的某一阶段、某一方面可用来进行辅助性的设计，如包装造型CAD、包装结构CAD、包装机械CAD、包装图片处理等。

图7-8　MAROU巧克力包装设计，Marou，法国

1. 设计素材的收集处理

为了在设计时更好地运用素材,必须在运用之前对素材进行一些数字化处理。这些素材包括包装界面上的图片、产品相关功能展示、文字、企业标识等。可运用设计软件与图片处理软件,根据设计的具体要求,对其进行适当的处理,以达到最佳效果。

2. 包装容器设计

运用较多的是3DMAX,利用它能获得包装外观设计的模型,并能从各个角度进行观察、调整和修改,以满足包装整体设计的需求。

3. 包装结构设计

利用AutoCAD软件进行结构设计,使用准确、方便、快捷,也更符合标准化的需求。可以将三维造型草模转化成二维结构图形,也可以对生成的盒形结构进行挑选并加以运用,或对储存的各种盒型结构的局部进行组合运用。

4. 包装视觉信息设计

可利用多种软件进行设计,如CorelDRAW、Photoshop、Illustrator、Freedhand等。它们可以对产品包装设计的各个要素进行创新设计、修整、处理,可以进行从文字、图形、照片到编排等多方面的数字化处理,并能进行一些特殊的效果处理以完成设计方案。

5. 虚拟的展示效果

把二维图形通过设计软件转换为三维可视图像,如用3DMAX、玛雅、犀牛或Solidworks软件建模、渲染贴图,可使客户更加直观真实、全面地了解到包装最终效果,以提出意见,进行修改、调整,也可用来评价测试包装设计的满意程度。

6. 输出打印

电脑辅助设计可以将包装设计的结构平面图及包装界面设计完整准确地输出,也可以将三维立体效果图进行渲染后输出打印。电脑技术可以为印刷做好印前技术处理,也可直接为印刷提供数字化的图像。

7.4 产品包装与新工艺、新技术

在今天,越来越多的新技术、新工艺被运用到包装的印刷与制作中,为包装生产的各个环节提供了完美的保证,如平印加丝印、UV贴合上光、亮面立体上光、夜光油墨印刷、布纹磨砂上光等,先进的技术使包装更加绚丽夺目,也使包装显得更精美、细致、耐看。

彩色数字印刷技术的发展,使图像和色彩质量更加优良、可靠,也更加方便。包装喷印工艺为产品包装带来更多的灵活性,能满足不同市场的多种需求。它能将不同的产品编码、不同的客户商标以及其他市场信息,直接快速地印制在产品包装上,使印刷更具灵活性,且不会增加生产成本。

国外对包装新技术、新工艺的研发非常重视,近几年产生了许多新的成果。如美国科学家用等离子体蒸汽沉淀技术在塑料瓶外形成一层柔软的聚酯薄膜,能够使瓶内装的食物保持新鲜,并且该塑料瓶在回收时不需要作特殊处理。又如澳大利亚包装材料专家研制出一种新型电子警示包装,当容易腐败的食物在高温下受热,其质量已不能得到保证时,包装上的传感条便改变颜色,电子芯片发出警报,让食用者发现食物已变质。电子包装技术也能为缺乏保鲜措施的食品出口商提供帮助,厂商可通过卫星跟踪、监督运往海外的食品在运输途中的温度变化,使他们的产品能够安全地出口到国外。

日本发明了抗菌包装技术,在包装材料中添加新型无机抗菌剂,其对多种病原菌有抗菌效果。该包装材料的主要特点有:抗菌效果持续时间长;因为抗菌剂是气相型的,故对包装内容物无任何不良影响;稳定性好;在包装加工过程中,热稳定性高,浓度稳定,对作业环境无不良影响。另外,日本的食品专家开发出一种食品防窃包装技术。采用该技术,只要将食品容器的瓶盖打开,就会使透明瓶盖上的圆形标志改变颜色。这种食品防窃包装技术是将一小包氧化亚铁放入包装容器中,将另一氧气指示圆形标志安装在透明瓶盖上。一旦瓶盖被开启,容器内的缺氧气氛便遭到破坏,氧化亚铁转变为氧化铁,圆形标志的颜色也随之改变。据说,这种食品防窃包装技术可应用于粒状、粉状、焙烤和罐装食品中。

　　3D打印技术的出现,使得原来的不可能变成了可能,使得更多复杂、新奇的形态能完美地实现。在今后的包装设计中,设计师要充分了解和掌握3D打印技术,创造出更新、更美、更加人性化的包装新形态(图7-9)。

图7-9　3D打印容器,M Plummer Fernandez,英国

　　总之,无论多么先进的技术和工艺,在生产、制作过程中都应尽可能地降低或减少包装对环境的污染和对人体的危害,确保绿色生产的全过程,为消费者带来更多的便利,为社会多尽一份责任。

【本章练习与作业】
　　1. 参观印刷厂,对印刷制作过程有更加直观的感受和了解。
　　2. 对印刷的种类、工艺及新技术、新工艺,特别是3D打印技术要有所了解。

第二部分
分类产品的包装设计

【教学目的】

通过学习使学生认识和了解不同种类的产品包装设计的特点、要求、原则及表现重点;掌握分类包装的相关法律、法规及设计要点,以便在今后设计中运用。

【教学要求】

1. 通过理论授课使学生对食品、化妆品、医药品、数码产品、电子商务产品及礼品包装有深入的认识和了解,并能对不同产品的包装特性及其表现的重点有所掌握。

2. 通过学习,要求学生掌握分类包装设计的方法,并能在实际设计中加以运用。

3. 通过学习,使学生了解包装设计相关的法律法规,并能在今后的设计中遵循这些法律法规。

【参考学时】

48 学时

第8章　食品包装设计

8.1　食品包装的特点及设计要求

食品与我们的关系是最为密切的,食品包装设计是设计人员接触最多的一种产品包装设计。作为设计师要为食品设计包装,首先必须要了解食品的特性。

8.1.1　食品的分类与功能

《中华人民共和国食品卫生法》指出食品的含义:"指各种供人食用或者饮用的成品和原料以及按照传统既是食品又是药品的物品,但是不包括以治疗为目的的物品。"广义上食品的概念包含了可直接食用的制品以及食品原料、食品配料、食品添加剂等一切可食用的物质。

1. 食品的分类

按常规或习惯对食品的分类有下列几种方法:

(1) 按加工工艺分类:罐装食品、冷冻食品、干制食品、腌渍食品、烟熏食品、发酵食品、焙烤食品、挤压膨化食品等,从这些名称就可知道这类食品所用的加工工艺或保藏方法,一般食品工厂采用这种分类。

(2) 按原料来源分类:肉食品、乳制品、水产制品、谷物制品、果蔬制品、大豆制品、糖果、巧克力等,这些名称反映了食品的原料组成,一般农产品加工行业或食品工业采用这种分类。

(3) 按产品特点分类:健康食品、营养食品、功能食品(保健食品)、方便食品、旅游食品、休闲食品、快餐食品、微波食品、饮料饮品等,通常在商业或超市中多见。

(4) 按食用对象分类:老年食品、儿童食品、婴幼儿食品、妇女食品、运动员食品、航空食品、军用食品等,这些名称反映了食品消费人群,常在营销中多见。

此外,近年来随着社会经济的发展,为了迎合消费者需求又出现了一些新的食品名称,如绿色食品、有机食品、无公害食品、转基因食品、海洋食品、航天食品等,新名称会随着社会的发展而不断涌现。

2. 食品的功能

食品对人类所发挥的作用可称为食品的功能,一般可分为以下几种:

(1) 营养功能

食品是人类为满足人体营养需求的最重要的营养源,提供了人体活动的化学能和生长所需的化学成分。保持人类的生存,是食品的第一功能——营养功能,也是最基本的功能。食品的营养价值通常是指在食品中的营养素种类及其质和量的关系。

(2) 感官功能

消费者对食品的需求不仅仅满足于吃饱,还要求在食用过程中同时满足视觉、触觉、味觉、听觉等感官方面的需求。食品的感官功能不仅是出于对消费者享受的需求,而且也有助于促进食品的消化吸收。诱人的食品可以引起消费者的食欲和促进人体消化液的分泌,从而推动消费者的购买。在当今现代化生活中,食品的这一功能显得更加突出。而包装设计恰恰可以起到美化、提升这方面功能的作用。

（3）保健功能

长期以来的医学研究证明，饮食与健康存在着密切的关系，如对于某些消费者长期食用高糖、高脂肪、高胆固醇的食品，由于摄入的能量过剩或营养不当，会引起高血脂、肥胖，造成高血压、冠心病，易发糖尿病及癌症等；另一方面，有些消费者由于缺乏营养素如维生素或矿物质使得身体健康下降引起疾病。研究发现食物中含有大量营养素和少量具有调节机体功能的成分。这些成分对于糖尿病、心血管病、肿瘤、癌症、肥胖患者等有调节机体、增强免疫功能和促进康复的作用，或有阻止慢性疾病发生的作用。这就是食品的保健功能。食品的保健功能是多方面的，除对疾病有预防作用外，还有益智、美容、抗衰老、提神、助消化、增高、抗炎、乌发、清火等多方面的保健作用。这些含有功能因子和具有调节机体功能作用的食品被称为功能性食品，在我国又称为保健食品，近年来保健食品越来越受到人们的重视。

8.1.2 食品包装的特点与功能

在生活中，食品包装的数量最多、内容最广，大多数食品都是通过包装后才送到消费者手中的。越是发达的国家，商品的包装率越高。在商品经济国际化的今天，食品包装与商品已融为一体，它作为实现商品价值和使用价值的手段，在生产、流通、销售和消费领域里，正日益发挥着重要的作用（图8-1）。

1. 食品包装的特点

食品消费是人们的第一需要，因此食品包装是整个包装业中最为重要的窗口，也是最能反映出一个国家包装业发展的水平，它不但要求卫生、健康、安全，而且随着生活水平的不断提高，人们对食品的要求已不仅仅是停留在以充饥为目的，而是更加注重食品的精致、美味、营养、保健的功能。食品包装已成为人们用以表达情感、关怀、友谊、尊敬与孝敬和馈赠礼品的一种手段，食品包装除了要注重它的实用性、便利性、安全性以外，更加注重它的质量、品位和档次（图8-2）。

有些企业为了建立良好的品牌形象，无论是在食品包装的容器、材料、结构上，还是在包装的视觉形象设计上，都有新的突破，给消费者留下深刻的印象。有的食品包装能很好地运用中国传统文化艺术的精华，并融入现代设计理念，设计的包装既弘扬了中国传统文化，又使消费者体会到了现代科技带来的便利。食品是最讲究卫生和质量的，所以为了防止食品变质，食品包装的材料、技术、工艺运用就最多、最新，不断推动了食品包装业的发展和进步。

2. 食品包装的功能

（1）运输功能：使食品能被迅速、安全地送到储藏地或销售地和消费者手中。

（2）防护功能：保护食品免受雨淋、潮湿、曝晒、腐蚀、破损、变质、防菌、防污染、防氧化、防挥发、防渗漏、防震等，从而延长食品的寿命。如真空、无菌包装等。

图8-1 Fruita Blanch 手工果酱和加工食品，ATIPUS，西班牙

图8-2 "上善如水"系列酒包装设计，白龙酒造设计，日本

（3）集散功能：把零散的食品用包装物集中起来，按不同数量、体积、重量构成一个整体单位（即中包装或大包装）。如一条烟、一箱酒等。

（4）方便功能：为了方便生产、销售和方便消费的一些包装形式。如有些饮料盒上有可扭开的盖子，方便随时开启饮用（图8-3）。

图8-3　Doutor Coffee 系列咖啡包装，Akihiro Nishizawa 设计，日本

（5）美化功能：能增加产品外观美感，对流通环节起着启示作用，使消费者通过装潢设计了解产品的有关信息，能增加商品的附加值，还能对消费者起着潜移默化的审美教育与欣赏趣味培养。

（6）促销功能：包装无论大小、内外都应有利于销售，起到降低成本，节省流通费用的功能。

8.1.3　食品包装设计的要求

1. 必须符合食品包装的各种法律法规

目前，国内已经施行的有关包装的法律、法规有多个，他们对规范商品包装的生产、流通、销售和保护消费者的利益起着重要的法律作用。如《中华人民共和国食品安全法》、《中华人民共和国食品包装法》、《国家最新食品包装安全标准与法规》、《进出口预包装食品标签检验监督管理规定》、《进出口食品包装容器、包装材料实施检验监管工作管理规定》、《食品包装用原纸卫生管理办法》、《食品容器、包装材料用添加剂使用卫生标准》、《保健食品说明书标签管理规定》、《商品条码管理办法》、《包装废弃物管理法》、《包装资源回收利用暂行管理办法》和《关于限制生产销售使用塑料购物袋的通知》等，在进行食品包装设计时，一定要了解这些相关的法律法规，才能设计出符合国家要求的包装。

2. 必须要保证食品的安全性，

食品安全性是指食品必须是无毒、无害、无副作用的，应当防止食品污染和有害因素对人体健康的危害以及产生危害的危险性，不会因食用食品而导致食源性疾病的发生或中毒和产生其他的危害作用。所以，设计的包装必须确保食品不会因为包装而被污染或变质。

3. 要便于食品的保藏

食品营养丰富，因此也导致了其极易腐败变质。为了保证食品的持续供应、地区间的交流以及食品品质的保持和安全性，食品包装必须具有一定的保藏性，在一定的时期内食品应该保持原有的品质或加工时的品质或质量。食品的品质降低到不能被消费者接受的程度所需要的时间被定义为食品货架寿命或货架期，货架寿命就是商品仍可销售的时间，又可称为保藏期或保存期。包装设计应该充分利于先进的技术或有效的包装方式、材料等手段使食品得以有效地保存（图8-4）。

4. 要为消费者提供方便

食品是日常的快速消费品，食品包装应切实从消费者的实际出发，具有方便实用性，以便于食品的食用、携带、运输及保藏。食品通过加工就可以提供方便性，如液体食物的浓缩、干燥，就可节省包装，为运输和贮藏提供方便。近年来伴随着食品科技的发展，食品的食用方便性得到了快速发展，包装容器以及外包装的发展则充分反映了方便性这一特性,如易拉罐、易拉盖、易开包装袋等大大方便了消费者的开启(图8-5)。

图8-4　Big Cheese 零食,
Tridimage,阿根廷

图8-5　First Taste
奶制品,Brand-B,俄罗斯

5. 视觉要素能准确地传达商品的信息

食品包装要准确传达食品名称、商标名称、使用方法、净含量、出厂期、保质期、成分说明、生产厂家及地址、简要的安全使用说明等信息,尤其是对儿童食品包装、老年人及特殊人群的食品包装,说明要详细,文字要醒目、易读(图8-6)。

食品包装一定要有商标、条形码及与食品相关的标志图形,要有一些能引起消费者联想的图形或照片。一个有诱人的食品图片的包装,对于消费者来说能起到很好的说服作用。图片的真实性很重要(图8-7)。

图8-6　STORES 咖啡店形象设计,
BVD,瑞典

图8-7　GOKURI 饮料包装,
SUNTORY,日本

食品包装要能引起人们的食欲,突出其美味感,很大程度上取决于食品包装的色彩。色彩要能充分反映食品的特征,人们经过长时间的积累,已形成了商品与色彩的固有概念和联想,看到某种色彩就容易联想到食品的色、香、味。如看到奶白色就会联想到香喷喷的奶油;看到黄色就会想到新鲜的橙子或松软的蛋糕、面包。设计者往往在食品包装设计中运用暖色系,给人以很强的食欲感,如橙汁饮料包装、蛋糕包装等。而设计薄荷糖、冷饮的包装则考虑运用冷色,这样在视觉上会引起对食物冰凉、爽口的感觉。根据不同的食品特性,充分运用好冷暖色,会给包装增添光彩。一件好的食品包装作品,其色彩效果的优劣,并不取决于用色的多和少,关键在于对色彩的选择搭配是否合适,是否能很好地利用色彩来充分体现食品的属性(图8-8)。

6. 食品包装必须符合环保的要求

食品包装设计无论是在材料的选择上,还是在结构的设计上,都应该符合环保的要求,尽量减少浪费,切记过度包装,同时要考虑包装材料的回收与再利用(图8-9)。国外已经研发出可以食用的包装材料用于巧克力包装,做到了真正的零废弃包装。

图8-8　Boris cool 饮料包装设计, lg2boutique 设计,加拿大

8.2　食品包装的形式及设计表现

8.2.1　食品包装的形式及材料

1. 干制品的包装

干制品的保藏期受包装的影响极大,因为一旦包装材料或包装容器不合理,就很容易引起干制品的吸湿回潮甚至结块和长霉,从而造成不必要的损失。干制品的包装应当达到下列几点要求:

(1)能防止外界空气、灰尘、虫、鼠和微生物以及气味等的入侵。

(2)不透外界光线或避光。

(3)贮藏、搬运和销售过程中具有耐久牢固的特点,包装容器在高空坠落、高温高湿、浸水和雨淋等情况下不会被损坏。

(4)包装大小、形状和外观应有利于商品销售。

(5)与食品相接触的包装材料应符合食品卫生要求,无毒、无害,并且不会导致食品的变性、变质。

(6)包装费用应做到低廉而且合理。

干制品的保藏性除了与食品组成成分、质构及干制过程的条件控制密切相关外,包装容器对于干制品的运输及贮藏也是十分关键的。

纸盒和纸箱是干制品常用的包装容器,也有纸袋、纸罐等包装。大多数干制品用纸盒包装时还衬有防潮包装材料,如涂蜡纸、羊皮纸以及具有热封性的高密度聚乙烯塑料袋等,纸盒常用能紧

图8-9　MEATY 肉制品包装,
Studio Chris Chapman,英国

密贴盒的彩印纸、蜡纸、纤维膜或铝箔作为外包装。

干制品常用玻璃纸、涂料玻璃纸袋、塑料薄膜袋和复合薄膜袋包装。用薄膜材料作包装所占的体积小，重量轻，它可供真空或充惰性气体包装之用。对于易碎干制品，充气包装可以避免运输和贮藏过程中干制品受压破损或包装袋被坚硬干制品刺破，而使包装失去相关的功能。复合薄膜中的铝箔具有不透光、不透湿和不透氧的特点。

金属罐是包装干制品较为理想的容器。它具有密封、防潮、防虫以及牢固耐久的特点，并能避免在真空状态下发生破裂，可保护干制品不受外力的挤压，维持原有形状。

玻璃瓶化学稳定性高，是防虫和防潮的容器，有的可真空包装。玻璃瓶包装有透明性，可以看到内容物，并保护干制品不被压碎，也可被加工成棕色而避光，可以回收再利用，可以制成一定的设计形状。但玻璃瓶容易破碎，而且重量较重。

2. 冻制食品的包装

通常未包装的食品在冻结和冷藏时会严重失水。冻制食品中的水分是以升华形式直接蒸发的，食品因此可能会出现冻伤现象。未包装的冻制食品在冻藏室贮藏时容易氧化和遭受空气中微生物的污染。合理的包装就能显著减少冻制食品的脱水干燥，控制食品氧化和微生物引起的腐败变质。食品的包装形式和包装材料见表8-1。

表8-1 食品的包装形式和包装材料

食 品		包装形式	包装材料
蔬菜		袋状，含气包装	PE，OPP/PE，PET/PE
鱼类和贝类	一般鱼	交叠，含气包装	盘子：发泡PS，HIPS（高抗冲击聚苯乙烯） 外包装：PET/PE，OPP/PE
	虾，扇贝	紧密贴合包装	盘子：EVA涂层加发炮PS 外包装：Surlyn®/EVA（乙烯甲基丙烯酸聚合物）
	鲔鱼切片	袋状，真空包装	ON/PE，ON/Surlyn®
水产加工品		袋状，真空包装	ON/PE
调理食品	汉堡，饺子	交叠，含气包装	盘子：HIPS，OPS，PP 外包装：PET/PE，OPP/PE
	油炸调理食品	纸盒，含气包装	盘子：铝箔容器 外包装：PE，ON/PE 外箱：纸盒
	米饭	纸盒，真空包装	外包装：PET/PE，ON/PE 外箱：纸盒
	比萨饼	纸盒，收缩包装	外包装：收缩PP 外箱：纸盒
水果		袋状，含气包装	PE，OPP/PE，ON/PE
冷冻蛋糕		纸盒，含气包装	盘子：铝箔容器 外包装：PE 外箱：纸盒
汤		纸盒，脱气包装	吸管：PE，PVDC 盘子：PP/PE 外包装：PET/PE 外箱：纸盒

续表8-1

食　品	包装形式	包装材料
与微波对应的冷冻菜	交叠,脱气包装	内包装:带蒸汽出口的 ONY/PE 外包装:PET/PE,OPP/PE
正餐食品	纸盒,含气包装	盘子:C-PET,循环利用的盘子 外包装:PET/PE,OPP/PE 外箱:纸盒

8.2.2　食品包装设计的视觉表现手法

1. 摄影的表现手法

在食品包装上采用摄影手法,追求一种直观效果,是非常行之有效的手段,也是当今国际食品包装设计的趋势。设计者通过高超的摄影技术可以将食品的色、香、味表现得淋漓尽致,能给消费者以直观感受和丰富的联想。它的特点是真实、可信,食品味浓,感染力强,比其他手法更显得逼真。所以也更容易被广大消费者所接受,尤其是在表现一些中低档食品时,这种手法运用得更为广泛(图8-10)。

2. 绘画的表现手法

在食品包装上运用绘画的形式同样可以达到逼真的程度,它的长处是摄影所不能代替的,它更有创造性,更具有人情味和趣味性。在国外许多高档的食品包装,往往采用绘画的形式而不是摄影的形式。一般对于历史悠久的传统食品和名贵食品,多以古典风格的绘画来创造一种古老的传统气氛,以显示食品的高贵感和历史感。在欧美一些国家,追求回归自然、复古、返朴归真,强调手工感,体现高质量。对于儿童食品,往往采用充满趣味性的动画、卡通形式,运用夸张、活泼、可爱、有吸引力的漫画形象,针对儿童心理而采取最富于诱导力的形式。另外,也有用水彩、水粉画手法或喷绘技术等特技效果,来突出表现食品形象的体积感、逼真感,使主题更加突出,以吸引消费者(图8-11)。

图8-10　Feeding Collection 冰激凌,
Estudio Milongo,西班牙

图8-11　Feeding Collection 冰激凌,
Estudio Milongo,西班牙

3. 几何抽象形的表现手法

有些食品产品包装的画面,并不直接表现食品的具体形象,而是运用抽象的点、线、面所组成的图形和色彩,来表现商品的概念,传达一种理念和精神寓意。如:可口可乐饮料,不可能用具体的形象来反映其品质,加上它的牌名本身就是抽象的,所以适合用抽象的形式来表现,红底上白字,加上一条白色的波纹曲线,非常流畅,而这条曲线是经过测试,完全符合人们的心理和视觉需求。红色让人热血沸腾,激情洋溢,活力充沛,它已成为可口可乐的一部分。整个包装简练、明快、醒目,有强烈的视觉冲击力,为可口可乐的畅销立下了不可磨灭的功劳(图8-12)。

4. 装饰的表现手法

在食品包装上经常运用装饰手法,尤其是一些高档的传统礼品包装,如月饼、茶叶、酒的包装,成功地运用了装饰手法。中国的装饰艺术具有强大的艺术魅力,被广大人民群众所喜爱,同时也被世界人民

图8-12 可口可乐包装，
Hatch Design，美国

图8-13 "Ryaba"鸡蛋，GOOD！，
哈萨克斯坦

图8-14 豆类食品包装，
Freddy Taylor，英国

图8-15 香港美心月饼包装，
美心，中国香港

所认同，它本身就蕴含着吉祥如意，美好祝福的寓意，直接运用于包装设计，更具有中国传统性和装饰美感（图8-13）。

5. 直接显露食品的表现手法

在食品包装中，运用全透明、半透明、开窗式的表现手法，直接将被包装的食品显现出来，更具有直观性和吸引力。这种方式能充分满足消费者对产品的好奇心理，也容易让消费者对产品产生信任感（图8-14）。

8.3 月饼包装设计

8.3.1 中秋节与月饼包装

中秋节是中华民族的传统节日，中秋吃月饼，和端午吃粽子、元宵节吃汤圆一样，是我国民间的传统习俗。每逢八月中秋，有拜月或祭月的风俗。月饼最初是用来祭奉月神的祭品，后来人们逐渐把中秋赏月与品尝月饼，作为吉祥、团圆的象征，慢慢地月饼也就成了节日礼品。每逢中秋佳节，阖家团聚，吃月饼赏明月成为中华民族传统文化的重要组成部分。因为月饼是中秋佳节人们馈赠亲友的首选礼品，所以注定了月饼是时限性很强的节日消费品，其礼品化和应节性，注定了产品有短期内快速消费的市场特点。

就目前市场状况而言，生产企业众多、品牌众多，短期内即中秋节前一个月，市场迅速膨胀且急速滑落，各产品之间很难建立品质和功能的差异性，消费者在短期内很难确立品牌的忠诚度。因此，在品质相差无几的情况下，消费者选择的目光更多地集中在包装的形态上。月饼包装的优劣很大程度上主导着消费者的抉择（图8-15）。

8.3.2 月饼包装的现状

1. 月饼包装的发展

月饼包装的发展可以折射出人们消费观念的变化。月饼包装的发展是随着经济的发展而发展的。改革开放之前，月饼几乎无包装可言。那时购买月饼，是用黄油纸包装加上一块方红纸再用纸绳一系，便是最好的月饼包装了。改革开放给月饼包装业注入了新的活力，受港台食品影响，内地的月饼包装开始向礼品化方向发展，消费者在注重月饼品质的同时也开始重视月饼的包装，这促使月饼包装的多元化发展。外形上从方形发展到圆形、椭圆形、多角形等；材料上从以往的纸盒、铁盒发展到塑料盒；题材上从千篇一律的嫦娥、明月延伸到花卉、神话、风景等。

随着商品经济的不断发展，消费观念与消费水平的提高，月饼包装精致化、高档化、品位化日趋强烈，为获得消费者的青睐，月饼包装多注重功能性、观赏性。月饼消费开始讲究品牌，月饼包装形象也申请注册，用法律手段来保护品牌。专业化、系统化、知识化

的包装已形成规模。进入以绿色环保为潮流的新世纪,月饼包装逐渐走向绿色环保。回归自然、追求健康、保护环境,不单单是对月饼品质的要求,也是对月饼包装的必然要求,以精美的纸品包装为主流,带动竹编、藤器、木质礼盒的发展,给节日生活带来更多的乐趣。随着环保材料的开发和利用,绿色环保的月饼包装将给中国食品文化增添风采。

2. 月饼的过度包装

一直以来,中秋节就有亲友馈赠月饼,以表达"饼之圆兆人之团圆"祝福的习俗。然而近几年来,由于社会风气的变化加上商家炒作的推波助澜,月饼的礼品外延被不断放大,月饼的赠送也不再是简单地表达亲友之间的节日祝福了,从注重情感"异化"为注重形式,礼品功能被不断放大,甚至成为送礼的"道具"。结果,中秋节成了送月饼的时间符号,月饼的流通量远大于人们的实际需要量,大量的包装盒和吃不完的月饼被扔掉,在上演"中国式浪费"的同时,折射出中秋节作为传统节日的尴尬。过度包装作为一种虚假的、不合理的包装在当下仍有市场,有些包装与产品本身的内涵不符,有些月饼换个包装价格就上涨几百元。过度包装往往采用昂贵的材料和复杂的加工工艺,由于其成本高,因此造就了天价商品,给某些不良的社会现象提供了蔓延的温床。月饼包装越做越大,越来越奢华,不仅耗费了大量的财富,造成极大的资源浪费、环境污染,而且还严重损害了消费者的利益。从环保的角度来看,过度包装的承载物本身不易降解和回收,给生态和环境带来负面影响,不利于人类的可持续发展。

3. 月饼包装设计的"同质化"现象

首先是题材同质化。中华民族深厚的文化积淀为月饼包装设计提供了丰富了表现题材,也给予设计师广阔的创作空间。然而目前市场上的月饼包装中吉祥图案、龙飞凤舞、国色天香、明月佳人等传统题材大量使用,视觉效果重复、雷同。传统题材常常会局限设计师的视野,使其设计缺少创新,这就需要设计师不但要批判地继承传统设计元素,而且能对时代需求有敏锐的把握力,把现代设计理念融合在传统题材中。

其次是色彩设计同质化。红色是中华民族的代表色,是受华人喜爱尊崇的色彩,也是佳节喜庆的主色调。每到中秋节,各大月饼卖场都是一片红黄色调。在这种潜在的文化审美意识下,月饼包装通常以红黄色调为最佳选择,这样的色调非常适合节日欢乐团圆的气氛。然而是不是只有这样的色调才能表现欢乐的气氛?如果与春节相比,中秋节和春节的主题都是团圆,春节的团圆欢乐情感更浓重一点,当然是明快强烈的色彩较合适;而中秋虽然也是团圆欢乐,但似乎应当相对"婉约浪漫"一些,应当具有多元化的情感诉求,所以色彩也可以是丰富的、绚丽的。

最后是包装结构设计同质化。随着科技的不断发展,应用于月饼包装的新工艺新材料层出不穷,使包装制作工艺得到了长足的发展。这也使许多设计师、商家把更多的注意力集中在技术的表现和复制上,或者集中在平面设计的视觉表现上,忽略了包装结构的设计,使月饼包装华而不实,包装的保护和便利功能大大削弱了。目前市场上月饼包装的盒型,基本是天地盖盒、翻盖盒和抽屉盒,具有创新性设计而又结构合理的盒型设计难得一见。

8.3.3　月饼包装设计的原则

1. 充分体现传统文化的精髓

中秋节是我们国家仅次于春节的第二大节日,具有深厚的文化底蕴。皎洁的明月赋予赏月人多少浪漫之思,引来多少美妙遐想。月饼的包装设计与其他食品的包装设计有所不同,月饼包装可借鉴国外优秀设计作品的机会不多,因为月饼是中国人所特有的食品,它体现了中国人所特有的细腻情感。这就需要设计师重视对于本民族的文脉继承,针对不同的消费群体,定位明确,创意灵动,将优秀的传统文化元素与现代元素相结合,既能传达中秋之传统氛围,又不缺时尚的现代感(图8-16)。

2. 表现题材的延伸与拓展

现代产品包装设计越来越重视文化品位,而且要具有深刻的民族性。这不仅仅是指传统文化,而是带有时代特征的综合体。所以在找寻月饼包装设计题材的时候,除了要挖掘我国中秋节的文化内涵,还要综合时代需求,使设计突破传统题材。比如,中秋文化中有"月下老人牵红线"之说,就可以充分利用爱情这一主题,设计出浪漫唯美的包装风格,使月饼包装设计既突破传统题材、展现时代特征,又可以满足不同的需求(图8-17)。

3. 设计元素更加视觉化

合理借鉴国内外优秀的包装设计语言与传统设计元素整合,利用视觉化的语言,从色彩、图形、文字等各个角度诠释中秋文化,从而塑造出月饼包装的现代包装艺术特征。比如,在平面设计中融入水墨文化、儒家文化等设计元素,使月饼包装具有空灵、淡泊的东方气质,这样就可以在设计奢华、消费者早已"审美疲劳"的月饼包装市场中提高诱目度,使消费者对包装产生兴趣(图8-18)。

4. 包装结构更加科学合理化

月饼包装盒型结构的合理化创新设计必须遵循科学性、可靠性、美观性和经济性的设计原则,包装的结构设计除了解决保护食品和运输的基本功能以外,还要考虑到设计的"以人为本"。比如,在进行月饼包装结构设计时采用开窗式的包装形式,既能吸引消费者的注意,又能很好地展示月饼,给人安全感,可信度也大大提高了。也可以采用独立包装的形式,不仅每次取食方便卫生,而且减少了浪费(图8-19)。

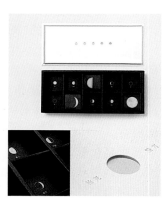

图8-16 月饼包装,*Point-Blank Design Ltd.*,中国香港　　　图8-17 月饼包装,*Sirilak Chankhuntod*,泰国　　　图8-18 月饼包装,*Tsan YY*,中国台湾

图8-19 月饼包装,*Sirilak Chankhuntod*,泰国　　　图8-20 中秋节包装,*Martina Bay Sands*,新加坡

5. 遵循相关法规,符合环保要求

现代包装越来越注重环境的保护与资源的再利用,因此在设计月饼包装时应充分考虑到降低成本,增加复用,使用环保的包装材料,遵循国家有关食品包装的法律法规,设计出符合环保要求的绿色月饼包装。如有些月饼包装,在使用过后可以把包装盒变成一盏有特色的灯(图8-20)。

8.3.4 月饼包装的相关法规

最新的一项调查表明,大多数的被调查者认为市场上的礼盒包装月饼属于过度包装,68%承认包装的精美与否会直接影响自己购买的决定,63%对包装的要求是简约美观,67%认为包装占产品价格的比例不能超过1成,33%可以接受包装占产品价格的两成,针对用过的包装盒,43%选择扔掉,42%选择卖给收废品的,只有14%选择留作他用。

2006年,国家颁布了《月饼》(GB 19855—2005)强制性国家标准,它包含了产品分类、技术要求、试验方法、检验规则、标签标志、包装、运输和贮存等方面内容,并针对社会各界关注的月饼包装问题,在深入调查研究并公开征求意见的基础上,做出明确规定:第一,包装成本应不超过月饼出厂价格的25%;第二,单粒包装的空位应不超过单粒总容积的35%,单粒包装与外盒包装内壁及单粒包装间的平均距离应不超过2.5cm。包装数不能能超过3层。强制性国家标准《月饼》的颁布,有效地控制了过度包装的现象,对月饼包装设计起到了指导作用。

8.4 茶叶包装设计

8.4.1 茶与茶文化

1. 关于茶叶

中国是最早发现和利用茶树的国家,被称为茶的祖国。文字记载表明,我们祖先在3000多年前已经开始栽培和利用茶树。茶的最早发现与利用,是从药用开始的。汉代药书《神农本草经》曾记载:"神农尝百草,日遇七十二毒,得茶而解之。"

茶叶性味甘、苦、微寒,是我国传统的天然保健饮料,具有较高的营养和药用价值,适度饮茶对人体有一定的医疗保健作用。它能提精神,去疲劳,助消化,能消炎杀菌,防治肠道传染病,能防暑降温,解渴生津等。人们已经发现茶叶中所含的化学成分达500多种,其中主要成分有咖啡碱、茶多酚、蛋白质、氨基酸、糖类、维生素、脂质、有机酸等有机化合物,还含有钾、钠、镁、铜等28种无机营养元素,各种化学成分之间的组合比例十分协调。如:茶叶中的茶多酚类等有效成分具有健美皮肤、延缓皮肤衰老的生理功能。

2. 茶叶的分类

市场上销售的茶叶产品种类繁多,一般基本茶类可分为六类:绿茶、白茶、黄茶、青茶、红茶、黑茶;再加工茶类可分为花茶、紧压茶、萃取茶、果味茶、药用保健茶、茶饮料等。所有这些茶叶都是用茶树的鲜叶、嫩芽和嫩枝加工而成的。不同品种的茶叶给人不同的口感,给人不同的文化感受。如:绿茶清新鲜爽,传递清高淡雅的感受;红茶强烈醇厚,传递华丽高贵的感受;花茶浓醇爽口,传递芳香保健的感受。了解茶叶的分类特性及文化品质,才能在设计茶包装时做到有的放矢。

3. 茶文化

茶文化是中国传统文化中的一朵奇葩,它植根于悠久的中华民族传统文化之中,在形成和发展的过程中逐渐由物质文化上升到精神文化的范畴。广义的茶文化是指整个茶叶发展历程中所有物质财富和精神财富的总和。狭义的茶文化则是专指"精神财富"部分,是人们在种植、加工、饮用茶叶的过程中所产生的文化和社会现象。茶文化的含义已远远超出了茶本身的色香味形的物质表现形式,它是以茶叶为载体,以饮茶活动为中心内容,展示民俗风情、审美情趣、道德精神和价值观念的文化现象。

茶文化的特征主要有以下四个方面：

（1）物质与精神的结合

茶文化是物质文化与精神文化的完美结合。茶作为一种物质，它的形和体是异常丰富的，其造型千姿百态，命名丰富多彩，其滋味、色泽、香气又各具特色，形成了极其丰富的产品文化。而茶不单单具有物质上的文化色彩，又具有精神上的内涵，人们通过茶，表敬意、显礼仪、明志向等，将其精神的层面融进茶中，成为精神文明的象征。

（2）高雅与通俗的结合

茶文化是雅俗共赏的文化，在发展过程中一直表现出高雅和通俗两个方面。历史上，宫廷贵族的茶宴、僧侣士大夫的斗茶、大家闺秀的分茶、文人雅客的品茶，是上层社会的高雅文化。由此派生的诗词、歌舞、戏曲、书画、雕塑，又具有很高的艺术性，这是茶文化高雅性的体现。而民间的饮茶习俗，又是非常的大众化和通俗化，老少咸宜，贴近生活，贴近社会，并由此产生有关茶的民间故事、传说、谚语等，又表现出茶文化的通俗性。

（3）功能与审美的结合

茶首先是作为药用和食物进入人们视野的，而后又向医疗保健和商贸往来方面发展，具有多种实用功能。但茶又不像一般的农产品那样仅局限于物质功能，还具有审美功能。清香扑鼻的茶类，造型优美的茶具，优美动人的茶艺都能给人以美的享受。

（4）实用与娱乐的结合

茶有实用价值，喝了可以解渴，品之可以怡情养性，以它入药还可治病，用于生产化妆品还可使人青春长驻。茶文化又是一种怡情文化，人们可以以茶自娱，放松身心。如观看茶艺表演，可以在表演者的一举一动中领略和谐之美；在茶馆喝茶，可以在茶馆的特定氛围中细吸慢饮，聆听悠扬的音乐，放松身心，放飞心情。在茶文化旅游的过程中，可以享受到大自然的美丽，享受浓郁的乡土气息，使人得到欢乐，愉悦心情，增长见识。

8.4.2 茶叶包装的功能

茶叶自成为商品以来，茶叶包装也随之出现。茶叶如保存不当容易发生品质下降，这决定了茶叶必须采用包装。古人们总结出的保存茶叶的方法，为我们现代茶包装提供了宝贵的经验。明代王象普在《群芳谱》中，把茶的保鲜和贮藏归纳成三句话："喜温燥而恶冷湿，喜清凉而恶蒸郁，宜清独而忌香臭"；唐代韩琬在《玉石台记》中写到："贮于陶器，以防暑湿"。

茶叶包装是成品茶的贮藏、保质、储运、方便消费和促进销售中所不可缺少的。茶叶的包装经历了纸、布、麻、竹、木、金属、玻璃、陶瓷、塑料、复合材料等由简单到复杂、由单一材料向多种材料发展的历程。茶叶包装的主要功能有防护、方便储运、广告宣传、促销、有效创立品牌、增加附加值等功能。成功的茶叶包装设计，不仅能使茶叶在从生产到销售的各个环节中减少品质的损失，而且还有树立企业形象、诱导消费、使品牌升值、提高竞争力等多项功能。

8.4.3 茶叶包装的形式

茶叶零售包装的种类很多，从材料上大致可分为以下几种：

1. 金属罐包装

金属罐用镀锡薄钢板制成，常见罐形有方形和圆筒形等，有单层盖和双层盖两种。从密封上来分，有一般罐和密封罐两种。一般罐采用封入脱氧剂包装法，以除去包装内的氧气。密封罐多用于充气和真空包装。金属罐包装多用于简易的单独包装或礼品包装内的小包衬袋盒装，采用内层为塑料薄膜层或涂有防潮涂料的纸板为包装材料制作包装盒，这种包装既具有复合薄膜袋包装的功能，又具有纸盒包装所具有的保护性、刚性等性能（图8-21）。

2. 袋包装

茶叶使用纸包装历史悠久,纸包装简易,价格低廉。但纸包装容易破损,易受潮使茶叶变质,气密性差使茶叶香味容易挥发。现代包装很少单纯使用纸包装,通常在其他防水防破损的外包装外面使用纸包装。一种用薄滤纸为材料的袋包装,通常称为袋泡茶,用时连纸袋一起放入茶具内。随着现代社会生活节奏的加快,袋泡茶已经成为越来越多的年轻消费者的消费主流。袋泡茶的设计也越来越时尚别致(图8-22)。

3. 竹(木)盒

竹编工艺包装多用作礼品包装。这种容器通常做工精细,表面印有精美图形,具有良好的装饰性,并且经过精心制作的竹编工艺包装,古朴典雅,外形多样。采用竹编工艺包装对于开发利用我国丰富的竹资源,带动贫困山区经济发展有着积极作用。竹编包装防破损、防潮湿性好,但气密性不理想,所以用塑料内包装,防护茶叶香味散发。值得注意的是,竹编在编前应进行高温消毒,保证卫生性(图8-23)。

4. 塑料包装

塑料包装具有质轻、不易破损、热封性好、价格适宜等许多优点,在包装上被广泛应用。塑料用于茶叶包装经历了单层塑料膜包装袋到复合塑料包装袋的发展过程。中一层塑料膜包装袋如PE膜、PP膜包装袋由于气密性、透光性较差,对茶叶保香性不利,一般只作内包装,和纸盒、铁罐、竹编包装配合使用。塑料复合工艺的开发应用,使塑料包装能满足茶叶包装的特性要求,是较为理想的茶叶包装(图8-24)。

8.4.4 茶叶包装设计的现状

1. 品牌意识缺乏

目前内地的茶叶包装缺乏品牌意识,市场上的茶叶大多只有名称没有品牌,如:龙井、铁观音、碧螺春,这些耳熟能详的茶品,只是一个品名,不是通常意义上的品牌。企业大多把茶叶产品本身的名称和品牌名称合二为一,使得产品名称重叠混淆,或者为了迎合市场和消费者对十大名茶的了解,主打茶叶名称,把品牌自身的名称置于绝对弱势的地位,导致消费者对品牌形象模糊,加上各种名茶的造假者颇多,使人们对茶叶的品质产生了怀疑。一些茶叶企业普遍缺乏品牌意识,缺乏对包装与品牌的统一认识,忽略了一个好的包装对推销产品、建立品牌形象的至关重要性。

2. 文化内涵不足

文化品位的体现不仅反映现实的社会背景、经济状况,也能表达这一时代的精神内涵和美学风尚。尽管我们身处称茶为文化茶的时代,但许多茶叶包装却丢失了文化神韵,流于形式化、市民化、世俗化,脱离了茶道的精神内涵而流于零碎的文化符号的堆砌。茶叶包装应赋予它新的内容、新的生命、新的形式,应把一种精神贯穿进去,一种神韵体现出来。传统应是一种风格,是一种时尚。

图8-21　明水堂,台湾精致的茶艺文化,美可特设计公司,中国台湾

图8-22　碧螺春茶包装,文艺2012,中国

图8-23　老舍茶行,林韶斌,中国

图8-24　Kräutergarten Pommerland Teas 茶包装,Kräutergarten Pommerland,德国

我们注重茶叶的包装设计应有文化品位,以包装的文字设计来说,茶文化与汉字书法均是中华民族智慧的象征,它们之间本身就早已有着密切的联系,汉文字中的第一个"茶"字就是用书法字体书写的,因此用书法字体作为茶叶包装的视觉元素的确是恰到好处。但是这并不等于说明书法字体应用到茶叶包装设计中随便搬过来即可使用,这需要经过反复推敲进行设计。一般来说,隶书、楷书、行书与印刷字体接近,容易识别,甲骨文与篆书源于象形,有绘画的风韵,其字体结构不同于楷书,辨识率不高。包装设计不等同于纯艺术的创作,它要受到产品特性、消费观念、社会效益等诸多方面的制约,所以提高茶叶包装设计的文化品位,这需要真正了解深厚的民族文化内涵,用艺术化的视觉语言,赋予它新的内容、新的生命以及新的形式,将设计中所涉及的传统文化元素进行完美、和谐的表达。

3. 过度包装与欠包装

茶叶作为时尚保健饮品,是馈赠亲朋好友极佳的礼物。为了显示出茶叶的档次与品位,一些商家滥用包装材料,对茶叶进行过度包装,不恰当地运用制作工艺,试图通过精美的包装来激起消费者购买的欲望,达到促销的目的。随着包装工业和现代高科技的结合,涌现了大量硬纸加塑的各类豪华型茶叶礼品包装及其设计,有些中档茶叶的销售包装看似高档,却存在着过分包装的倾向,浮躁的色彩搭配,盲目地追求一种表面华丽的装饰,这与茶叶本身的属性、质量极不符合。设计缺乏未来意识与社会责任,缺乏文化理念,为了市场营利曲意迎合,而不注重包装结构的合理性,不讲究包装设计的艺术性与文化性,信息传递不够准确或含糊不清,影响了消费者对商品真实内容的了解。这样不但没有起到很好的宣传促销作用,反而破坏了茶叶的品质。

还有一些茶叶欠包装。这些茶叶散装入柜,没有销售小包装,或者是包装陈旧,缺乏时代感和吸引力。在茶叶批发市场,没有经过包装暴露在空气中的散装茶叶随处可见。消费者可以通过近观、触摸、闻味来判断茶的品质。这些缺乏包装保护的茶叶受气味、氧、光、潮湿的影响,极易变质,品质大打折扣。这种散卖的茶叶销售方式之所以存在是因为这种销售方式中国自古就有,并且一直是主要的茶叶销售方式,为多数中国人所接受并视之为习惯。这就需要社会引导和改变消费者的观念,特别是茶叶企业要加强品牌建设,以"一流的茶叶,诚信的包装"来赢得消费者的倾心。

图8-25 老舍茶行,林韶斌,中国

图8-26 东西坊茶叶,
陈幼坚,中国香港

8.4.5 茶叶包装设计原则

1. 突出品牌设计

茶叶包装设计是以文化符号为单位进行视觉传播的设计形式,成功的符号能整合和强化消费者对一个品牌的认同。对于消费者而言,产品包装上的文化符号是刺激消费者心理活动的信号,其基本功能是帮助消费者识记商品或企业。视觉形象的根本之处并不在于形象是否复杂或是华美,而在于人们再一次看到这个标识或是广告时,能否联想到产品。在茶叶包装设计中,应有意识地突出品牌,为创立中国茶叶的知名品牌,并走向国际市场起到有效的推动作用(图8-25)。

2. 传统性与时代性有机结合

中国的茶叶要立足于国际销售市场,就要在包装中彰显出民族文化底蕴,将一种精神贯穿其中,将传统的神韵体现出来。传承传统文化,应该对民族文化作深层的理解,立足于透过表面把握本质,透过形式把握精髓。如:有些茶叶包装设计以茶的历史文化为背景,采用与历史文化相关的题材内容,采用中国画、篆刻、书法和壁画等传统形式表现,并配以相关的诗词歌赋,色彩搭配古朴、典雅,整体效果沉稳、统一,人们可以从中体会到茶文化历史的厚重感(图8-26)。

一个民族的文化符号必定承载了这个民族文化的精神内涵。茶叶的包装设计是文化的载体,是弘扬传统文化的媒介,只有在传统中融入现代的理念和精神,才能被今天的消费者接受(图8-27)。

图8-27　"飘雪"茶包装,陈幼坚设计,中国香港

3. 多元化与国际化趋势

随着我国WTO的加入,世界各地的茶产品纷纷涌入中国。我国的茶叶产业将面临重大的挑战。茶叶行业从单一同质化传统茶转向多元化系列产品的开发设计。主要表现在茶叶的种类细分、消费者群体的细分与销售渠道的细分等三个方面。

我国茶叶种类丰富,各个地域都有其代表性的茶叶品种,这些茶叶品种都是我国在几千年发展中所保留下来的优良品种,这些茶叶占据了市场大多数的份额。在设计这些包装时,应该突出其各自的特点,彰显不同的地域文化及丰富的内涵,使茶叶独特的个性更加明显。

茶叶包装设计应该更多地关注消费者,将消费群体进行细分。如"立顿"茶就针对女性群体设计了"纤扬茶"。我国消费者具有良好的饮茶习惯,在市场方面有很好的潜质。比如说,老年人尚且保留着传统饮茶习惯,注重茶叶的品质与饮茶的氛围;年轻人则注重茶叶饮用的时尚性、便捷性,在口味上偏爱甜味;女性注重茶叶在瘦身、保养方面的作用,对茶叶包装外形的优雅,色泽的温暖很关注;男性则注重茶叶的品质与档次,注重口味,在外包装上追求简洁大方。

图8-28　阿里山茶叶包装,美可特品牌设计公司,中国台湾

茶叶的销售渠道除了传统茶叶专卖店、超市、小商店等外,网络已经成为新的具有市场潜力的销售方式。

在网络销售中,如果可以与茶叶的品牌化策略相结合,在网络上销售具有品牌保证的茶叶产品,则可以取得具有可持续发展性的销售方式(图8-28)。

4. 丰富的地域文化特色

茶叶品种繁多,各品种都有其原产地。如:西湖龙井产自杭州;普洱茶来源于云南;铁观音出自福建等。西湖龙井茶包装,在设计中可以充分利用具有西湖文化特色的相关素材,石拱桥的造型、风韵万千的西湖美景,好似一幅山水画,这些元素用于西湖龙井茶包装可使人陶醉在龙井茶叶清新幽然的香气之中,感受西湖文化的淡雅韵味。

地域首先决定了茶叶的基因和血统,不同的茶树品种在各地不同的水土条件下生长,茶叶的品质有所不同,这些地方特有的文化因素表现在包装设计中,使茶叶包装形成了显著的地域性文化特色。这些特色可以是优美的自然风光的提炼,也可以是浓郁的民俗风情、独特的地方传说的抽象概括,以使准确传达出茶叶产品的文化信息,增强茶叶品种与产地的识别性。茶叶包装设计可以通过图形、色彩、文字等视觉要素的传达,明确传递出地方茶的用途、功能与各种特性(图8-29)。

5. 不同茶种具备不同的文化品质

从包装形式来看,茶叶可根据不同的品种、销路和对象,采用不同的包装。以云南普洱茶为例,云南是我国主要产茶地区,是茶树的原产地。普洱茶由于其特殊的制作程序及运输的需要,外包装有自己特别的包装形式,也因此形成了独特的包装"文化"。包装形式主要有藏销茶包装、紧压茶包装、出口普洱茶包装和内销茶包装。云南的普洱茶包装设计中运用了很多当地的材料和文化元素,如用竹、木、箬竹叶、棉纸、蓝印花布、云南风情民俗画、装饰画等。这些普洱茶包装,我们一眼看上去就能领略到当地的文化风情,了解到当地的风土人情。

茶包装设计应追求意境之美,以提高商品的文化审美性,满足消费者精神方面的需求,达到商品性和艺术性的和谐统一。悠久的茶文化,是茶包装设计取之不尽、用之不竭的创作源泉(图8-30)。

8.5 酒包装设计

8.5.1 悠久的酒文化

我国的酒历史源远流长,可以追朔到上古时期。在《诗经》中就有"十月获稻,为此春酒"的诗句。据考古学家证明,在近现代出土的新石器时代的陶器制品中,就有专用的酒器,这说明在原始社会我国酿酒已盛行。到夏、商两代时期,饮酒和盛酒的器具就越来越多了,从出土的殷商青铜器中酒器所占的比重可以得到证实。

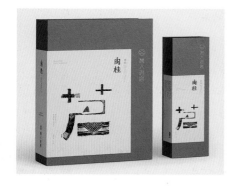

图8-29 茗人名岩茶包装设计,之间设计,中国

图8-30 静茶包装,美凯创意,中国

关于酒的真正起源的文字记载并不多,但有关酒的记述却很多。如:上天造酒说,即古代人认为酒是天上"酒星"所造的说法。也有仪狄造酒说,在史籍中有"酒之所兴,肇自上皇,成于仪狄"的记载,意思是说,自上古三皇五帝的时候,就有各种各样的造酒的方法流行于民间,是仪狄将这些造酒的方法归纳总结出来流传于后世的,认为仪狄是制酒之始祖。最多的说法是杜康造酒说,在古籍《吕氏春秋》、《战国策》、《说文解字》等书中,对杜康都有过记载。魏武帝乐府曰:"何以解忧,惟有杜康。"自此之后,认为酒就是杜康所创的说法就更多了。酒的起源到底在那里?比较接近实际,也符合唯物主义认识论观点的是,酒的产生是劳动人民在成年累月的劳动实践中积累下的,是经过有知识、有远见的"智者"归纳总结,后人按照先祖流传下来的方法代代相传,直至今日的。

早在西周王朝时,酿酒和用酒就有严格的管理体制,酿酒技术有章有法,组织分工严密,酒的等级分明,酒的品种多样。《诗经》所提到的酒名至少有 9 种。到汉代,酒业蓬勃发展,名酒层出不穷。在西汉中期,葡萄酒从西域传入中原。在大唐盛世,家酿酒兴旺发达,名酒众多,宫廷酒和贡酒是当时级别最高的酒,这时的人们似乎更加重视酒的养生保健作用。到宋代,酿酒业有了更大的发展,黄酒酿造技术有了明显的提高,在江浙一带已趋成熟,其中有些名酒已达到了炉火纯青的境界。在宋代《酒名记》中所记载的各地名酒就有 100 多种。元代幅员辽阔,大都(今北京所在)是当时世界上最繁华的都城,国内各地商人及欧亚各国商人云集,中外各地名酒荟萃。从元代开始,葡萄酒比历史上任何朝代都更加普及,烧酒更以迅猛的速度发展。从明代开始,由于蒸馏技术的提高,烧酒珍品不断涌观,尤其是高粱烧酒备受青睐。以黄酒或烧酒为酒基的配制酒、滋补酒和花色酒也大量问世。明清时期名酒中数量最多的仍然是黄酒,这主要是黄酒的酿法、原料变化较多,有较雄厚的基础。解放以后,特别是改革开放以来,酿酒工业得到了前所未有的发展,在产量、质量、档次、品种以及结构、功能等方面发生了巨大变化,为美化人民生活,促进国际交流做出了积极贡献。

世界上最早懂得蒸馏技术的是埃及,在公元前 3000 多年前就用蒸馏器蒸馏香料。而用以制蒸馏酒则是到 10 世纪。法国在 13 世纪才开始蒸馏白兰地。威士忌为英文"whisky"的音译,最早始于 1715 年的爱尔兰,随着爱尔兰居民的迁移而传到苏格兰,并使其酿造技术在那里得以发展。朗姆酒是英文"Rum"的音译,在 17 世纪初西印度群岛的巴鲁巴多斯岛,有一位掌握蒸馏技术的英国移民发明了朗姆酒。伏特加"Vodka"的语源来自俄语可爱之水的意思,大约产生于 14 世纪,并成为俄国传统饮用的蒸馏酒。金酒是英文"Gin"的译音,又名杜松子酒,是一种清淡的蒸馏酒,它是在 1660 年由荷兰赖丁大学医学院弗朗西斯库斯教授发明的。在公元前后的 1 ~ 2 世纪内,日本已用霉菌制造米酒,清酒是日本的国酒。啤酒英文"Beer"及法、德、日文的同义词开头均有啤音,所以我国称这种饮料酒为啤酒,它起源于 4000 ~ 6000 年前古埃及的尼罗河畔,最早的啤酒是自然发酵的浊酒,直至 15 世纪才正式确定酒花为啤酒的香料。葡萄酒是世界上最早的饮料酒之一,它原产于公元前 5000 年的亚洲西南小亚西亚地区。配制酒产生于 1600 年前,当时欧洲的贵族们就雇用药剂师以葡萄酒为酒基,用芳香植物浸泡成饭前饮用的开胃酒。

酒距今已有四五千年的历史,不同的酒都有着它不同的历史和传说,了解酒的历史,对今天的设计师来说,有利于更好地设计出成功的酒包装,更好地为今天的人们服务。

8.5.2 酒的分类与命名

1. 酒的分类

由于人类居住环境、民族、风土、气候、物产、嗜好等的差异,酒有成千上万种,分类方法也不一致,一般有以下几种分类:

(1)按酿造方法和酒的主要特点分类

① 发酵酒(酿造酒)

此类酒酿造后,只经过简单澄清、过滤、贮藏以后即作为成品。它的特点:酒度低,一般在 3% ~ 18%(V/V)之间,酒中除酒精以外,富含有糖、蛋白质分解产物(氨基酸和多肽)、有机酸、维生素、核酸和矿物质等营养物质。由于营养成分丰富,因此保质期短,不宜长期贮存。此类酒受到营养和卫生部门的推崇,产量占总量的70%以上。

② 蒸馏酒

此类酒是用各种原料酿造产生酒精后的发酵液、发酵醪或酒醅等,经过蒸馏技术,提取其中酒精等易挥发性物质,再经冷凝而制成。它的共同特点是:含酒精高,一般在30%(V/V)以上;酒中其他成分均是易挥发的成分,如:醇类、酯类、醛酮类、挥发酸类等;几乎不含人类必需的营养成分;此类酒蒸馏冷凝后的原酒,必须经过长期陈酿,短则2~3年,长的达8~15年以上,酒的芬香更强烈,致醉性强。

③ 配制酒

此类酒品种特别多,制造技术也极为不同,它是以酿造酒(如黄酒、葡萄酒)或蒸馏酒,或食用发酵酒精为酒基,用混合蒸馏、浸泡、萃取液混合等各种方法,混入香料、药材、动植物、花等组成,使之形成独特的风格。此类酒差异很大,但共同特点是经过风味物质、营养物质或疗效性物质等的强化。此类酒酒精浓度通常介于发酵酒和蒸馏酒之间,一般在18%~38%(V/V),个别也有更低或更高的。

(2)按酒类的酒精度分类

① 低度酒——酒中酒精含量在20%(V/V)以下的酒类。发酵酒均在此类,某些配制酒也在此类。

② 高度酒——酒中酒精含量在38%(V/V)以上的酒类。各种蒸馏酒均属此类,某些配制酒也在此类。

③ 中度酒——酒中酒精含量在20%~40%(V/V)的酒类,多数配制酒均在此范围。

④ 低度白酒——我国传统白酒的酒精含量一般在50%~65%(V/V)。近几年来为了适应消费者降度(酒精度)要求,推出了"低度白酒"。现在一般把含酒精度40%(V/V)以下的白酒称低度白酒。

(3)中国酒的分类

中国饮料酒的分类如下图所示:

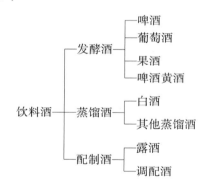

① 黄酒

黄酒是中国传统的酿造酒。它是以稻米、黍米、粟米、玉米等粮谷类为主要原料,以中国特色酒药、麦曲为糖化发酵剂,在固态、半液态下进行双边发酵(边糖化、边发酵)、陈酿,再经压榨、过滤、煎酒等工艺,酒精度为12%~18%(V/V)的酒类,由于色泽呈浅黄~深黄色,所以称"黄酒",传统也称中国老酒,中国米酒(图8-31)。

② 白酒

中国的白酒是世界蒸馏酒的一种。它是以高粱等粮谷为主要原料,以大曲、小曲或麸曲及酒母为糖化发酵剂,经蒸煮、糖化、发酵、蒸馏、陈酿、勾兑而制成。酒精度高,基本无色透明。"中国白酒"又称烧酒。它和白兰地、威士忌、伏特加、朗姆、金酒并列为世界六大蒸馏酒(图8-32)。

③ 啤酒

我国对啤酒的定义是：以麦芽为主要原料，以酒花为香料，经过糖化、发酵、过滤制成含有丰富 CO_2 和低酒精含量的饮料（图8-33）。

图8-31　石库门海上繁华黄酒包装，
李守白、邵隆图，赵佐良设计，中国

图8-32　"黔之礼赞"白酒，
深圳品赞创意，中国

图8-33　Grolsch 酒类包装，KLEE brand
design and art direction，荷兰

④ 葡萄酒

凡用新鲜葡萄或葡萄汁为原料，经发酵酿制而成的酒称葡萄酒，英语称 Wine（图8-34）。

⑤ 果酒

凡以新鲜水果或果汁为原料，经过酵母发酵酿制的酒，酒精度在 7.0% ~ 18.0%（V/V）。使用一种水果为原料，可以水果名称命名，当使用两种以上水果，可按用量比例最大的水果名称命名（图8-35）。

⑥ 配制酒

以发酵酒、蒸馏酒或食用酒精为酒基，与其他物质混合调配，改变了原酒基的风格而形成的饮料酒（图8-36）。

图8-34 The Design Bussiness Bottle 酒类包装，Ampro Design Consultants，罗马尼亚

图8-35 酒包装，Jack Anderson，美国

图8-36 Celtic Honey Liqueur 调制酒，Celtic Honey，美国

2．酒的命名

酒的种类庞大繁杂，酒的命名法也各不相同。中国酒一般有以下几种命名方式：

（1）以产地命名

虽然中国新商标法规定不得使用地名给商品命名，但由于历史原因，仍有不少名酒以产地命名，如：茅台酒、双沟大曲、洋河大曲、青岛啤酒等。

（2）以名胜古迹命名

中国名胜古迹历史悠久，驰名中外，以它们命名的酒更具有地域性，如：孔府宴酒、黄鹤楼酒、长城葡萄酒、二泉酒等。

（3）以古代名人命名

中国古代许多名人和酒有着不解之缘，以他们命名的酒更具有传统性和历史感，如：太白酒、沛公酒、曹操酒、杜康酒等。

（4）以历史、小说命名

以历史故事、传说、神话、小说等命名，如：剑南春酒、宋河粮液、古井贡酒、红楼梦酒等。

（5）以加入药料、香料命名

这种命名法，在配制酒中占大多数，如：丁香葡萄酒、人参葡萄酒、五加皮酒、三鞭酒、鹿茸酒、三蛇酒、桂花酒等。

（6）以特殊工艺命名

在中国黄酒、白酒小分类命名中常采用特殊工艺命名，如：加饭酒、特加饭酒、沉缸酒、封缸酒、老窖酒等。

（7）以酿酒用曲的名称命名

在中国白酒小分类上常采用以糖化发酵剂曲的特点命名，如：大曲酒、小曲酒、六曲酒、麸曲酒等。

（8）葡萄酒中以单品种酿造的葡萄命名

近代高质量葡萄酒常以某一特殊葡萄品种酿造，制成酒以此葡萄品种命名，为了区别，再加上产地或厂名，如：雷司令、白诗南等。

（9）以酒液色泽命名

有些酒以酒的颜色来命名，如：元红酒、竹叶青、桃红葡萄酒、红葡萄酒、白葡萄酒、黄啤酒、黑啤酒等。

总之，给酒命名是一件很有意义的事，尤其是在设计中，命名有时是设计开始的关键。一个好的命名能为设计带来好的开端，同时酒的名称也能蕴涵美好的寓意和丰富的文化内涵。

8.5.3 酒商标设计

酒包装设计包括酒瓶造型设计、酒标设计、酒包装盒型结构设计及酒包装盒面设计，这其中也包括酒商标及名称的设计。在酒包装设计中，酒商标设计是非常重要的。

1．酒商标的产生和发展

酒类商标和其他产品的商标一样，都是在社会商品生产和商品交换过程中产生和发展的，同样经历了一个漫长的历史发展过程。古代人们盛水、盛酒的容器主要是陶罐,民间酿酒者用陶罐储藏酿成的佳酒,也用它装酒销售,为了区别不同生产者各种不同风味和品质的酒,原始的酒商标作为纹样刻画在罐体上,虽然它仅仅是一个简单的符号标记,但是能使人认识和区别,这就具备了商标的主要功能。这种古风直至今天仍在中国可以见到,如各地生产的散装黄酒几乎都是清一色采用一种口小腹大容量在25公斤左右的陶瓷装灌,在瓮口泥封上贴一张印有商标和厂名的简单商标,这种封泥口商标就是沿袭古老的酒商标形式之一。从考古、古书和传统戏剧中,至今仍可看到酒店的"酒旗",它们既是原始的酒"广告",也是原始的酒"商标"。自从蔡伦改进了造纸术和毕昇发明了活字印刷术以来,大大推动了新闻、广告、文字、艺术设计的发展。真正的现代"商标"和"广告",只是近代随着印刷技术、造纸技术的发展,才逐步形成专业化、功能化的视觉传达设计形式,逐渐成为相对独立的体系。

2. 酒商标名称设计的特点

中国是一个具有五千年灿烂文化的文明古国,其中酒文化是中国饮食文化中一朵绚丽的奇葩,它融合了中国的民族风俗、礼仪、文学、诗歌、绘画、书法、音乐、戏剧、武术等多个方面,而酒商标和酒包装是酒文化中与酒最直接、最富有艺术特色的一部分。

酒商标包括商标名称和商标图形两个方面,商标的起名和商标图形设计是涉及企业整体形象的大事,因为一旦确定并注册,将长久使用下去,不会轻易更改。商标名称是否叫得响,记得住,有个性,是否具有良好的内涵,能否在较长的时间中适应企业和社会发展的需要,对企业来说至关重要。而商标图形设计是否简洁,视觉个性是否强烈,具有很好的形式美感,并能较长时间适应时代的潮流,符合企业形象系统化在各个领域的应用需要,是否与商标名称协调,对企业来说同样是至关重要的。

中国酒商标名称有以名山名川、历史文化古迹命名的,它能使商标具有较强的文化气息,企业可借助历史典故弘扬传统文化,也能使消费者饮酒时与历史文化、名胜风景点产生联想,加深印象,增强酒文化的氛围,提高酒的品位,有利于酒的销售,如"泸州老窖"酒、"老作坊"酒、"水井坊"酒(图8-37)。也有以历史地名命名的酒商标,它易记、易产生深刻的影响,如"杏花村"酒、"浏阳河"酒。还有以传统吉祥语或有特殊含意的中文字为商标名称的。任何一个民族都渴望平安、幸福、快乐,人们相互之间互祝吉祥是一种真诚的友谊和情感的表现。无论是过去、现在或将来,中华民族特有的风俗、礼仪、习惯是不会消失的。在中国,逢年过节、迎来送往、亲朋聚首、家人团圆、升职乔迁、国宴、厂宴、家宴,处处离不开酒,也处处离不开吉祥贺语。中国酒商标名和图形重风俗,图吉祥,注重谐音、寓意、口彩,是一大民族特色,如"喜临门牌"酒。以象征性动植物名称、稀有珍贵的动植物名称或以有传统象征含意的动植物名称作为酒商标名称,是中国酒商标的又一个重要特点。

图8-37 水井坊白酒包装, 水井坊,中国

图8-38 "松竹梅"白壁藏
清酒,宝酒造,日本

图8-39 The Chalice wine, Studio
Lost & Found., 澳大利亚

图8-40 DASHE 葡萄酒,
Jenny Pan, 美国

图8-41 Baro 酒类包装,
Café Design, 匈牙利

3. 酒商标图形设计的特点

商标是企业的主体视觉形象符号。它既要反映企业的追求和经营特性,适应消费者在心理上的感觉和想象,又要具有美感,在方寸之地要达到理想的效果并不容易。酒商标设计和其他商标设计有许多共同之处,所采用的设计方法也相近。通常有以下几种形式:

（1）具象图形商标

以具体生动的自然形象作为商标图形,以象征企业或产品的某种寓意、愿望、产品特点,是中国酒商标图形的主流。这类商标图形强调形象的真实、生动。

（2）夸张图形商标

这是介于具象和抽象之间的一种设计艺术形式,主要将具象自然形态进行简化、夸张,既保留原形的基本特点,又具有很好的装饰象征效果,在酒商标中占有很大的比例。如:"西凤牌"酒,取富有西北剪纸特色,装饰性很强的凤凰图形作为商标,给人以形象的个性化特点。

（3）抽象图形商标

这是以极简单和抽象的几何形态构成的商标图形,在内涵象征、表象、表意方面十分抽象模糊,更注重商标的形式感和标志特性。

（4）文字图形商标

直接应用文字作商标图形符号是上古遗风,自商标产生至今一直作为一种有效的商标设计艺术形式而存在。文字商标的主要优点是品牌名和商标名称高度一致,非常明确。

8.5.4 酒标设计

1. 酒标设计的定义

酒标是表示酒的品名、性能、质量和生产厂商的一种标记。酒装入玻璃瓶、瓷瓶或其他容器后,贴上印刷的标签或直接印上标签、标记,挂上标牌,用来说明内容物,这种专用于酒的标签或标记,统称酒标。

2. 酒标设计的分类

酒标可根据在瓶身上的不同部位,又可分为封口标、顶标、全圈颈标、胸标、颈标、前标、背标、全身包标、腹标、肩标、身标等。

不同部位的酒标其形式也不同:

（1）封口标(又称骑马标):从瓶盖的一边通过瓶盖贴在瓶盖的另一边,起到保护商品原装的作用(图8-38)。

（2）顶标:贴在瓶的顶部,多为酒的商标图形,也有直接冲压或注塑或印在瓶盖上的,大部分用商标或生产厂的专用标记(图8-39)。

（3）全圈颈标:在瓶颈贴一圈,有封口、保护和美化的作用(图8-40)。

（4）胸标:有些酒标造型突出胸部(图8-41)。

（5）前标、背标：有部分酒在瓶身上贴两个标，前者为酒名、厂名等图形，后者为说明或配方等（图8-42）。

（6）全身包标：在瓶身上贴一圈，内容包括品名、厂名、说明、配方及相关图形等（图8-43）。

（7）腹标：贴在瓶腹部的标签（图8-44）。

图 8-42   KUTASY 葡萄酒包装设计，Zsombor Kiss 设计，匈牙利

图 8-43   Csetvei Winery Hrsz. 737 葡萄酒
包装设计，Kira Koroknai，匈牙利布达佩斯

图 8-44   TANGLED VINE 葡萄酒，
Siebert Head 设计公司，英国

（8）肩标：贴在前标、背标以上，颈标以下（图8-45）。

（9）身标：贴在瓶身部的标签，也有直接印在瓶身上的，是酒必不可少的商品标记（图8-46）。

3. 酒标的作用和特点

消费者通过酒标可以直接获得有关酒的各种商品信息，了解酒的品质、容量、产地，还能领略到酒的风味及品格。通常消费者在购买酒时，只能从酒的外观上进行选择，因此酒标作为酒的外观之一就显得尤为重要。酒标的优劣，往往决定我们对酒质量好坏的感性评价，在市场竞争中直接影响产品的销路和声誉。

酒标大多数为纸质，印刷工艺高级，印工精细讲究。当然根据酒包装设计的需要，酒标也有其他的表现形式。一般可分为：粘贴（纸张类）；丝网印、漆印瓶身；瓶身彩绘；瓶身浮雕；陶瓷贴花等。成功的酒标设计，一般具有如下特点：

（1）从整体效果上看，有很强的视觉冲击力，形象鲜明，风格独特，在五彩缤纷的橱窗或货架上的同类酒中，能抓住消费者的视线，引起消费者的注意，产生兴趣（图8-47）。

（2）从细部效果上看，当消费者把酒瓶拿在手里细看时，酒标上的画面经得起推敲，消费者为之打动，乐于接受，愿意购买（图8-48）。

（3）从长远效果考虑，具有经久耐看，便于保存收藏的功效（图8-49）。

总之，酒标设计应充分考虑消费者的欣赏习惯、消费心理等。

图8-45 熏鲑鱼和香槟酒包装，Selfridges 百货公司，英国

图8-46 Gyulai Seasons 2009 酒类包装，Café Design，匈牙利

图8-47 Rasurado 酒包装设计，Moruba，西班牙

图8-48 Tulkara Shiraz 葡萄酒，IKON BC 设计机构，澳大利亚

4. 酒标设计的规范

国外酒标设计有一定的规定,如蒸馏酒的标贴上应注明酒的名称、酒精度、容量、注册商标的标名、生产厂家、原料、制法及出厂日期等。有单标、双标、三标之分,三标是指正标、副标、颈标。通常图像、标名及酒名印在正标上,其余内容印在正、副标上均可。葡萄酒商标多使用风景、名胜、花卉、人名、地名等图案,注明酒名、酒度、糖度、含原汁酒量、生产厂、生产日期及代号等。法国葡萄酒商标上注明葡萄品种名及酿造年份、葡萄产区、产品等级。啤酒标贴上注明厂名、酒名、规格、注册商标、生产日期(批次及代号)。日本清酒的标贴一般为两标,副标为条式,围瓶颈一圈。正标和副标上均可注明酒的牌名、等级、装量、原料、制法、酒度和出厂日期等。杯装的清酒杯盖内面有小标签,其正面内容同一般商标,一般反面印有风景画,由于酒液清澈如水,人站在该内壁的对面,可看清画面。

我国对于酒标设计专门制订了《预包装饮料酒标签通则》。规定酒精度在 0.5% vol 以上的酒精饮料称为饮料酒,包括各种发酵酒、蒸馏酒和配制酒。以粮谷、水果、乳类等为原料,经发酵酿制而成的饮料酒称为发酵酒或者酿造酒。以粮谷、薯类、水果等为主要原料,经发酵、蒸馏、陈酿、勾兑而制成的饮料酒成为蒸馏酒。以发酵酒、蒸馏酒或食用酒精为酒基,加入可食用的辅料或食品添加剂,进行调配、混合或再加工而制成的、已改变其原酒基风格的饮料酒成为配制酒或者露酒。

《通则》对于酒标设计的规范包含强制标示内容和非强制标示内容。强制标示内容包括:酒名称、配料清单、酒精度、原麦汁含量(原果汁含量)、制造者(经销商)名称和地址、日期标示和贮藏说明、净含量、产品标准号、质量等级、警示语、生产许可证。非强制标示内容包括:批号、饮用方法、能量和营养素、产品类型。另外,葡萄酒和酒精度超过 10% vol 的其他饮料酒可免除标示保质期。

图 8-49　Martell XO Exclusive
Architect Edition 限量版,
Paul Andreu,法国

8.5.5　酒盒包装设计的原则

1. 恰倒好处的书法语言运用

在酒包装设计中,文字选择不同,排列位置不同,给人的视觉形象也不相同,它的可读性、可视性也不相同,过于整齐、规范的字体有时会显得呆板、单调,更缺乏人情味,很难达到情景交融的意境,而书法艺术则能弥补这些不足。在酒包装设计中,文字设计不应该仅仅停留在文字的原型设计、编排的样式方面,而应进一步研究如何引伸延展通过符号来替代的方法来表现汉字的意义,使汉字成为一种真正的视觉语言,使汉字更具有时代性、设计感和符号化。文字的视觉性设计是对文字的再设计,是寻找文字的符号化、图形化、信息化与设计化相结合的最好契合点,使酒包装设计中的文字设计更具时尚性(图 8-50)。

图 8-50　三得利响牌乡音 21 年调和
威士忌酒包装设计,三得利,日本

2. 富有个性的色彩语言

酒包装的色彩设计和企业形象系统设计相互对应,和企业的标准色、象征色也应有相互的联系。酒包装的色彩设计,在技术上而言是为了配合主体的市场性,因此在酒包装的色彩设计中,色彩的系统性是很重要的。同时,应强化包装视觉形象的差别性,使其具有独特的个性魅力,增强其吸引力,在众多的竞争对手中脱颖而出。所以,在注重色彩的整体性的同时,也要使其具有独特的个性色彩,给消费者留下深刻的印象。另外,色彩设计的时尚性也是不可忽视的。当前整个世界呈现出一种流行化社会的趋势,许多商品都转变为流行商品,生活行为都变成流行行为。色彩也是如此,不同时期有不同的流行色彩。

色彩可以促进人们的食欲,色彩的感觉有时比味觉、嗅觉更能引起人的食欲。明亮色彩和暖色系最容易引起食欲,所以饭店酒家多用暖色光来营造温馨甜美的气氛,也能使食物看上去更加新鲜,促进食欲。在酒包装的色彩设计中为了体现酒的浓香,大多数白酒包装采用暖色系,这与色彩的味觉、嗅觉有关。总之,人们很容易受色彩的影响,如何应用色彩的特性来制造包装的视觉传达力和左右人们的情绪,是酒包装设计的重点(图8-51)。

图8-51　Castillo de Maetierra 白葡萄酒,Moruba 设计机构,西班牙

3. 传统文化素材的图形语言

对于具有深厚的传统文化底蕴的酒包装来说,运用传统素材来设计中国酒包装,使其具有较强的民族性,是酒包装设计的主要方法之一。在酒包装设计中,对于一些历史悠久的传统酒包装设计,可以运用中国传统的水墨画技法,从画法结构中抽离出对设计有用的因素,重新赋予现代设计新语汇,把原本比较感性的水墨画法结合理性的造型观念和设计原理,进行再次创造,构成新的视觉效果,形成新的突破,达到神奇空灵的意境。如果能将篆刻的手法运用到现代酒包装设计中,不仅是传统艺术的再生和延展,而且能使现代的酒包装设计充满中国传统性和文化性,具有中华民族丰厚的底蕴与文脉。深入探索研究民间艺术丰厚的内涵和造型规律,收集有关的艺术形象,并加以重新创造,可为酒包装视觉形象设计添加新的视觉表现。民间艺术的形象造型纯朴、原始、浑厚,是现代设计中不可多得的艺术形象。其色彩鲜艳而质朴,给人以热烈、喜庆之感,对现代酒包装设计有一定的启迪作用。也可以从民间美术中提取元素,使新的设计既具有民间美的特征,质朴、热烈、奔放,又符合现代设计简洁、明快要求,具有良好的视觉传达性(图8-52)。

4. 彰显文化内涵的视觉语言

中国酒在漫长的发展过程中,形成了独特的风格。古人将酒的作用归纳为三个方面:酒以治病、酒以养老、酒以成礼。实际上,几千年来酒的作用远不限于以上三点,在中国人的观点中,酒并不是生活必需品,但在社会生活中,人们对酒的要求逐渐从生理需求转向心理需求,酒具有其他物品所无法替代的功能。

酒是一种特殊商品,蕴含着物质消费和文化消费两个层面,因而具有很强的民族选择性和文化依赖性。从某种意义上说,酒类市场就是一个民族市场和文化市场。民族化按传统的理解就是本土化,是传统的民俗文化和人们的生活方式。民族化包装不仅仅指传承下来的及民间开发的自然物质的包装品,也包括在历代包装延续过程中,各地区自然材质组合的包装形式。

　　在中国人的眼中万物皆有情。人与自然的关系,可以通过移情达到主客观的情感交融。从自然界中选取合适的材料,制作包装,也就成为理想的传统酒包装形式之一。最典型的便是对植物葫芦的利用,待藤老时将葫芦摘下,削去茎柄,掏出葫芦子,插上木塞,外表刷漆,并在中间系上丝带,外出吊在腰间,归家挂于屋壁,巧妙地处理了人与物的融合关系。以葫芦为酒瓶造型的包装设计,在情感上尽量打消人对包装的异己感,把二者统一在物我交融的境界,实际上是"酒有何好,渐近自然"的饮酒观在包装设计中的体现。

　　匠心独运的酒包装立足于地方材质和民间自然形象特点,在真实再现商品文化价值中寻求发展,如我国山东、河南、四川等地选用玉米皮编结成的包裹酒瓶的提兜,绍兴的花雕酒坛都具有鲜明的地方特色。再如普及于民众习惯之中,具有潜在规律及功能意义的吉祥图形,在设计中加以形象的变化和应用,不仅能体现中华民族独特的民间文化艺术,也增加了酒包装的文化情调。在人们的精神领域中,民族传统的因子总是与现代文化紧密融合,这种互补不仅是艺术与经济的整合过程,更是一种文化活动的补充(图8-53)。

**图8-52　满堂红酒包装,
厚工坊,中国**

　　当前社会各学科领域的发展,促进了人们对酒包装设计文化更为强烈的需求。酒包装作为民族文化的一部分,必然反映民族的心理特征,应将这种文化观念和民族性格表现在设计创造中。酒包装也是国际间文化交流的表现形式之一,是企业文化的载体,是商品文化传达的重要手段,更是我国产品包装设计发展中不可缺少的重要组成部分。一个看似简单的酒包装问题,实际上反映出厂家的市场意识、营销水平、安全意识、环保理念以及成本意识,所以对酒包装设计要综合考虑。

8.5.6　酒包装设计存在的问题与设计趋势

1. 酒包装设计存在的问题

　　在市场上的酒类包装设计中,存在着一些问题直接影响着酒的销售和发展,主要表现为:设计缺少文化内涵、创新意识淡薄、环保理念和节约意识滞后。有些白酒的包装在设计上来说具有一定的局限性。具体来说在色调的运用上基本固定在红、黄、金、白、黑等有限的范围内。在盒型上缺少创新,主要就是上翻盖、天地盖、多边盒、书型盒等有限的几种。在平面设计上欠缺系统性。酒生产企业出于销售上的考虑,会在产品结构上形成高、中、低档系列产品。通常情况下高档酒树立品牌、形象,中档、低档酒产生利润。包装设计既要使消费者将对高档酒的美好印象移嫁到低档酒上由此对该品牌产生忠诚度,又不能让低档酒破坏了高档酒的形象。

**图8-53　温润如绵 2011 概念版
酒包装,许燎源,中国**

　　当今的设计师除具备专业知识外,还必须了解历史、人文、地域、民俗、消费、营销等广泛的知识,能对业内、业外各种优秀素材进行整合、借鉴,突破传统,创造流行元素,同时必须具备环保和成

**图8-54　ABSOLUT 伏特加、
Family Business,斯德哥尔摩**

图 8-55 **Absolut Rock Edition** 摇滚系列,绝对伏特加,瑞典

图 8-56 无一物概念酒包装,许燎源,中国

图 8-57 **Finca de la Rica** 酒类包装,Dorian,西班牙

本意识,在设计时尽量使用环保材料,同时为客户合理节约成本,将有限的资源进行创新、整合,对材料、图形、色彩等设计元素进行创新,才能让包装设计展现出酒的无限魅力。

2. 酒包装设计的趋势

我国酒类市场越来越向纵深发展,从市场、企业、营销三个坐标体系出发,酒的包装设计已从纯粹的产品设计拓展到品牌信息设计,由"产品意识"进展到"市场意识",而"市场意识"必将促使"社会文化意识"的产生。

（1）强调品牌形象

品牌形象设计是商品营销战略中现代意识的反映。现代消费水平发展的一个重要特色,便是人们在获得实用性的需要之外还要追求心理性、情感性的满足,特别是中青年消费者,往往不惜花费高额费用来购买一瓶名酒,便是这种消费心理的反映。倘若高品位的名牌酒没有与之相应的具有典型个性的品牌形象作为包装或广告的表现主导,对这些消费者来说就是一种遗憾。今天大多数消费者不仅需要产品,更需要产品的牌子,一瓶包装设计精美的酒不只是饮料,它更是一份感情的满足和慰藉。如:绝对伏特加酒的包装设计,一直注重突出其鲜明的品牌个性（图8-54）。

（2）物我同一化

目前,世界已进入环境保护时期,人们向往自然,食自然食品,用自然材料,渴望生活在有天然绿色的环境中,希望产品有一种自然亲近感。这种倾向,与我国传统的天人合一观是完全一致的。中国人一向认为人与自然是一个完整的体系,它们之间是一种和谐相处的关系,把创造一种自然舒适的环境作为生活的最高境界,以致成为中国文化的主要特色。在传统的酒包装设计中,物我同一是我国消费者喜闻乐见的一种包装形式,它的特点是自然、亲近、朴实,有生活情趣,表现上比较自由。这种设计理念在国际包装领域具有不小的影响,同时也是现代生活观念发展的必然趋势（图8-55）。

（3）传统文化意味的增长

现代营销理论认为,消费者的需求大致分为三个层次:量的满足、质的满足和感性的满足,感性满足是消费的高层次需求。今天人们的消费观是以产品的文化内涵与精神的满足为目的,人们更加重视产品的文化档次,更加重视人性、自然、风俗习惯与风土人情,它不仅能唤起个人的情感体验,还能引起美好的遐想和回忆。中国酒文化的特点在本质上更接近于这种消费趋势,因此许多酒厂在新品开发中已注重这方面的动向。一些酒类包装设计在挖掘传统文化遗产上做文章,一些酒包装从民俗、民间艺术的角度体现了酒的文化性,这种在整体上形成的富有传统文化意味的设计,对未来的酒类包装设计将产生较大的影响（图8-56）。

（4）加强包装的趣味性

一个好的包装就是一个无声的促销员，即在消费者与产品接触的半秒钟里，就会吸引住消费者，达到促销的目的。因此，在群雄纷争的市场中，为了便于形象传播，挖掘趣味性观赏亮点，越来越受到商家的重视。酒包装的观赏亮点，可以让产品在平淡中生色，在平凡中增加它的趣味性。趣味性的观赏亮点必须符合产品内涵、文化内涵，趣味性地传达出产品传统而现代的品牌思想，满足消费者的欣赏品位，才会为整个包装增添色彩（图8-57）。

（5）用材多样，注重绿色环保

现代包装的特点除了设计观念和工艺等因素，材料是最能体现时代特征的。当前可用于酒包装的各种材料除纸张外，纺织品、皮革、铝箔、聚酯膜复合纸，甚至金属等均在酒包装设计中得到不同程度的开发。在纸张材料中，目前我们只限于铜版纸、白版纸、瓦楞纸，对丝绵纸的利用与开发还不够，如将其运用在酒类包装上，会以手感柔软、无光泽、朴素、典雅和保持自然植物纤维造成的肌理纹而更能体现传统酒的风格特点，将会被国际包装材料界所瞩目。今后酒包装最大的改进将是环保包装材料被广泛地开发使用，并且有意识地降低材料成本和包装成本，以绿色设计的原则来进行酒包装设计（图8-58）。

绿色包装设计以环境和资源为核心概念，在设计过程中不仅要考虑包装的使用性能，而且也要考虑包装与环境的关系。在酒包装设计环节中准确合理地选用材料，加之完善的创意，能对绿色酒包装的发展起到举足轻重的作用。纵观我们的历史，流传至今的许许多多包装仍然值得我们设计时借鉴。例如我国的陶瓷，自古就广泛应用于生活之中，它取材于自然泥沙，质地坚硬易于盛装，便于使用与回归自然。现今在中国酒包装设计上，仍然随处可见陶瓷酒瓶。其造型经过匠心独具的设计，加之色调及文字的艺术处理与巧妙搭配，此类包装仍然不失其现代感，又极具中国古文化的素养，可谓与绿色包装原则形成了神奇的吻合。这说明只要因地制宜、巧于意匠、立足于地方材质，既可节省资源又有利于环境，从这个意义上来说，绿色包装的发展潜力不可估量（图8-59）。

（6）高科技的运用

是指采用一切现代化和科技手段，在酒类产品包装中达到造型、材料、工艺的最佳匹配效果。另外随着产品防伪的需要，全息照相技术也在被用于酒类包装上，全息照相是一种三维立体图案，在光线的反射下，图案的色彩可以随着视觉的不同而变色，以使产品在销售货架上跳跃出来。这是提高产品档次，促进销售，使品牌不受侵害的理想手段（图8-60）。

图8-58　回收纸袋包装设计，Davor Bruketa、Nikola Zinic and Ruth Hoffmann 设计

图8-59　西凤酒，52度，酒海原浆包装，西凤酒厂出品，中国

图8-60　Grolsch 酒类包装，KLEE brand design and art direction，荷兰

8.6 饮料包装设计

激烈的市场竞争、新产品的不断涌现以及饱和的零售市场使得许多公司的边际利润越来越没有保障。在这种情况下,果汁、饮用水、啤酒、红酒、清凉饮料生产商怎样才能提高产品的销售量,在满足老顾客的同时又能吸引大批的新顾客呢?如果饮料生产企业不能及时研制出新产品,那么成功的唯一途径就是对包装进行革新。据一份消费品调查报告显示,现在有一半以上的饮料生产商在产品包装方面大做文章,以刺激消费者的购买欲望,他们把饮料包装看得跟饮料自身同等重要,甚至还有人提出了"从包装看产品"的观点。

纵观近几年的饮料市场,饮料生产商在很长一段时间里进行的并不是品质、价格的较量,而是一场感性营销大战,商品包装作为"无声的推销员"便自然成为感性营销中极其重要的营销工具。因此,饮料生产商要想提高商品的货架吸引力就必须抓住消费者的感性消费心理,在包装设计创新方面有所突破。

8.6.1 饮料包装设计的特点

饮料包装的视觉形象设计是通过图形、图像、符号、色彩、文字等视觉元素的编排构成来传递商品的物理和精神属性,是刺激消费者最直接、最有效的方法。文字是饮料包装设计最不可缺少的部分,它是商品信息的窗口,并起到画龙点睛的作用。在色彩、图案的配合下,文字的可读性、艺术性、审美性很重要。饮料包装中多用印刷字体,印刷体的字形清晰易辨,在包装上的应用更为普遍。汉字印刷体在饮料包装上的运用主要有老宋体、黑体、综艺体和圆黑体。不同的印刷体具有不同的风格,适于表现不同特性的饮料产品。在包装设计中运用最为丰富的还是装饰字体。装饰体的形式多种多样,其变化形式主要有外形变化、笔画变化、结构变化、形象变化等多种,针对不同的商品内容应作有效的选择。

色彩是饮料包装设计的一大主题,它通过对人们视觉上的刺激在人们心中产生的主观感受,客观决定饮料的产品形象,所以色彩设计十分重要,好的色彩设计在充分装饰饮料的同时,恰到好处充当饮料说明书的作用。饮料包装色彩还能引起人们感观上的联想,如视觉、听觉、味觉和嗅觉。色彩的合理设计,能让人们通过感观联想来正确认识饮料包装所要传达的信息。饮料包装的色彩之所以能影响人们的情感历程,是因为色彩在人们心理上产生的色觉与生理上的很多方面存在着相似之处,即一种感觉与另一种感觉的相互转换——通感,如橙色使人想起甜美的橙子,青色使人想起酸酸的柠檬,同等大小的白色圆点比黑色圆点看起来大些等,概括地说色彩给人的生理感觉可概括为与视觉、听觉、味觉和嗅觉的关系。要让受众在对饮料包装的色彩观察中得到舒服、滋润的美感,就要仔细地对色彩设计做出选择,做到适合消费群体。饮料包

图 8-61 SERO² 功能性饮料,Curious Design,新西兰

图 8-62 Y WATER,

图 8-63 Baggio Liviano Fresh果汁,Tridimage,阿根廷

装色彩搭配与消费群体有密切的关系。饮料的主要消费群体是儿童和青年人,这个群体对色彩的选择比较"感性",不像老年人那样对色彩的选择偏于理性,所以饮料包装的色彩设计应以儿童和青年人对色彩的审美观为依据。虽然理性稳重的色彩也倍受钟爱,但在搭配上要有时代感(图8-61)。

8.6.2　饮料包装的容器设计

饮料容器的造型设计需要遵循一定的设计原则,它不像色彩、图案、文字的设计那样自由,更多考虑的是制作工艺、生产成本、运输、盛装容量等实际因素。饮料容器的造型设计以玻璃、陶瓷、硬塑、金属等材料为主,这些材料具有良好的保护功能,能防止内装饮料液氧化、变质,更能有效地密封,防止外泄。饮料容器造型设计除了要遵循防护这一功能以外,还要体现美感,因为容器除了保护商品外,还具有传达商品信息的功能,它的造型的艺术形式、文化性能能直接影响消费者对商品的选择和购买,它本身就是产品的一个组成部分,直接与商品的使用方式有关。现代包装容器的功能不仅仅是容纳、保护和运输商品,它和包装装潢设计一样,亦成为促进商品销售、提升商品形象、成就商品品牌的重要手段。因此,在进行包装容器设计时要考虑商品的成分、容量、规格、推广、销售服务。国内外饮料品在包装容器设计的创新上主要遵循以下几种原则:

1. 容器造型上的新颖别致

包装容器造型作为包装设计构成中的重要视觉形态,在商品包装与商品之间起着承上启下、递进情感的作用,发挥着外包装难以体现的持久魅力。成功的容器造型设计也是刺激消费者购买欲望的原因之一。在容器造型上,常见的创新方法有:

(1) 打破常规比例法,即打破常规饮料容器的比例,创造小巧精致的造型(图8-62)。

(2) 系列法,这种方法通常是在容器容量大小、瓶身、瓶盖、颜色上加以区别,非常适合表现某种饮料的系列产品(图8-63)。

(3) 变形拟态法,即对人、物等形态进行概括模拟,并加以夸张手法,利用这种方法设计的容器通常活泼可爱,适合表现儿童类饮料产品(图8-64)。

2. 容器使用上的方便性

在当今快节奏的生活里,如果某饮料的容器设计能使消费者在携带和饮用上更快捷、更便利,那么这也将成为该饮料很吸引人的一个卖点。在对容器使用的方便性进行设计时,应该从以下几个方面着手:

(1) 便于握持、携带,如对于中小容量的即开即饮型饮料的瓶体直径不能太大,对于超大容量的家庭装饮料必须设置提手。总之,必须从人机工程学的角度出发,根据目标消费群体的生理机能做出合理化设计,以便于握持和携带(图8-65)。

(2) 便于开启、饮用(图8-66)。

图8-64　饮料包装,
Alexey Kurchin,俄罗斯

图8-65　火龙果+冰沙包装,
Salah Rajab,美国

图8-66　**Ty nant** 水包装,
Ty nant,英国

图8-67 矿泉水瓶设计，Designers
Anonymous，英国

图8-68 Seryab Water
水包装，Seryab，俄罗斯

图8-69 Thise Mejeri 奶制品
包装设计，Randi Sjaelland
Jensen 设计，丹麦

图8-70 360 PAPER WATER
BOTTLE 纸水壶，Brandimage，美国

（3）便于二次保存。通常情况下，人们并不能把一瓶饮料一次性喝完，如果需要留着下次饮用就必须进行二次保存。因此，密封口的重复开启与关闭、方便储藏等功能就成为主要设计要点。

（4）容器种类上的多样性。举个很典型的例子，有些人买可口可乐时喜欢选择瓶装的，而有些人则喜欢选择罐装（听装）的，也许有人认为他们之所以做出不同的选择是出于包装容量考虑的，其实不完全是，有时候只是个人的喜好和习惯。因此，对于同一种饮料品，设计师可以对其包装容器进行多样化的设计，以满足不同人群的喜好和需求（图8-67）。

3. 包装材料与技术上的创新

近年来，采用新材料、新技术对产品进行包装已是企业推出新产品、提高产品档次、增强产品市场竞争力、控制生产成本的一个重要手段。消费者崇尚乐趣和体验，商品包装中新材料、新技术的应用都可能成为他们购买商品的直接原因。因此，对饮料品包装的材料和技术进行创新是相当必要的，通常有以下几种手法：

（1）原有材料应用领域的创新

包装材料创新并不一定就是开发新材料，它还包括把现有材料应用到新产品包装中，扩大现有材料的应用领域。例如，易拉罐包装目前主要应用于碳酸饮料和汽茶的包装，人们可以考虑把它广泛应用到其他饮料，如果汁、功能性饮料、茶饮料等包装中去，或许这一包装介质的创新能带来一些新的卖点（图8-68）。

（2）新材料的开发利用

我们不能说哪种包装材料最好，只能说对于某种产品，哪种包装材料最适合。例如，随着消费者对优质产品和便利包装的要求愈来愈高，美国可口可乐公司率先采用 PET 塑料瓶来包装产品，因为 PET 瓶具有高阻隔性、抗冲击、易成型、透明、质轻、无毒、成本低、重复利用率高等优点，这种包装一上市，很快受到广大消费者的喜爱（图8-69）。

（3）健康、环保材料的应用。

近年来，保护生态环境的呼声已越来越高。如果能利用环保材料来包装饮料，将大大提高原有产品的附加值。例如美国拜尔塔矿泉水公司采用一种新型饮料瓶来包装矿泉水，该瓶子采用以玉米为基础而提炼开发出来的聚乳酸树脂为材料，用这种材料制成的瓶子能够在 75～80 天内完全分解，在竞争激烈的瓶装水市场，这无疑是一个很好的卖点。又如，美国的"360 纸水瓶"，是由100% 可再生、完全可回收的材料制成，同时又符合食品安全的要求（图8-70）。

（4）新技术的应用。

新技术的应用往往会带来一场包装与消费的革命。2003 年，北京汇源集团在全国率先推出基于无菌冷灌技术的果汁产品，采用无菌冷灌技术生产出来的果汁不添加任何防腐剂，最大程度保持了水果的天然美味、美色，产品维生素损失很少，营养更丰富，具有更好的保鲜度、更长的保质期。这一技术的应用为饮料产品带来新的市场卖点,使汇源集团的产品在竞争激烈的市场上抢占先机,在国内饮料消费市场掀起了一场"新鲜"革命。(图8-71)。

8.6.3　饮料包装设计新趋势

从国内外饮料市场分析,饮料包装在视觉形象设计上的创新手法主要表现为以下几个方面:

1. 彰显个性活力

年轻人作为饮料品市场的最大消费群体,他们张扬、真实、自信、果敢,他们充满表现欲,他们迫切寻找一种能宣扬他们青春活力的代言符号。"Coca—Cola""可口可乐""波浪形飘带""红色系"等一系列视觉要素作为可口可乐的象征,其倡导的"活力、尽情、尽畅、尽我"的可乐文化成为消费者钟爱它的理由。乐百氏公司在国内率先推出了功能性饮料"脉动",从个性的商品取名到刚劲有力的商品标志设计,再到整体包装设计中蓝色基调的大胆运用,"脉动"给年轻人带来强烈的视觉刺激,给人一种生命跳动、健康活力的感觉,成为年轻、自信、个性、活力的代名词(图8-72)。

图8-71　Frai 牛奶包装,Cassandra Cappello,加拿大

图8-72　Ramlosa 水包装,
Ramlösa,瑞典

图8-73　Diamonds 钻石水包装,
Cristiano Giuggioli,意大利

2. 切中利益

很多时候,人们购买某商品只是为了满足内心的一种希望和期待,并不是产品真相。消费者一旦发现市场上某种商品的诉求点与他们的期望相吻合时,就会产生强烈的购买欲望。饮料生产商抓住消费者追求健康、美丽的心理,给产品赋予一定的利益诉求点,给消费者一个比较明确的产品利益点,会受到特定消费群的青睐。这些诉求点在包装视觉形象设计上,通常表现为一些美丽动人的照片、积极向上

的图形与字体、鲜明易见的诉求标语、清新明快的色彩等视觉要素(图8-73)。

3．把握流行时尚

时尚是人们所崇尚的一种生活,它涉及衣食住行、情感表达、思考方式等方面。在包装视觉形象设计中把握好时尚,既是现有生活的分享,又是对未来生活的引领,将大大增强商品的亲和力。现代社会对明星、名人的追捧已成为一种时尚,可口可乐凭借其强大的经济实力,不断推出华人新生代偶像作为其产品在中国区的形象代言人,形成了一个 强大的明星阵营。这些代言人被广泛应用到各个时期的广告和包装推广中,收到了惊人的广告效果。可口可乐的这一举动使其在中国的销售增长了24%(图8-74)。

图 8-74　可口可乐伦敦奥运会
限量包装,可口可乐公司,美国

图 8-75　功能饮料包装,
Pola Burning Plus,日本

4．渲染本土气氛

所谓本土气氛是指能体现民族文化或参与社会活动、公益事业等,这种植根于当地社会文化的设计具有很强的民族感染力,此种设计手法对国外产品在本国的顺利推广十分有效。例如,在中国市场上,可口可乐近几年在春节期间的促销包装和广告画面中出现了鞭炮、春联、泥娃娃"阿福"、十二生肖等视觉形象,赢得了中国消费者的极大认同。此外,可口可乐发行的北京2008年奥运会会徽纪念罐,勾勒出运动员的赛场英姿,将天坛形象融入其中,极具浓厚的北京地域特色,并在醒目位置印有红色会徽,通体以尊贵的金色衬托,呈现出欢快喜庆的气氛,极具观赏和收藏价值(图8-75)。

【本章练习与作业】

1．通过市场调研,进一步地了解市场上的月饼包装、茶叶包装与酒包装的现状,选择较好的设计进行分析,同时也选择一些过度包装进行分析,找出设计不合理的原因。

2．设计一款月饼包装或茶叶包装。要求构思新颖独特,结构合理,有较强的商品属性,传达信息准确,制作精良,有较好的整体视觉效果。

第9章　化妆品包装设计

9.1　化妆品包装设计的特点

9.1.1　化妆品与化妆品包装的功用

所谓化妆品是指以涂敷、揉擦、喷洒等不同方式涂加在人体皮肤、毛发等处,起清洁、保护、美化、促进身心愉快等作用的日用化学产品。化妆品包装是指用来盛装化妆品的容器、内外包装和与其相关的一系列设计。

化妆品的主要作用有以下几个方面:

1. 清洁作用

用来祛除皮肤、毛发等处的不洁物以及人体分泌与代谢过程中产生的不洁物质。如:洗面奶、浴液、洗发香波等。

2. 保护作用

保护皮肤及毛发等处,使其滋润、柔软、光滑、富有弹性,以抵御寒风、烈日、紫外线辐射等带来的损害,防止皮肤干裂,毛发枯断。如:润肤霜、防裂油、防晒霜、护发素等。

3. 营养作用

补充皮肤及毛发营养,增加组织活力,保持皮肤角质层的含水量,减少皮肤皱纹,减缓皮肤衰老以及促进毛发生理机能,防止脱发等。如:维生素 E 营养霜、珍珠霜、营养面膜、生发水等。

4. 美化作用

美化皮肤及毛发,使人增加魅力,增强自信。如粉底霜、胭脂、唇膏、染发剂、眼影膏、香水等。

5. 防治作用

预防或治疗皮肤及毛发等部位的生理病理现象。如:雀斑霜、粉刺霜、痱子水等。

化妆品对人的精神作用是不可忽视的,它能使人更加美丽、自信、赏心悦目。

随着物质文明和精神文明的发展,人们的欣赏水平和鉴赏力不断提高。对化妆品的选择也不仅仅局限于实用、性能、价格上,而是进一步要求产品的美观性、新颖性、知识性、文化性和独创性,更多地追求一种精神享受。尤其是有些追求个性的青年,更是求新、求异。多数的消费者往往是通过包装设计的外表去推测其内装产品的质量,因此化妆品的包装设计有着十分重要的地位。

化妆品包装设计能增加原有产品的附加值,使企业获得丰厚的利润,所以为了能在激烈的商品竞争中立于不败之地,无论是厂家、商家,还是设计人员都要有长远的战略眼光,要能走在时代的前面,起到引导消费的作用。化妆品包装的作用与其他商品包装一样,都有其保护商品、运输、集散、方便使用、传达信息、美化商品、促销的作用,特别是美化作用,在化妆品包装上体现得尤为充分。

9.1.2　化妆品包装的分类

化妆品作为流行和时髦的商品,同时具有实用和欣赏的双重价值,人们在护肤、美容、美发的同时,享受到化妆品散发出来的阵阵幽香,进而产生美的联想,使生活更加美好,而且有些化妆品包装本身就是一件很好的艺术品,可使人得到精神上的享受。

琳琅满目的化妆品包装种类繁多,其分类方法也许多,主要有:按产品的功能分类;按剂型分类;按内含物成分类;按使用部位和使用目的分类;按使用者年龄、性别分类等。

1. 按产品的功能分类

可为洗涤、护肤、美容三个大类:

第一类是洗涤类产品,也可称为个人清洁卫生用品,如:洗面奶、沐浴露、洗发液、洗手液等。

第二类是护肤类产品,可称为基础化妆品,如:润肤露、日霜、晚霜、防晒霜、保湿霜、精华素等。

第三类是美容类产品,此类才称得上是化妆品,如:粉底霜、美白乳、彩装系列,它包括:眉笔、口红、眼影、胭脂、睫毛膏等。

2. 按产品的使用目的分类

可分为以下几类:

(1)清洁用化妆品:清洁霜、洗面奶等。

(2)保护用化妆品:雪花膏、乳液等。

(3)美容用化妆品:胭脂、眼影、唇膏等。

(4)营养用化妆品:人参霜、珍珠霜、胎盘膏等。

(5)药性化妆品:雀斑霜、粉刺霜等。

3. 按产品的剂型分类

(1)水剂类产品:香水、花露水、化妆水等。

(2)油剂类产品:发油、防晒油、按摩油等。

(3)乳剂类产品:清洁乳、润肤乳、发乳等。

(4)粉状产品:香粉、爽身粉、痱子粉等。

(5)块状产品:胭脂、眼影等。

(6)膏状产品:洗发膏、睫毛膏等。

(7)气溶胶制品:喷发胶、摩丝等。

(8)笔状产品:唇线笔、眉笔等。

(9)珠光状产品:珠光香波、珠光指甲油等。

(10)透明状产品:透明香波、透明洗手液等。

4. 按消费对象分类

可分为女性化妆品、男性化妆品和婴幼儿护肤品。

也可按其使用部位分为护发美发产品、面部护肤品、眼部护肤品、手部、足部、体用护理产品等。还有许多特殊用途分类产品,如抗紫外线、去斑、去皱、营养增白、抗过敏等。每个类别的产品,由于属性不同,其包装都有自己的设计特征。通常洗涤用品的设计图形与文字比较醒目,色彩明快;护肤品设计精致优雅,色彩柔和;美容品设计雍容华贵、色彩富丽。然而市场竞争千变万化,为了设计出别出心裁的化妆品包装,必须打破常规,勇于创新、突破,以达到最佳的视觉效果。

9.1.3 化妆品包装设计的特点

对于化妆品包装设计来说,它的产品特性,决定了它的设计是融商品性与文化性、艺术性与科学性、审美性与趣味性为一体的设计。化妆品是与消费者接触较多、较直接的个人用品。它的品种多、分类细,每种产品的使用对象也越来越明确。因此,对某一个特定的化妆品包装设计,要有较明确的设计方向和宣传目标,给消费者传递的商品信息应是特定的,非常明确的。正因为化妆品是有针对性和目的性的,所以设计时要先定位,后设计,做到有的放矢。化妆品的包装设计可以按照商品的不同属性、档次、销售地区和消费对象来决定设计因素和设计风格(图9-1)。

化妆品包装设计成功与否,取决于对市场的判断是否准确。只有做好全面仔细的市场调查才能准确地判断,进行准确的定位设计。市场调查首先要了解消费者的民族、年龄、性别、职业、地位、爱好、风俗,还要了解消费者的文化背景、宗教信仰、经济水平、生活习惯、消费心理及审美需求;其次要掌握该商品在市场上所占的比重和该产品的特点及优势;生产企业的生产能力、规模、设备、管理等情况;了解竞争者的有关信息情况及它在竞争中的地位;了解有关市场的法律法规和化妆品包装设计的发展趋向。设计师必须依据客户的条件需求及市场状况、消费趋向制订出设计目标。所以设计师和企业不仅仅是服务与被服务的关系,还是一种彼此影响、相互约束的关系。要如实地反映企业的要求,和企业沟通,共同创意。总之,设计师要从整体的角度去观察产品和市场效应,使产品具有自己独有的个性,既要能站在目标消费对象的立场来做全面考虑,同时也要从企业的立场出发全面策划,创造更好的企业效益。

图9-1　Agonist Parfums：
The Power Of Simplicity
简约的力量,Kosta Boda,瑞典

9.2　化妆品包装设计的要求

9.2.1　注重设计的创新性

创造性是设计最重要的前提。人类文明史证明,人类的进步,社会的发展,都是打破旧秩序,创造新秩序的结果。“创新”是设计的生命,也是设计的根本。无论是设计还是艺术创作都在追求一个“新”字。如果一种设计没有新意,它就会显得苍白无力。化妆品包装设计亦是如此。怎样能在众多的商品中脱颖而出,创新是关键。设计师要始终站在设计的前沿,要有远见卓识和勇于创新的精神。要能在设计中运用巧妙的构思,新颖、奇特的创作意念,以奇制胜。要能充分应用现代的设计手段和丰富的设计语言来为设计服务。要采用别具一格的处理手法,极富浪漫的色彩表现,使设计具有鲜明的个性和超凡脱俗的设计品位,要能在传达特定商品信息的同时,给人一种醉人的意境和美的享受。

图9-2　Marc Jacobs Dot 香水,
Marc Jacobs,美国

设计是用一种视觉形象语言来描述产品的,如同一个人说话,语言表达是否清晰、有力、明确是非常关键的。在快节奏的今天,包装设计要能在最短的时间内,准确迅速地传递商品信息,并能抓住消费者的视线,使其产生兴趣和购买欲望,这是化妆品包装设计成功的关键。对于时代性很强的化妆品来说,个性印象是一个极重要的心理要素,商品个性只有满足消费者的心理需求,得到消费者的青睐,才能成为畅销的商品。所以,塑造有鲜明个性的印象,表现出不同于同类产品的独特魅力,才能在竞争中处于不败之地(图9-2)。

现代包装容器造型十分注重其立体视觉传达效果,呈现出和谐的美感,体现出特别的意境。

在化妆品包装设计中,有时空白也是一种很好的视觉效果。无形状、含蓄的空白,使实形的部分在空白的推动下,得到更加集中的

图9-3　Kenzo 姬雪花样年华
淡香水,Kenzo,日本

表现,能引起观者对空白的联想和补充,使设计效果更加单纯、含蓄。尤如国画中的留白,给人一种空灵至上的感觉,许多成功的化妆品包装设计都有大量的空白(图9-3)。

9.2.2 体现传统文化与时尚的结合

简洁明快的格调是时代的综合影响,是设计师共同追求的目标。好的设计应是既简洁又含蓄的设计,除了能准确地表达商品信息之外,还要有更深层的内涵,那就是"文化"。文化是人类为了生存发展而逐渐形成的一种生活方式。人类以自身创造智慧,在适应环境、改造环境、利用环境的过程中创造了文化,可以说文化无处不在,所以在设计中不能忽视对文化的体现。设计需要一种文化意念,它是设计的本源,也是设计师自身文化底蕴的最好表现。设计在今天应强调本民族的文化色彩,既独树一帜,又能融入世界文化主流之中。这样才能体现出设计独特的时代气息与智慧,体现设计之灵魂,做到形式与内涵的高度统一(图9-4)。

传统是世代相传,具有民族特色的文化遗产。它随着人类历史的进程而不断充实和更新,不断向现实靠拢,并在为现实服务的过程中得到不断发展。传统既是有形的,又是无形的。它既有空间的局限性,又有超时空的无限性。任何民族都有自己的传统文化,中国的传统文化是中华民族历史的结晶,也是中华民族对于人类的伟大贡献。它有独特的魅力和不朽的生命力,是中国人民的精神宝库,也是中华民族能立于世界民族之林的根本。设计如果割断传统,失落气脉,只是横移一些所谓的表现技巧,势必是无源之水,没有生机和生气。传统是发展的、流动的,前人为我们创造了文化形态,保留下来的就成了现在的传统,今天的人在为今后的人创造传统。所以今天的设计要有足够的传统文化底蕴。作为设计师,应该采历史文化之精髓,播时代设计文化之气宇,以新的姿态、艺术的综合修养,积累广博的知识信息,引领时尚潮流,把握时尚的设计元素,以优秀的审美情趣引导公众,从而提高整个社会的审美意识及生活品位(图9-5)。

图9-4 香水包装设计,
资生堂,日本

图9-5 F by Ferragamo 香水,Salvatore
Ferragamo 设计,意大利

9.2.3 追求高品位富有个性的设计

设计是心灵与世界的对白,是设计师对世界认识的言说方式。一些国外优秀设计师以他独特的设计风格脱颖而出,立于世界设计领域的前沿。世界上有些优秀的化妆品包装设计,让人爱不释手(图9-6)。所以,要想设计一件优秀的包装设计,需要设计师具备多种素质,其中最重要的是组织能力和灵感,在设计过程中,要精心处理好每个细部,从构思到完成,必须严格地遵循设计的最终目标,要耐人寻味,充分体现出人的智慧和创造力。

今天的设计有怀旧和追忆往昔的倾向,可在这怀旧的情调下,却有着一种崭新的精神。回归自然,加强环保意识,注意节约能源,已是国际设计界的一种必然趋势。伴随着社会的日新月异,人类即将跨入新的文明历程,设计也将更加具有真正的时代意义和文化内涵,并以独特的魅力和不可缺少的文化影响着人们生活的方方面面。我们生存在一个信息传播多元化的社会,正面对着全球一体化、全球市场化的时代,人类将逐步趋向"世界大同",设计也将趋于大同和国际化,并处处显露出时代的痕迹和共性。但设计本身独特的地域化、个性化势必以新的姿态、新的文化意义展现风采。具有民族性、传统性和时代性的设计永远光彩夺目,具有竞争性(图9-7)。

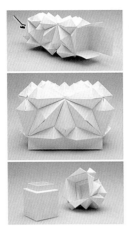

图9-6　钻石美容保健产品,**Carolin Bostr** 设计,瑞典

图9-7　资生堂 2010 香水包装，资生堂设计，日本

9.3　化妆品包装设计的定位策略

9.3.1　突出表现商品的品牌

在当今消费崇尚名牌的情况下,突出品牌对于企业来说是一种明智的选择。它对产品的销售起着决定性的作用,它能为企业带来高额利润。创名牌有利于企业在竞争中取得成功。名牌能使产品升值和经久不衰,并在竞争中处于领先地位。如消费者要买一瓶香水,在商店中有多种品牌的香水呈现在你面前,各种信息、符号、色彩扑面而来,供你选择。牌名是首先跳入你眼中的。如果是名牌它就有优先选择的机会,因为你对它有一种信任感,这种信任感来自长期的宣传、良好的质量和企业的信誉。如果这种香水的香味刚好符合你的需求和喜好,价格又适中,加上它的包装设计出类拔萃,

你首先会选择名牌。

突出表现品牌的化妆品包装设计,一般主要用于品牌知名度较高的化妆品包装。它在包装的画面上主要突出品牌名称。如:世界知名品牌"香奈尔"包装设计(图9-8),就是以简洁字母组成的标志为主的设计,整个包装端庄、大方、简约,给人非凡的气质。还有"兰蔻"、"资生堂"、"迪奥"等都是突出品牌的典范(图9-9)。

在设计这类化妆品包装时,都是以产品标志形象或品牌字体为中心,追求单纯化、标志化。也可以以该品牌的标准色为主,或以标志图形为主。总之,要突出品牌,首先要有一个好的商标,要便于呼叫和记忆,它应该既是一个听觉符号,又是一个视觉符号。要简洁明了,具有较强的代表性,要能给人留下过目不忘的深刻印象。

9.3.2 强调产品的特性

在设计化妆品包装时,要着重表现包装内容物的各种信息,如:化妆品的性质、功能、用途、特色、档次、格调等,把商品最迷人之处呈现于消费者眼前。可借助于色彩的象征功能,用一些与产品有关的象征色彩作为包装的主色调。有些防晒霜的包装设计,运用了阳光般的明黄色和简洁夸张的太阳形,强调产品的特色和功效,与产品本身的属性相符合,给消费者留下深刻印象。有些化妆品用蓝色表示清爽和洁净(图9-10)。有些化妆品力求商品本身价值的高档感,比如礼品香水着重强调它的高档次、高品位,表现它华贵、典雅的个性,迎合一些"买情感"、"买身份"、"买品位"等软性消费的需求。在化妆品中有一部分成套设计的包装适用于馈赠礼品(图9-11)。

图9-8　Chanel Bleu 香水,
Chanel,法国

图9-9　Dior Midnight Poison 香水,
Dior,法国

图9-10　Prédia 护肤产品包装,
Kosé 高丝,日本

图9-11　BA 护肤品包装,Pola R&M
Design Laboratories,日本

化妆品包装设计,也可用一些简洁抽象的图形,来表现产品的现代感。也可以着重反映产品产地的

特点。由于消费者的差别化、个性化,要求商品的多样化来适应不同的消费者需求,同样的护肤产品,有一般普通简装的、平装的,也有高档精装的。应针对不同的消费层次,设计不同档次的包装形式。总之,有不同需求的消费者,就应有不同的产品和与之相适应的包装设计(图9-12)。

9.3.3　不同消费者的定位设计

定位设计着重于特定的消费对象,主要用于具有特定消费群的化妆品包装设计,并能通过包装画面的形象使消费者感到这件产品是专门为我设计的,能充分表现出消费者的心理特点。对特定对象的年龄、性别、职业等,处理上要加以典型性的表现,塑造出一个具有独特魅力的形象或具有象征性的形象。在化妆品的包装设计上也可以用抽象的、间接的手法表现消费者的心理。可以通过线条、色彩、格调来进行区分。比如女性化妆品的包装设计,多以圆润、秀丽、轻巧的瓶体造型和具有女性特征的柔美线条,轻松、飘逸、洒脱的字体和淡雅、柔和、温馨的色彩,表现出一种典雅的女性美感(图9-13)。

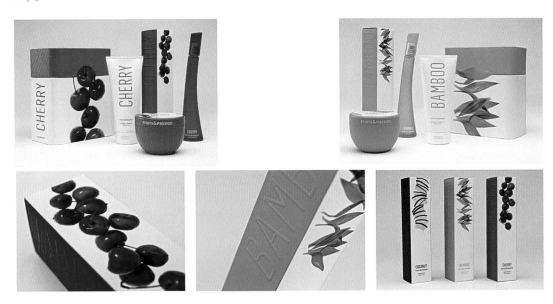

图 9-12　**Fruits & Passion** 化妆品包装,**lg2boutique**,加拿大

图 9-13　黛珂(**COSME DECORTE**)高端系列
AQMW 护肤产品包装,**Kosé** 高丝,日本

图 9-14　**L'Oréal** 品牌的 **Gold Future** 修复眼霜,
Freedom Of Creation 设计公司设计,法国

女性的理想就是希望肌肤永远保持细腻、滑润,青春长驻,化妆品的魅力就在于有其功用特点,能让你梦想成真。站在女性消费心理的角度来设计,化妆品的包装力求表现出各类产品的独特功

能,吸引消费群体的购买力。作为人们每日美化肌肤的必需品,有些包装可以通过半透明的形式,使人对产品产生直观感受。设计与产品色彩相呼应的包装色彩、流线型的包装造型、精细的包装材质都可暗示出肌肤的细腻、滑润、娇美,它已成为化妆品包装设计所要突出表现的中心思想。翔实、准确的包装设计,既会满足护肤、美肤的种种需要,也会大幅度地提高化妆品的销售量(图9-14)。

男用化妆品的包装设计,则大多采用硬性的直线条,简洁、粗犷的字体,稳重的色彩,表现一种方正的阳刚之气(图9-15)。男士护肤品包装,以黑、灰色为基调,显得十分厚重有份量。简练、帅气的瓶形,和真皮的质感,给人一种高档、精致、纯正之感,充满男性魅力(图9-16)。

对于儿童化妆品的设计,则应特别关注儿童的心理,设计出符合儿童欣赏水平的包装。通常用圆润、活泼的线条,勾勒出天真、可爱的各种形象;以明快、跳跃的色彩和灵活多变的造型结构,塑造出童话般的故事画面,使其具有更多的趣味性和观赏性;巧妙地采用仿生学的原理,用小动物的造型作为瓶形,活泼可爱,颇能抓住儿童的视线,更加充分地表现儿童纯真的心理世界,既增加了商品的魅力,也更贴近了儿童,吸引儿童及家长的注意。如:"强生牌"儿童系列产品,运用粉色系列的色调,温馨、和谐,给人一种清新、淡雅之感,很能打动众多母亲的心(图9-17)。

图9-15　AXE 男士香体喷雾,
AXE,法国

图9-16　CK One Shock Street
Edition for Him,Calvin
Klein,美国

图9-17　强生婴儿洗护用品,
强生,美国

9.4　香水包装设计

9.4.1　香水包装设计的特点

在今天,人们对香水的偏爱和使用已发生了观念和习惯的变化,持有现代理念的男女,已经不再把香水看得神秘无比,敬而远之。他们大胆地走近香水,使用她的芳香,体味她的个性,选择自己的品牌。香水,已经不再作为奢侈品,她点缀着生活的色彩,演绎着生活的品位。

一提起香水,人们自然会想到高雅华贵,想到神秘莫测。使用香水无论是为了展现成熟干练男人的深沉和魅力,还是为了表现优雅高贵女性的风采,大多数是在社交场所和公众场合,留给别人的嗅觉感受。洒一点儿清新芳香让你振作的香水,你会悄悄感受到她的温馨,体会到她的温暖,孤寂会一扫无存,情绪会荡漾无比。香水陪伴你改善心境,悠然自得。无论你是高雅的贵夫人,还是风度翩翩的绅士;无论你是窈窕的淑女,还是风华正茂的青年,当你和友人、恋人相约的时候,使用适合你的香水,温情和幽香会伴你走进爱的殿堂,神秘莫测的世代名香荡气回肠,令人难忘。总之,今天香水已成为有些人生活中不可缺少的化妆品(图9-18)。

香水要推向市场,第一步也是最重要的一步,就是要有一个吸引人的包装。包装会直接影响最后的销售,所以一些大的香水公司设立了专门的设计部门,雇用顶级的香水瓶设计师。香水公司花很大精力,去创造高雅精致的瓶子和包装,使用豪华的陈列,是因为香水的外观就像画框、珠宝箱一样,香水的瓶子和它周围的一切提升了香水的美,也提高了它的价值。当然再加上它的成分,香水给人的美好印象才是完整的。好的香水应该是不寻常、不怪诞、有较强个性,能使人记住,并且有活力和强度,醇厚香气逐渐散发出来,不会中断,扩散好,有持久力,香气稳定,氛围香经久不散。同时也要有独特的瓶型和包装,形成有机的统一体,给人以高贵、典雅、高品位之感(图9-19)。

**图9-18　CKeuphoria blossom 香水,
Calvin Klein,美国**

空中的香气味道本是无法通过包装留下来的,但是好的设计会使人感受到空气中的味道,造型、色彩、结构、文字及辅助的形象设计,都能打动观者的嗅觉习惯,仿佛能辨别出空气中香水的味道。

女性不是香水的唯一顾客群,还存在男性这个顾客群体。在国外,男用香水占货架的2/5的位置,所以不能忽略男性香水这一市场。因传统对男女的不同界定,使香水的使用也有了习俗上的区分,男用香水比女用香水更加清淡,不露痕迹。男女香水的包装也有很大的区别,从外包装、造型、色彩上就可以辨别出来。男用香水的造型较严谨、厚重、刚直,运用直线条较多,简练、充满阳刚之气。东西方人对香水的味觉感受不同,男女对香味的喜好也不同,女性用的香水更加追求独特的风格。有的喜欢浓郁炽热的香气,浸人肺腑,撩人心扉,让人感到华丽的光芒,西方人更多的女性喜欢这种香气。有的人喜欢清新淡雅的香气,今人追踪寻觅,洒脱迷人,似有似无的清香让人感到轻松自然、舒畅,东方女性多喜欢这种香气。两种风格的香水,各具有迷人的魅力,都可以通过包装中的色彩,造型等形式表现出来。

**图9-19　KISS SEXY 香水,
Halloween,美国**

女性香水的包装无论是从瓶型、色彩还是外包装都应该符合香水本身的特质。如:有的女用香水表现的是浪漫、温柔和性感;有的是追求优雅得体、细腻、宁静、和谐;有的是表现高贵、典雅;也有的是纯情、可爱、清新、充满自信与幸福(图9-20)。

男性香水给人以严谨、简洁、优雅、和谐之感。有的男性香水是为具有创造力、有活力、热爱生活、浪漫得体的男子设计的。如:"ARMANI"阿玛尼男士香水诉求的是多重风貌、谦逊中带着权威的男性风格,瓶身充满男性线条美,现代感十足,正如一座线条干净的建筑物,内涵深刻。在材质上则以透明的玻璃使得光线可以在琥珀色的香液中游走,明暗阴影充满趣味(图9-21)。

**图9-20　Prada Candy 周年限量版
淡香精,Prada,法国**

9.4.2　多姿多彩的香水瓶造型设计

在众多的香水瓶中,每一款都各具特色,争奇斗艳,吸引着不同的人群。有以人体或人体优美曲线为主要设计元素的,香水瓶如穿着连衣长裙的女人体,亭亭玉立,婀娜多姿,极具诱惑力,给人过目不忘的印象。

**图9-21　Armani 男士香水,
Armani,意大利**

　　香水瓶中也有以花卉、草木为主要造型的,这种香水的内容物与瓶型更加协调,融为一体。也有仿生形态,如:鹅卵石、贝壳、竹子等形态的香水瓶型,情感上给人一种亲近自然的体验(图9-22)。

　　香水瓶也有以动物为设计元素的,如:"L'AIR DE TEMPS"比翼双飞香水,旋转的水晶瓶身,瓶盖上有两只和平鸽,与"比翼双飞"的名字非常贴切。经过处理的和平鸽有了璀璨的色彩,成了很多香水收藏家心目中的珍宝(图9-23)。

　　香水瓶也有以日、月、星、建筑、饰物、钻石、服装、心形及抽象的几何形为造型的,这些香水瓶有的高贵,有的通透,有的灵巧,让人爱不释手(图9-24、图9-25)。

图9-22　Zen香水,Igor Mitin,哈萨克斯坦

图9-23　L'AIR DE TEMPS
比翼双飞香水,Nina Ricci,法国　　　图9-24　Signorina香水,
Salvatore Ferragamo,意大利　　　图9-25　BOUDOIR香水,
Coty科蒂集团设计,美国

【本章练习与作业】

　　1. 通过调研了解市场上的化妆品包装,选择较好的与不好的化妆品包装设计进行分析,找出各自的原因。

　　2. 为某品牌化妆品设计一款包装。要求造型独特,有较强的商品属性,传达信息准确,制作精良,有较好的整体视觉效果。

第 10 章　医药品包装设计

10.1　医药品包装设计的属性

在商品经济中,包装以它独特的形式传递各种不同的商品信息,给人们的生活带来诸多的便捷,同时也给人们带来一种新的消费观念。它是艺术与技术、文化与科学的融合体。这就要求包装设计师不仅要有美学知识和较高的艺术素养,更要有多面性的知识结构。在设计包装时不仅要考虑它的功能性、实用性、艺术性,还要考虑它是否有利于生产和销售,是否能满足社会和人们的生理、心理的需求。尤其是对医药品这类特殊商品的包装设计更是如此。

商品属性是客观的,是多少年来人们在视觉和心理感受上对商品形成的习惯概念,也可以把它看成一种形式规律、一种模式。医药品是能治病的特殊商品,具有治病救人、延年益寿、保健等功效,它有其自身的特性。但它又同其他商品一样,都要以某种特定的"形式"来包装宣传自己,在市场上以特定的"信息"向消费者进行视觉传达,使之得以感知,引起联想,产生购买行为。

药品包装设计受到药品性质的限制,其特殊属性是每一个从事包装设计者都必须认真对待和重视的。失去药品属性的医药品包装设计是含糊不清的设计,市场上一些医药品包装设计,消费者不能直接从包装上获得准确的信息,包装和药品本身没有内在的联系。成功的药品包装设计多以宁静、稳定的构图,明确、严谨的文字,简洁、明快的色彩,干净、严肃的画面来突出药品的属性特征,同时,追求一种令人感到具有药效,使人信服的感觉。药品包装设计无论是功能还是形式,都要使消费者有舒适感和信任感,给消费者传达一种信心、一种希望和一种向上的生命力(图 10-1)。

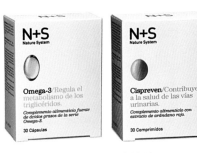

图 10-1　N+S 维生素补给,Enric Aguilera & Asociados,西班牙

10.2　不同种类医药品包装的特点

10.2.1　西药包装设计

西药大致分为处方药与非处方药,一般处方药的包装设计,除了商标,大多数皆是以文字为主并分区排列,按传达的顺序,在规定的位置印上规定的文字,既理性又整齐,简洁明了,一目

图 10-2　眼药水系列包装,大広、竹山卓、清水悟,日本

了然,说明性很强,这也是一般药品生产厂家的设计策略。以文字为设计主体,首先是销售上的原因。制药厂在向医院或药店推销医疗用药时,由于对方多为专业人员,故以药效和信赖性为首要条件,说服力有附带的专门性资料或说明,故包装上不必要有特别的强调,而主要是以整齐易懂的外包装说明给人信赖感。其次,是经手它的人都是专业人员,都担负着较强的社会责任,处理药品时不容许有半点疏忽,因此明晰的标志很最重要。

对于非处方包装设计则有所不同,在药店里,如感冒药、胃肠药、眼药水等常用药,皆依照治疗用途的不同而分类摆放,消费者挑选商品的方式可分为以下三种:一种是重复购买或指名购买,通常都会告知商家商品的名称和品牌;另一种是没有特别指名,消费者听从商家的推荐;还有一种是消费者自己对货架上的商品进行选择比较,选购自己认为印象好、有信任感的药品。由于非处方药通常是在药店里配置在货架上供人选择购买的,所以它的包装设计应有别于处方药。首先它要标明药品名称、制药厂名;其次是应标明药品的种类及说明等。除了在包装上显示以上必要的内容外,还要着重展现包装的个性以及视觉上的冲击力,以及在同类产品中有较强的竞争力,起到"无声售货员"的作用(图10-2)。

10.2.2 中药包装设计

中药包装设计按卫生部《新药审批办法(中药部分)》规定,必须要有药品名称、规格、主要成分、中医药理论或基础实验的阐述、功能与主治、用法与用量、不良反应、禁忌、注意、贮藏、使用期限、生产企业、产品批号,特殊药品和外用药的标识必须在包装及使用说明上有明显表示,中药包装设计还要充分体现中华民族古老而丰厚的中医学文化的传统性,体现出中药纯天然、无副作用,并符合人们追求回归自然的心理需求(图10-3)。市场上有些中药包装只是简单地模仿或照搬一些传统的图案纹样,没有体现传统的精华,显得陈旧、呆板、缺乏时代感。设计中药包装应该抓住传统性、民族性的精神实质,并加入时代的气息,应有创新并能准确明了地传递药品的信息,使患者在获取应有信息的同时,又受到传统文化的熏陶(图10-4)。

10.2.3 保健药品包装设计

保健药品的包装设计没有纯治疗性药品包装那么理性,它可以根据内容,在视觉上追求更丰富的效果。保护健康、延长生命是人人向往的,所以增强免疫机能、提高抗病能力、延缓衰老、滋补强身是人们服用保健药品的原因。保健药品从生物科学出发,强调生命之源,追求生命力,所以在商标、包装上都强调一种积极向上的生命力。现在保健品的种类日趋增多,包含了各个年龄层面,也都有不同的功能,如有专门针对脑力劳动者增加脑活力的;有针对骨骼补钙的;也有针对人体免疫力的;还有补血补气的等。所以在

图10-3 白花油包装,
和兴,中国香港

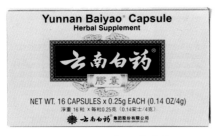

图10-4 云南白药胶囊,
云南白药集团,中国

设计保健品包装时一定要针对不同用途、功能来设计,不能千篇一律、毫无个性(图10-5)。

在保健药品中,有一类是专为女性服用的,主要是美容、润肤、减肥、使人焕发青春类。这类包装应既要有药品感也要有女人味,要能符合妇女大众追求美的心理。如果过于强调与治疗类药品相类似的感觉,就很难成为女性追求的对象,但如果过于倾向化妆品则会失去体现药品的功能性,所以这类包装应考虑统一性与个性的关系。要设计出极具有女人味、高雅脱俗的药品包装样式,其中色彩担负着很重要的作用(图10-6)。

在保健品的包装中,过度包装现象极为严重,这是一大误区。因此在设计时要追求简约的设计效果,不要过分加大包装体积,也不要过分夸大功效。

10.3 医药品包装设计的规范与要求

10.3.1 药品包装、标签规范

1. 国家对药品包装、标签规范的细则

国家药品监督局第23号局令,进一步加强和规范了药品的包装、标签管理,确保《药品包装、标签和说明书管理规定》(暂行)的贯彻实施,制订了细则。总体要求为:

(1)药品包装、标签必须按照国家药品监督管理局规定的要求印刷,其文字及图案不得加入任何未经审批同意的内容。药品的包装分为内包装和外包装。药品包装、标签内容不得超出国家药品监督管理局批准的药品说明书所限定的内容。

(2)药品包装、标签上印刷的内容对产品的表述要准确无误,除表述安全、合理用药的用词外,不得印有各种不适当宣传产品的文字和标识,如"国家级新药""中药保护品种""进口原料分装""监制""荣誉出品""获奖产品""保险公司质量保险""公费报销""现代科技""名贵药材"等。

(3)药品的商品名须经国家药品监督管理局批准后方可在包装、标签上使用。商品名不得与通用名连写,应分行。商品名经商标注册后,仍须符合商品名管理的原则。通用名与商品名用字的比例不得小于1:2(指面积)。通用名字体大小应一致,不加括号。未经国家药品监督管理局批准作为商品名使用的注册商标,可印刷在包装标签的左上角或右上角,其字体不得大于通用名的用字。

(4)同一企业、同一药品的相同规格品种(指药品规格和包装规格两种),其包装、标签的格式及颜色必须一致,不得使用不同的商标。同一企业的相同品种如有不同规格,其最小销售单元的包装、标签应有明显区别,或在规格项明显标注。

(5)药品的最小销售单元,系指直接供上市药品的最小包装。每个最小销售单元的包装必须按照规定印有标签并附有说明书。

图10-5 保健品包装,
Glucosamax,英国

图10-6 孕妇用止泻药,
Sutoshipa Stomach Pain,日本

（6）麻醉药品、精神药品、医疗用毒性药品、放射性药品等特殊管理的药品、外用药品、非处方药品在其大包装、中包装、最小销售单元和标签上必须印有符合规定的标志；对贮藏有特殊要求的药品，必须在包装、标签的醒目位置中注明。

（7）进口药品的包装、标签除按本细则规定执行外，还应标明"进口药品注册证号"或"医药产品注册证号"、生产企业名称等；进口分包装药品的包装、标签应该标明生产国家或地区企业名称、生产日期、批号、有效期及国内分包装企业名称等。

（8）经批准异地生产的药品，其包装、标签还应注明集团名称、生产企业、生产地点；经批准委托加工的药品，其包装、标签还应标明委托双方企业名称、加工地点。

（9）凡在中国境内销售和使用的药品，包装、标签所使用文字必须以中文为主，并使用国家语言文字工作委员会公布的现行规范文字。民族药可增加其民族文字。企业根据需要，在其药品包装上可使用条形码和外文对照；获我国专利的产品，亦可标注专利标记和专利号，并标明专利许可的种类。

（10）包装标签有效期的表达方法，按年月顺序。一般表达可用有效期至某年某月某日，或只用八位数字表示（年份要用四位数字表示，以两位数表示月日，1 至 9 月日前须加 0）。

2. 各类药品包装、标签内容要求

（1）化学药品与生物制品、制剂

① 内包装标签内容包括：

药品名称、规格、适应症、用法用量、贮藏、生产日期、生产批号、有效期及生产企业。由于包装尺寸的原因而无法全部标明上述内容的，可适量减少，但至少须标明药品名称、规格、生产批号三项（如安瓿、滴眼剂瓶、注射剂瓶等）。

② 直接接触内包装的外包装标签内容包括：

药品名称、成分、规格、适应症、用法用量、贮藏、不良反应、禁忌症、注意事项、包装、生产日期、生产批号、有效期、批准文号及生产企业。由于包装尺寸的原因不能注明不良反应、禁忌症、注意事项，均应注明"详见说明书"字样。

对预防性生物制品，上述适应症项均应列为接种对象。

③ 大包装标签内容包括：

药品名称、规格、生产批号、生产日期、有效期、贮藏、包装、批准文号、生产企业及运输注意事项或其他标记。

（2）原料药标签

其内容包括：

药品名称、包装规格、生产批号、生产日期、有效期、贮藏、批准文号、生产企业及运输注意事项或其他标记。

（3）中药制剂

① 内包装标签内容包括：

药品名称、规格、功能与主治、用法用量、贮藏、生产日期、生产批号、有效期及生产企业。因标签尺寸限制无法全部标明上述内容的，可适当减少，但至少须标注药品名称、规格、生产批号三项，如安瓿、注射剂瓶等。中药蜜丸蜡壳至少须标注药品名称。

② 直接接触内包装的外包装标签内容包括：

药品名称、成分、规格、功能与主治、用法用量、贮藏、不良反应、禁忌症、注意事项、包装、生产日期、生产批号、有效期、批准文号及生产企业。由于包装尺寸的原因而不能注明不良反应、禁忌症、注意事项，均应注明"详见说明书"字样。

③ 大包装标签内容包括：

药品名称、规格、生产批号、生产日期、有效期、贮藏、包装、批准文号、生产企业及运输注意事项或其他标记。

10.3.2 非处方药品的包装设计要求与原则

1. 非处方药品的包装要求

药品是一种特殊的消费品,购买、使用药品不是一次普通的消费过程,它涉及人们的身体健康和生命安全。随着药品分类管理制度的实施,人们越来越多地自主购买、使用非处方药品。

① 药品的剂量规格、包装规格应齐全而规范,包装物及包装技术的选择应方便病患者使用。

药品的剂量规格应齐全,保证不同年龄和体质的病患者的用药剂量准确。目前我国药品的剂量规格单一,没有儿童、老年人及体弱者服用的规格。这对未成年人或老年人用药安全影响很大。

药品的包装规格应齐全,而且应规范到每一个个体包装,方便病患者使用及零售业的调剂。

药品包装选用的包装物及包装技术应方便病患者开启、使用。

② 药品包装应规范使用非处方药品专有标识,色泽及形象应鲜明,药物外观应有特色,易于识别。

药品包装应符合《非处方药专有标识管理规定(暂行)》。

药品包装色泽要与药性统一协调,标识形象应一目了然。人在患病时心理承受压力加大,根据心理学的研究,不同的颜色对人的心理有不同的暗示作用,一般来说,解热镇痛类药品采用冷色调,可以减轻病人的痛苦和焦灼不安的情绪;而滋补类、发汗类药物多采用暖色调。在颜色的应用上,某些西方国家还根据药效做出了不同规定:循环系统用药使用黄绿色;呼吸系统用药使用蔚蓝色等。另外,为了便于病人识别,对于不同药理作用的药品应设计不同的象征性图案,如治疗眼睛的药品标上眼睛图案;治疗胃的药品标上胃的图案;心血管类的药品标上心脏图案。

药物的外观颜色、标识应有特色,易于识别。

③ 药品说明书内容应详尽而规范,语言应通俗易懂。药品说明书是药品标签的一种,一般归纳为外包装(药盒)标签。药品内标签指药瓶、铝箔袋、锡管、铝塑水泡眼上贴印的标签。

药品说明书内容应详尽。药品说明书是患者判断、选择、使用药品的主要依据,对用药安全影响最大,世界各国对药品标签内容都有严格而详尽的规定。

药品说明书内容应规范。药品说明书的内容不仅应当齐全,而且应当规范,特别是与用药安全关系密切的名称、有效期、不良反应及禁忌等三项。

药品说明书语言应通俗易懂,字体大小要合适。说明书应以普通人理解的文字表述,尽可能少用专业术语,甚至有时可加以图解指示。药品说明书的样式、设计、排版、印刷等事项,生产厂家也应充分考虑,以方便阅读为原则。说明书字体大小要合适,要照顾老年人阅读。

图10-7 身体暖贴,WellPatch Warming Pads,美国

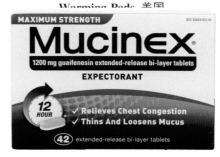

图10-8 Mucinex 强效除痰剂,Mucinex,美国

图10-9 Little Remedies 婴幼儿盆腔喷雾,Little Remedies,美国

2. 非处方药品的包装设计原则

国家食品药品监督管理局颁布的《药品说明书和标签管理规定》指出,所有出厂的药品通用名称应当显著、突出,字体、字号和颜色必须一致。"药品商品名称不得与通用名称同行书写,其字体和颜色不得比通用名称更突出和显著,其字体以单字面积不得大于通用名称所用字体的二分之一。"药品是非常敏感的产品,任何小错误都可能导致严重的后果。

药品安全与包装安全是密切联系的,特别是非处方药,色彩、图形上不得抄袭知名名牌的包装,不得模仿畅销药,否则容易混淆消费者的视觉,误导消费者的选择,使不知情的消费者以为两者是同一品牌而上当。

《药品包装管理办法》规定,标签、封签、盒、袋等物的装潢设计,严禁模仿或抄袭别厂的设计;商品名的命名不准模仿畅销药。

药品包装设计一直是我国医药市场的一个薄弱环节,多数医药企业往往重视产品的生产和销售,忽视药品的包装。因此包装形象设计杂乱,各自为政,不能有效地传递品牌信息。

非处方药品具有购买方便、安全有效、经济实惠和市场期长的特点,近年来在我国的药品市场上得到了迅猛发展。由于该类药品消费者购买时特别注重品牌,因此提升药品的品牌认知度与美誉度是市场竞争的客观需求。如何对非处方药品包装的各种要素进行创新设计,使其最大程度地符合品牌策略的定位,达到最佳的品牌传播效果,已成为非处方药品包装设计人员的一个课题。

非处方药品包装设计有两个原则,一是严格按照国家有关规定,强调对非处方药品消费者的用药指导。二是商品性与药品性的统一。非处方药是商品,但终究还是药品,药品是治病救人的特殊商品。在此前提下,其包装设计理所当然地要表达出更多的视觉冲击和感情亲善。非处方药品包装不能为了追求商业效果而过于花哨,否则会影响消费者对其安全性和有效性的认知与识别。图形在视觉传达方面的直观性、生动性、有效性以及丰富性使其成为非处方药品包装上吸引消费者目光的重要因素。合适的图形能够以悦目的形式将药品的属性和品牌诉求准确而生动地传达给消费者,达成情感上的沟通,实现销售目的(图10-7)。

3. 非处方药品的色彩设计

商品包装色彩的第一功能就是表现内容,使人们看后产生联想。在医药品包装设计中,色彩起着决定性的作用。对色彩的感受是人们生活经验的积累或是对实物的联想而产生的一种印象。这就要求我们在设计时做大量的调查、研究分析,充分利用颜色给人的联想加以适当的运用,并准确地表现其商品性。不同的色彩给人的联想不同,如蓝色给人以清新、素雅、凉爽之感,很容易联想到清凉、降火、镇静、降压等。绿色给人以青春、自然、新鲜之感,使人联想到永恒的生命力(图10-8)。红色则给人多种不同的感觉,有兴奋、热烈、甜蜜、活血、滋补、营养等感觉,但也有危险、禁止、警告、流血的感觉,所以在用红色时一定要考虑得当,才会有预期的

图10-10 the HDPE - AllegroT 药品包装,Sengewald Surgical Drape,美国

图10-11 Robitussin 感冒咳嗽药,Robitussin,美国

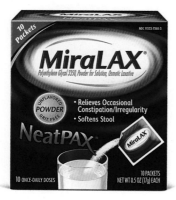

图10-12 Miralax 改善便秘冲剂,Miralax,美国

效果(图10-9)。白色给人以清洁、宁静、严肃、纯洁、神圣之感,所以在一些药品包装上,大量运用白色来突出其药品性(图10-10)。

不同的商品运用的色彩不同,食品包装的色彩多为红、黄等暖色系列,给人以美味可口的印象;五金电器包装的色彩多为黑、灰、蓝等冷色系列,给人以严谨、庄重、精致和高科技感;化妆品包装的色彩多为粉红、淡紫等粉色系列,给人以清洁、卫生、润肤、美容和女性的柔美感。药品包装的色彩则应根据药品性质的不同做适当的设计,如清热解毒的药品是治疗因身体的"内火"而引起的病症,所以其包装设计多用蓝、绿等冷色系列,给人宁静、降火、凉爽之感,使患者感到舒适、安慰,有助于治疗达到更好的效果(图10-11)。保健滋补类药的包装设计,多用红、黄等暖色系列,满足人们追求健体强身、延年益寿的心理需求,给人一种温暖、健康、活血、滋补、养身的感觉。女性用保健药品的包装,则多为粉红、粉蓝等色,并以大量的白色衬托,使包装既有女性的柔美之感,又有清洁、卫生、健身等药物性,符合女性追求美的心理和保健的功效(图10-12)。儿童药品多以鲜亮的色彩为主。总之,药品包装的色彩要能满足患者渴望病愈的心理和追求生命力旺盛的愿望,要能给人以维护健康、治病救人的良好印象。

在设计医药品包装时,为了达到预期效果,有多种不同的设计方法,其中一种是将商品的名称强调出来,使它一目了然,鲜明夺目;可将个别主要的文字加粗或运用变体字,强调其主要的部分;也可用一种与药性有关的抽象图形或用具有一定寓意的图形、色彩来形成一定的视觉焦点,使画面有视觉中心,进而引起消费者的重视;还可采用加粗或加宽的色块、色带,使其具有较强的视觉冲击力。在设计医药包装时应尽量采用减法,以最少的设计元素达到最佳的视觉效果(图10-13)。

图10-13　Help Remedies 药品,
Pearlfisher,美国

总之,人们对物质、精神的需求越来越高,审美也在不断地变化和发展,设计师在设计医药品包装时,应该运用现代的设计思想,准确地把握商品的特殊属性,突出其个性,充分利用高科技带来的新材料、新工艺、新技术,开发实现包装的新功能、新结构,并能巧妙地运用现代化设计手段带来的新的设计语言,创造出更加丰富多彩,更科学合理的新包装。尤其是在设计中成药的包装时,可以充分发挥中国传统文化的精髓,用具有中国元素的题材来表现(图10-14)。在包装材料的选择上可以运用环保的自然材料,赋予药品新的生命,使设计达到完美的一体化,产生引人的视觉效果和竞争力,焕发出更加独特的魅力(图10-15)。

图10-14　正红花油,
依马打联华公司,中国香港

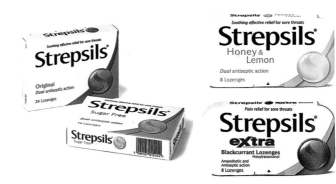

图10-15　STREPSILS 药品,
Creative Leap

【本章练习与作业】
1. 通过调研了解市场上的处方药与非处方药品、中成药的包装。
2. 了解市场上保健品包装设计的现状,分析是否存在过度包装的现象。

第 11 章　数码产品包装设计

11.1　数码产品包装的特点

11.1.1　数码产品的特点

随着市场经济的高速发展,科技水平大幅度提高,数码技术不断创新,数码类产品日趋增多,在生活中使用的比重越来越大,一些新型的数码产品越来越受到人们的追捧和关注。

科技的革新与创造,计算机技术的广泛使用,带动发展了一批以数字为记载标识的产品,从而取代了胶片、录影(音)带等媒介载体。数码产品一般指的是电脑、MP3、U 盘、数码照相机、摄像机、通讯器材、移动或者便携的电子工具以及电脑硬配件、可以通过数字和编码进行操作且可以与电脑连接的机器。数码产品的生产、运输、销售和使用,有其自身的特点:

(1)怕碰撞、挤压。这会使数码产品的外部受损,影响正常使用。

(2)怕潮湿。数码产品受潮后,大量水气侵入电路板会形成水渍,会形成短路,或使金属接口氧化。

(3)怕灰尘、油脂。灰尘的进入会妨碍电路板接点间的电流传导,污染内部线路,影响内部零件,形成损害。

(4)怕静电。过大的静电会击伤数码产品内的一些电子元件,形成零部件短路,最终间接损害整个机器。

(5)怕热、高温。过热的高温环境,不但会使数码产品的外观受损,也会使内部的一些零件性能不稳定,间接影响产品的使用功能。

在进行包装设计时要特别考虑和注意数码产品的特性,通过合理的包装结构设计,以有效地保护产品为首要目标,使其具有较好的耐冲击和抗压性能,同时也要充分考虑消费者在使用时的便利性(图 11-1)。

11.1.2　数码产品包装的现状

进入 21 世纪,数码产品以惊人的速度在我国普及,一方面"中国市场"成为大量国际数码产业品牌的主导市场,另一方面我国数码产品制造业也源源不断地走向世界。伴随着品牌化构建发展的

图 11-1　戴尔笔记本电脑包装设计,
Mucho 设计,法国

成熟,数码产品公司要想使自己的产品在琳琅满目的同类中脱颖而出,就必须重视包装设计的作用。现今数码产品包装设计存在的问题主要表现如下:

1. 超前创新意识薄弱

当前相关企业普遍缺乏超前创新意识,有的只是照搬和抄袭,千篇一律。在竞争日趋激烈的今天,只有充分研究了解数码产品的特性、品牌、包装设计方面的相关信息资料,消费者的需求,先进的设计理念与国际前沿趋势等,用新的设计方法才能获得具有竞争力的包装。

市场瞬息万变,人们对事物的价值观总是跟着潮流在变,数码产品的生命周期逐渐缩短,并不断以用户的需求为导向研发升级,包装也要随同产品进行不断的创新变化,谁掌握先机,成为领导包装设计潮流的佼佼者,谁就能拥有占据主导地位的市场份额。

2. 包装结构缺乏整体设计

有些结构设计不够合理,没有很好地起到保护作用;有些设计由于结构的不紧凑没有很好地利用空间,造成了浪费;还有些结构设计得过于复杂,给消费者带来不便。特别是生产商对不同气候条件下包装应做哪些调整考虑得较少。如北方气候干燥地区和南方多雨潮湿地带对包装的防潮要求差别很大,如果在产品外包装上几乎一样,没有采取相应的防潮措施,则会导致潮湿气候下部分包装箱受潮变软,包装的保护性能大大降低。这种情况在出口产品的包装上也时有发生。此外,有些企业片面强调降低成本,使用的原材料质量标准较低,用纸质量不能保证,纸箱达不到应有的强度,商品到达消费者手中时难免出现破损。

透明包装形式精美别致,有利于产品的宣传与销售,在欧美等地区深受欢迎和推广应用,但在国内目前还没有被推广、接受。这有待于通过提升造型设计的水平,在透明包装材料的有效开发与利用上取得突破。

3. 环保材料使用量低

一些数码产品,如电脑、打印机、扫描仪等包装,其缓冲材料依然大量使用 EPS 塑料,不符合环境保护的要求,特别是在出口产品的包装上,可能会受到绿色贸易堡垒的影响。现在我国在数码产品包装上大力推广使用纸浆模塑和蜂窝纸板等新型环保纸质缓冲包装材料,取得了一定的成效,但也遇到了一些问题,其主要原因是纸浆模塑产品回弹性较差,结构设计、模具设计和制作加工能力等还远远不适应数码产品包装的需要,国外一些比较先进的技术如激光切割成型多层纸质缓冲制品在国内还没有出现。目前国内研制的各类新型缓冲材料制品虽然不少,但大多存在这样或那样的缺陷,较难适应数码产品包装的需求。

4. 环保包装制品制作技术及工艺滞后,原材料质量标准较低

纸浆模塑制品在生产过程中普遍存在效率低、能耗高、耗材多、机型少的问题,特别是模具制造手段落后,因此不仅品牌单一,成本居高不下,而且常常出现质量问题,如薄壁、制品反潮、缓冲性能差,经不起多次跌落或碰撞等。与此同时,很难制作出大平面、高深度的纸浆模塑制品,一定程度上制约了纸浆模塑的推广应用和产品的健康发展。纸蜂窝材料用于制作托盘、包装箱及缓冲衬垫等制品时,生产工艺、制作成型总体技术水平较差,生产线自动化程度低,尤其是在成型制作工艺方面几乎是手工操作,致使难以达到标准化和系列化,从而影响了整机生产在流水线上的操作配套,而且其价格也居高不下,用户较难接受。

11.2　数码产品包装设计的功能

在当今社会中,数码产品包装设计必须具备以下一些功能。

1. 有效保护产品的安全性

这是数码产品包装最基本和最重要的功能。即便不受各种意外外力,数码产品在从出厂到用户的整个流通过程中,也会受各种因素影响,尤其是在运输过程中难免会遇到震动、挤压、碰撞、冲击以及受到风吹、日晒、雨淋等自然因素影响,在贮存时会遭到温度、湿度、尘埃和污染等损害。合理的包装能保护产品在流通过程中不受天然环境和外力的影响,从而有效地保护产品的使用价值,使产品实体不致损坏、散失、变质和变形。

要为数码产品选择一个理想的包装,保证产品质量,首先必须要了解被包装的数码产品的易损度。理想的包装设计是根据被包装产品易损度的大小,以及包装件所要经受的流通环境条件,选择适当的缓冲保护材料施加保护,使其在流通中能够经受住外部环境的干扰与冲击(图11-2)。

2. 方便销售和使用的便利性

数码产品的包装应便于储运、存放、销售、开启、使用及回收等,尤其是对于一些内装小配件产品要便于拿取、使用,还应该考虑包装的重复使用的便利性(图11-3)。

图11-2　Heydays 品牌包装,Heydays 工作室,挪威

图11-3　LEETGION 游戏鼠标包装设计,利民公司,美国

图11-4　唱片包装,Clormann Design GmbH,德国

3. 促进销售的商业性

数码产品经过包装之后,应与相关竞争产品有差异化;在产品陈列展示时,还能起到附加的广告宣传效果,起到"无声推销员"的作用。同一种数码产品在质量及价格相同时,外包装设计往往会成为消费者选购产品的主要因素。优良的数码产品外包装,往往为广大消费者或用户所瞩目,提升产品的整体品质,彰显产品的科技内涵,突出企业的信誉,塑造良好的品牌印象,从而激发消费者的购买欲望(图11-4)。

4. 关注情感交流的体验性

数码产品通常属于高消费商品,还蕴藏着丰富的高科技意味,它呈现出单位价值高,零部件脆弱的功能特点,所以在设计数码产品的包装时,除了要认真考虑怎样设计才能更好地保护产品、便于运输流通外,还必须考虑其外观的视觉设计表现,不但产品本身需要有个性的造型形态,包装的视觉语言构成——图形、色彩、文字也都应具有强烈的现代感与视觉冲击力,这样才能更好地展现其内在的价值。同时,为了充分体现其产品所具有的独特个性,需要选取优良的包装材料,运用特殊印刷工艺,以提升其科技含量,体现出数码产品的科技感、潮流感、青春感,使消费者在使用过程中等到美的享受和愉悦的体验(图11-5)。

11.3　数码产品包装设计的原则

数码产品包装设计应特别注重包装结构的设计及不同材质、特殊工艺的组合运用,以同时满足高精密产品对保护性和经济性的要求。数码产品包装设计一般要遵循以下设计原则:

1. 简洁的视觉信息设计能准确地传达数码产品的特性

数码产品包装设计应体现出品牌和产品的形象,通过有效地组织点、线、面的视觉构成关系,使之符合现代视觉设计的扁平化趋势。视觉形象在满足用户诉求基础之上应具有独特的个性,寻求成功的差异化卖点。合理、简约的视觉信息设计应注重可读性与可视性,这对于数码产品包装设计是非常重要的(图11-6)。

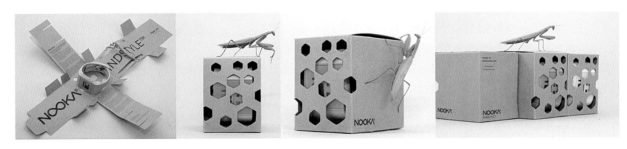

图11-5　NOOKA 电子表包装设计,NOOKA,美国

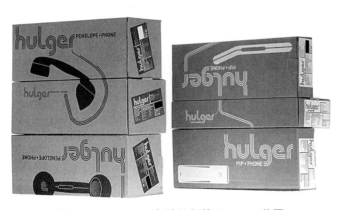

图11-6　BOOST 步话机包装,Swerve,美国

图11-7　联想电脑包装,
Lenovo,中国

2. 科学的包装结构设计能体现对数码产品的全方位保护

数码产品包装对产品起到保护作用,使得产品在运输、挤压、碰撞等状况下,还能够保持性能的稳定性。所以,包装结构设计显得尤为重要。如在设计时必须根据产品特点确定箱型与箱形(尺寸比例)、印刷面积与印刷设计、开孔面积与开孔位置。如果在以瓦楞纸为包装材料的数码产品包装盒上设计开孔,则要注意以下几点:

(1) 同一开孔形状面积越大,纸箱强度降低越大。
(2) 开孔位置越接近纸箱上下两边或箱棱箱角,纸箱强度降低越大。
(3) 开孔位置越接近纸箱中位线或中心点,纸箱强度降低越小。

（4）同一开孔位置，同样开孔面积，分散开孔纸箱强度降低比集中开孔要小。

作为包装设计师，要认真细致地研究包装的结构设计，以科学的包装设计视野来解决包装结构设计的各类问题，寻求最合理、最有效的包装设计（图11-7）。

3. 合理的包装材料能体现数码产品包装的环保性

数码产品包装的材料及内部缓冲要尽量采用绿色环保材料，减少对环境的污染。只有不断对包装材料的循环使用及可再生功能进行开发与利用，达到物有所用，人与自然融合与共生，才能实现包装的可持续发展。如一些体积较大的数码产品可以用蜂窝纸板环保纸质缓冲包装材料，这种粘弹性缓冲包装材料是包装易碎、怕压物品的理想缓冲材料。使用这种材料，不仅可以降低包装成本，而且为产品的出口开通了"绿色通道"。它具有可循环、承重大、成本低、弹性好等优点，同时防震、防潮、隔热性能都很突出。再如瓦楞纸这种包装材料具有质量轻、强度高、易加工成型、易回收等特性，已广泛用于数码产品的运输包装。但是由于影响瓦楞纸强度的因素很多，因此在设计使用瓦楞纸时，要尽量避免诸多弊端，发挥其优势（图11-8）。

无论什么新材料、新工艺，都要在适应用户需要的同时，符合国家标准和环保要求，同时还要兼具实用性、可靠性、经济性。尽量缩减包装材料用量，降低包装成本，节省包装材料资源，减少包装材料废弃物的产生量。把做有责任的设计作为核心的设计向导，以实现生活方式的创造为设计目标，努力构建一个由企业、产品、材料、包装、市场、品牌、用户构成的循环系统设计。

4. 良好的色彩设计是有效提高数码产品包装品质的手段

调查研究表明，人们在消费时不是先看到各种商品的具体名称或者包装造型，而是先看到各种商品的色彩。色彩是人体视觉诸要素中视觉刺激最敏感、反应最迅捷的视觉信息符号。据研究，人们对商品的选择呈现一个"7秒钟定律"，即在众多的商品中，人们只需要7秒钟的时间就可以确定对某商品是否有兴趣。这7秒之内，色彩导向消费的比重占67%。色彩的潮流性在一定程度上对设计师的影响也很大。在某个时期，某种颜色或某种系列的颜色成为当时社会上的主流偏好时，设计师无论是设计新商品或新包装，都会倾向于选择流行色彩（图11-9）。

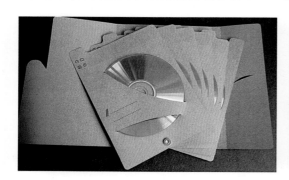

图11-8　CD/DVD包装，NA，加拿大

图11-9　CD包装，Kolle Rebbe，德国

　　在激烈竞争的商业环境下,捕捉消费者的购买心理是厂家销售产品的出发点。目前世界不同地区间的交流非常频繁,流行色对设计师的影响也越来越大,因此应加强对流行色彩的研究。但设计师也不能被流行色所束缚,关键之处还是挖掘数码产品本身所具有的文化内涵,这样才能更好地体现数码产品的使用、体验与服务价值。

5. 准确的包装定位设计是树立数码产品良好品牌形象的有效策略

　　包装设计的主要功能之一就是准确地传达商品消息,表现优良的商品造型形态、内在质量、用户体验,树立良好的品牌形象。产品没有特色就不会吸引人,要突出产品与众不同的特点,就要以产品具有的特点来创造一个独特的推销理由。有些产品质量相当,各自的表达方式也很接近,这时应该体现构思的巧妙,并将它作为设计的焦点和消费者注视的集中点,使其产生兴趣,引起共鸣。

　　数码产品包装具有很强的时代感,包装设计只有与时俱进,挖掘消费者的特定需求,注重产品消费的交互性与情感化趋势,才可能把握瞬息万变的市场。这就要求数码产品企业相关人员与包装设计人员共同参与设计,对市场需求要有敏锐的洞察力,能抓住时尚,发掘市场与品牌、产品与用户、体验与服务、价值与情感的潜在关系,营造良好的品牌包装文化(图11-10)。

图11-10　US VERSUS THEM X INCIPIO 苹果手机保护壳包装,Savage Diplomacy,美国

【本章练习与思考】

　　在市场上寻找构思新颖,结构合理,具有较强的商品属性,又有好的视觉效果的数码产品包装进行分析,同时剖析设计有问题的数码产品包装。

第 12 章　电子商务包装设计

12.1　电子商务包装概述

12.1.1　电子商务的定义

电子商务(Electronic Commerce,EC)是指通过使用互联网等电子工具(包括电报、电话、广播、电视、传真、计算机、计算机网络、移动通信等),在全球范围内进行的商务贸易活动。它是以计算机网络为基础所进行的各种商务活动,包括商品和服务的提供者、广告商、消费者、中介商等有关各方行为的总和。电子商务是利用计算机技术、网络技术和远程通信技术,实现电子化、数字化、网络化、商务化的整个商务过程。

12.1.2　电子商务的发展现状

随着经济全球化、信息化的不断发展,网络技术普及率日益提高,通过网络进行购物、交易、支付等的电子商务模式发展迅速,逐步成为主要的商品流通方式,并推动着生产、流通、消费和社会生活等经济领域的变革。

电子商务的发展,给信息流、物流、资金流和商业企业带来的变化是巨大的,一些传统企业的功能在弱化,新型的商业模式应运而生。相对于传统的零售渠道,电子商务具备特有的高效率和低成本的优势,不但受到普通消费者的青睐,还能有效促进中小企业寻找商机、赢得市场,已成为我国转变发展方式、优化产业结构的重要动力。

网络购物作为一种潮流化的趋势,在现实社会中已成为一种全新的生活方式,消费者的消费行为和消费习惯在短短数年之内发生了巨大的变化,人们可以足不出户地购买到自己需要的世界任何一个角落的商品。无比的高效与便利使得越来越多的年轻人开始涌入这个互联网带来的信息化服务之中,成为网上消费者中的一员。

电子商务的发展速度是惊人的,2008 年中国的电子商务交易额达到 3.1 万亿元人民币,网络购物交易额达到 1 257 亿元人民币;2009 年中国的电子商务交易额达到 3.8 万亿元人民币,网络购物交易额达到 2 586 亿元人民币,同比分别增长 21.7% 和 105.8%;2010 年中国电子商务交易额达到 4.5 万亿元,同比增长 22%,网上零售市场交易达 5 131 亿元,同比增长 97.3%,约占全年社会商品零售总额的 3%;2011 年中国电子商务交易额达到 5.88 万亿元,同比增长 33%;2012 年中国电子商务交易额达 7.85 万亿元,同比增长 30.83%,网络零售交易规模达 1.32 万亿元,同比增长64.7%。而每年的 11 月 11 日,支付宝一天的交易金额 2009 年为 0.5 亿元;2010 年为 9.36 亿元;2011 年为 52 亿元;2012 年为 191 亿元;2013 年为 350.19 亿元。纵观近几年中国电子商务行业年度监测报告公布的数据,我们不难发现电子商务已经上升到国家发展规划层面,正渗透到我们生活的方方面面,总体呈现稳步上升的态势。随着各大电子商城的逐步成熟,越来越多的消费者品尝到了网络购物的方便快捷。

12.1.3　电子商务的基本特征

1. 普遍性

电子商务作为一种新型的交易方式,将生产企业、流通企业以及消费者和政府带入到一个网络经济、数字化生存的新天地。

2. 方便性

在电子商务环境中,人们不再受地域的限制,客户能以非常简捷的方式完成过去较为繁杂的商业活动。如通过网络银行能够全天候地存取账户资金、查询信息等,企业对客户的服务质量得以大大提高。在电子商务商业活动中,人们积累了大量的人脉资源以完成公司要求,从业时间灵活,有钱有闲。

3. 整体性

电子商务能够规范事务处理的工作流程,将人工操作和电子信息处理集成为一个不可分割的整体,不仅能提高人力和物力的利用率,也可以提高系统运行的严密性。

4. 安全性

在电子商务中,安全性是一个至关重要的核心问题,它要求电子商务系统能提供一种端到端的安全解决方案,如加密机制、签名机制、安全管理、存取控制、防病毒保护等,这与传统的商务活动有着很大的不同。

5. 协调性

商业活动本身是一种协调过程,它需要客户与公司、生产商、批发商、零售商间的协调。在电子商务环境中,它更要求银行、配送中心、通讯部门、技术服务等多个部门的通力协作。电子商务的全过程往往是一气呵成的。

6. 集成性

电子商务以计算机网络为主线,对商务活动的各种功能进行高度的集成,同时也对参加商务活动的各方主体进行高度的集成,进一步提高了效率。

12.1.4　电子商务的构成要素及功能

1. 电子商务的构成三要素:商城、消费者、物流

买卖:商城为消费者提供质优价廉的商品,吸引消费者购买,同时促使更多商家的入驻。

合作:与物流公司建立合作关系,为消费者的购买行为提供最终保障,这是电商运营的硬性条件之一。

服务:电商三要素之一的物流主要是为消费者提供购买服务,从而实现再一次的交易(图12-1)。

2. 电子商务的功能与方式

电子商务可提供网上交易和管理等全过程的服务,因此它具有广告宣传、咨询洽谈、网上订购、网上支付、电子账户、服务传递、意见征询、交易管理等各项功能。

电子商务按照交易对象,可以分为企业对企业的电子商务

图 12-1　电子商务结构图

图 12-2　电子商务包装快递现状,
2013 年 11 月 11 日江南大学

（B2B）、企业对消费者的电子商务（B2C）、企业对政府的电子商务（B2G）、消费者对政府的电子商务（C2G）、消费者对消费者的电子商务（C2C）、企业/消费者/代理商三者相互转化的电子商务（ABC）、以消费者为中心的全新商业模式（C2B2S）。

12.1.5　电子商务包装现状及存在的问题

1. 电子商务包装现状

伴随着电子商务频繁交易而来的是各式各样的产品包装。2011年天猫网和淘宝商城每天平均消耗800万个包裹，接近整个快递行业包裹总量的六成。2012年天猫"双11"，单日销售额191亿元，消耗的包裹量为7 800余万个；2013年"双11"，截至11月11日早8:00，就有超过8 000个消费者收到了自己刚刚付款的商品，而截至11日下午17点，处理的包裹数已经过亿。每一天，各式各样用于电子商务的包装都伴随着快递员的身影穿行在城市的大街小巷（图12-2）。

由于电子商务的包装主要用于物流运输，因此包装设计多以运输包装形式呈现。当今的电商包装已很难与运输包装做出区分，不论是功能特点还是形式特征两者都如出一辙，这使得电子商务的包装在包装形态、材质、工艺、视觉设计风格方面趋于单一。为了方便运输、控制成本，电子商务的包装多以规整简单的造型为主要形态，以坚固耐用的瓦楞纸以及塑料材质为主，一般采用简单配色印刷，视觉设计风格多趋向平面化。以亚马逊中国商城的BOX6型包装纸盒为例，它采用了长宽高为270mm×195mm×130mm的长方体造型；300g/m² B型瓦楞纸材质；表面采用单黑色凸版印刷；设计简单，仅对企业标志中弧形微笑形态加以修饰，其余为联系信息、注意事项等基本信息的直接应用。

2. 电子商务产品包装设计存在的问题

（1）设计受到较多限制。设计的限制包含包装的用途、形态、材料、技术、意识等方面。形态与材质单一，印刷色彩单一且精度较差，商家与消费者常常忽视电子商务包装的存在等大大限制了设计的施展空间。这更多地由电子商务包装本身过于强调运输特性所导致。

（2）设计相对缺乏独立性。不与商品直接接触，成本低廉且仅完成保护功能，主要承担运输功能的包装很难有自己独立的设计。电子商务包装受制于物流，很难建立自己的设计特色，包装形态完全遵照物流系统的要求。为了快速、高效、低成本地完成消费过程，商家几乎省去了包装设计，直接拿现成的包装模型使用，尤其在C2C模式下小商家都是直接购买纸盒而非独立制作。

（3）设计缺乏创新性。较少的设计投入加之诸多限制使电子商务包装的创新相对缺乏。首先，设计形式缺乏创新。一个标志、一句问候语、一则促销信息毫无新意地印在包装表面，这样的设计应用在大多电商包装上。其次，设计对象单一。电商包装设计的对象局限在包装表面的视觉元素，常常忽视了包装的其他组成部分。

3. 电子商务交易中消费者对包装需求的转变

传统的购物方式往往是消费者与商品之间进行面对面的交流，消费者根据自身的需要去选择商品，商品通过实体包装去传达自身内在的功能和形式信息。传统的实体包装在很长一段时间之内对商品的保护、运输、形象展示等各个方面都起到了至关重要的作用，尤其在超级市场模式下的架上购物时代，包装本身就成了产品的推销员，更拥有宣传和导购的作用。

然而，随着互联网的发展，越来越多的人成为网民，数字媒体技术作为网络信息传递的载体，已渗透到全球的每一个角落，随之产生的电子商务让人们足不出户便可浏览、购买、评论任意一款在世界的任意角落的产品。在基于电子商务的网络购物中，消费者可以很直观地通过网络在自己的显示屏上查看商品各个角度的照片、各种属性、各种用途……与传统购物方式相比，商品不再包裹在包装之中，整个购物过程更加直观透明。首先看到的是商品，而非包装，这就使包装对消费者的促销功能有所减弱，因此我们见到的用于电子商务的包装多为单色印刷，根本就没有设计可言。在促销功能减弱的同时，由于商品到消费者手中还需要一个从虚拟到现实的转化过程，即物流配送，保护功能受到了消费者的重视。从电子商城或者网络卖家的仓库到达消费者手中的商品是否完好无损，商品有无在配送途中被调换,购买的私密物品有没有在配送途中被其他人知晓,这些都成为消费者关心的问题,也是商家与设计师们需要解决的问题。一般用于配送的包裹采用结实不透光的 PET 材质;采用瓦楞纸材质的纸盒为了防止遇水强度变弱而在外层加套了防水材料;还有密封包裹的胶带和使用防拆技术等(图 12-3)。

12.2　电子商务包装设计的特点

随着电子商务交易额的逐年攀升,交易量不断增大,消费者认知度不断增强,伴随电子商务而来的各式各样的包装开始进入我们的生活,参与到电子商务中的包装种类越来越多,数量也在逐年加大。

电子商务模式中的包装涉及产品包装、二次包装、配送加工等方面因素,与物流有着重要的关系,包装的形态、实用性、保密性以及环境友好程度等都是设计中不可忽视的方面。在整个消费的过程中,商品的包装非常重要,由于大量的商品在短时间内集中交易,物流量大,因此对包装的要求也更高。保护商品、快速运输、降低运输成本是电子商务包装的最重要功能。

1. 保护功能的回归

在电子商务模式中,包装的保护功能被放到了首要位置(图 12-4)。

图 12-3　澳大利亚国内邮政 Australia-post-domestic-parce,澳大利亚

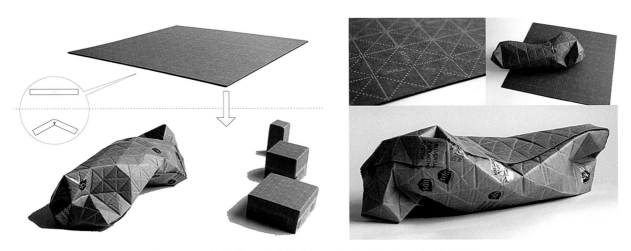

图 12-4　简易的 UPS 快递包装设计,Patrick Sung 设计,香港

电子商务商品包装通常采用瓦楞纸纸盒、充填缓冲材料、外部覆膜等方法保证商品在运输中不受损害,并对不同类别的商品采取不同的保护包装,比如小量的书籍与服装通常采用塑料封口袋,形状不规则的易碎商品则使用瓦楞纸箱并填充缓冲材料。在整个够买过程中不论商家还是消费者都将商品的安全性作为检验包装好坏的先决条件。保护功能便在这种需求与重视中得到了回归,重新成为包装设计的主攻方向(图 12-5)。

2. 包装成本的控制

电子商务最初吸引客户的特点就是基于销售渠道和销售方法的简化与创新所带来的成本降低。在电子商务的每一个环节都要遵循这一原则,控制成本降低售价,保持电子商务相对于传统商务的竞争力。电子商务的包装环节也不例外,要注重包装成本的控制。

我们现在看到的包装一般基于物流配送的包装基础,多采用较便宜的纸材或者塑料,一般采用单色小面积印刷或者无印刷设计。为了进一步节省成本,很多商家直接选择快递公司的包装作为物流包装,这一情况在 C2C 交易模式中尤为突出。在电商之间竞争越发激烈的当下,商家们经常在包装上印上自己的品牌标志,以突出自身品牌价值,但多采用单色小面积印刷。在一些包装辅料,如封箱胶带、填充物上也会印上标志、问候语、警示等。印着自家标志的包装辅料几乎可以适应各种物品的尺寸与属性,在有效控制成本的同时凸显了自家的品牌特点。

电商包装不仅在视觉设计上需要成本控制,在包装形态的设计上也需要成本控制(12-6)。电子商务中的包装需要与物流配送很好地对接,以达到高效、低成本。包装的形态、容量、包装方法等应能够匹配物流系统,从而实现成本控制,这是电商包装多采用规整纸盒的原因。适当体量的包装可以解决因包装过剩造成的资源浪费,也可以减轻物流配送的压力(图 12-7)。

图 12-5 快递包装盒,**Henry Wang**、**Chris Curro** 设计,美国

图 12-6 半坡艺术手袋包装,蕊蝶皮具有限公司,中国

图 12-7 小米手机包装,小米公司设计团队,中国

3. 促销功能的变化

与传统销售包装相比,电子商务中商品的直观化、多样化、便捷化、低成本化,使得包装的促销功能发生变化。

首先,电子商务中商品交易多以虚拟形式进行,购物过程中商品是展示的主体,包装不再首先映入消费者的眼帘。消费者可以直接看到商品的图片及相关介绍,包括样式、色彩、细节等,不用再隔着包装去猜测实物的模样。

其次,由于电子商务中卖家并非直接的生产者,同时所经营的商品数量庞大、种类繁多,很难对一种商品提供针对性包装。因此包装上的产品促销信息被以卖家为主的促销信息取而代之,其多为店铺宣传、品牌促销、问候话语等。

最后,成本问题也是电子商务所考虑的重要问题。电子商务的包装必须遵循低成本的原则,当下以方形、再生材料瓦楞纸盒为主,且采用大批量印刷。由于技术与成本的限制,很难在包装表面印刷精美图案,从而降低了视觉冲击力。同时,较大批量的集中设计制作也使得包装的促销信息更新迟缓(图 12-8)。

图 12-8　亚马逊包装盒,亚马逊公司,美国

12.3　电子商务包装设计的原则

科技在发展,时代在进步,新的设计手段不断涌现,传统的设计程序与方法已不能完全满足当前消费市场的需要,因此建立一套全新的设计流程和科学的设计方法十分必要。

1. 品牌至上

现有大多数电商包装,不论是包装纸盒还是包装辅料多印有电商品牌标志,一般没有详细的商品品名与种类。基于物流配送,电商包装一直扮演着忠实的保护使者的角色。这使得电商包装很难针对某一个商品进行个性化设计。电商所销售的产品,尤其是综合性大型电商的产品,都有自身的包装。电商包装往往在物流配送开始时形成,到消费者手中后完成使命(图 12-9),与传统商业包装相比缺少了消费者直接参与挑选的环节,即消费者只需直接挑选商品或电商,在这个过程中并没有包装的参与;而到达消费者手中时,消费者也只需通过包装识别出是哪家电商即可。因此在大家的心目中,电商包装只需完成物品保护与电商识别就足够了,这就使得电商的品牌标志成为电商包装设计的首要考虑因素。生活中我们常见的亚马逊、当当、易迅等,都是在包装上印刷电商自己的标志。而为了与竞争对手拉开距离,天猫和京东两大商城开始在包装上加上自己的品牌吉祥物,突出品牌个性,加强消费者好感度,这些吉祥物也算是品牌策略的一部分。

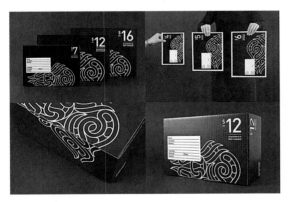

图 12-9　简易快递 Simplified Sending,Designworks 设计,澳大利亚

而电商销售的商品中,有很多品牌较注意设计自己的包装,如裂帛品牌的服装包装盒,就突出了该品牌的形象,图形也具有美感;小米手机的包装,简洁朴素、信息明确、盒子结实牢固,既很好地保护了产品,又宣传了品牌(图 12-10)。

2. 节省成本

在提到电商包装的时候,很多方面都不可回避节省成本的话题。在设计方法中,电商包装通过减少印刷面积,对称印刷,使用轻型环保材料等手段来节约成本。当下的电商包装多采用单色小面积印刷,这样可以有效地降低印刷成本。我们常见的如亚马逊、天猫、京东等商城都在自己的包装纸盒上用最少的颜色进行印刷制作。对称印刷,即包装相对的两个面采用相同的设计,这样既节省设计成本,又使包装美观充实,消费者可以在各个面看到相关信息,而不会觉得包装苍白。轻型环保材料的应用不但可以减轻环境压力,同时还可以降低电商的物流成本,让物流资源更多地为电商的商品服务而不是服务于厚重过大的包装。现在电商首选的是轻巧便宜的牛皮纸盒与塑料制品。同时,为了运输的方便,包装盒设计的尺寸都尽量小、薄,或做成不同尺寸的标准盒。

3. 拓展媒介

处于物流配送环节的电商包装需要许多辅料来完成最后的包装,如封箱胶带、填充气囊、运单标签等,好的电商包装需要一整套的设计才能达到最后整体美观的效果,所以电商包装设计需要考虑新的媒介。比如常见的封箱胶带上经常印刷有品牌标志、问候语、联系方式等。与一个贴着快递企业胶带、印刷精美的箱子相比,一个贴有自行设计的胶带却毫无印刷的箱子更能取得消费者对电商品牌认知的一致性。在 C2C 交易模式中,卖家往往没有完善的品牌系统,他们常常通过在包装上加贴印有问候语、提示信息的贴纸来体现对买家的关心,从而获取良好的买家印象。这种情况在淘宝网交易中非常普遍,基于淘宝的交易模式,卖家常常在包装上加贴"好评"贴纸,以求得买家给予更高的店铺信誉。在物流中还会对包装进行信息加工,一些目的地、收件人、订单号码等信息都会以单据的形式贴在电商包装表面,但这一部分往往是包装设计的盲区,没有人注意它的位置与表现形式,它的存在不能很好地和包装相匹配,降低了包装的美观整体性(图 12-11)。

图 12-10   丽洁服饰包装,丽洁服饰有限公司,中国

图 12-11   THE EBAY BOX 易趣网购物包装,Office,美国

这款易趣网包装盒采用100%可回收材料,并且使用最少的封箱胶带,包装盒可以反复使用,且即使达到使用寿命也可以完全回收制作成其他纸质产品,100%环保。

4. 增强体验

体验比服务和产品更具有竞争力,体验营销的目的不是娱乐顾客,而是要吸引他们的积极参与。人们总是喜欢留住某种回忆,在购买特定产品时,有些纪念品往往是人们最珍惜的东西,其价值有时超过产品本身。

消费者在网上购买商品,和在商店里购买不一样,不能面对面地交流,也不能亲自体验,如衣服不能马上试穿;食品不能马上品尝。这样就少了一些购物的乐趣和体验。所以,在进行电子商务产品包装设计时,应该充分考虑消费者在购物、使用过程中的体验。

消费者在网上看到的是虚拟的产品和包装,这些不能满足其心理需求,因此通常很期待购买的商品的到来,尤其是在收到包裹和打开包装的过程中,很希望能有惊喜。如果能给消费者在打开包装的过程中增加一些美好的体验,如包装的打开方式的创新或在包装中增加一些礼品或温馨的问候,使之享受整个过程,会增加购买的信心和再次购买的欲望。而在打开包装时遇到不便、麻烦和失望,则会使心情受到影响。

当然,电子商务首先要建立在诚信的基础上进行交易和沟通,这样才能创造良好的可持续的购物环境,才能吸引更多的人加入,所以设计师应该以诚信为基础,从细节入手,抓住每个消费者的心,创造美好的购物体验。

总之,电子商务的包装设计,要能很好地保护商品,树立电商包装的独立形象,在运输、保护、促销等方面找到适当的平衡点,消除运输带来的设计局限,拓展设计范围,扩充包装功能,完成节能高效的社会使命,为消费者带来便捷和愉悦的购物体验。

【本章练习与作业】

1. 通过网络调研了解电子商务产品的包装现状。

2. 通过网上购物,亲自体会电子商务产品包装通过物流到消费者手中时的感受,尤其注意观察包装开启的全过程,找出不合理的地方,进行改良设计 。要求包装设计结构合理,能很好地保护商品,便于开启、物流运输;视觉信息准确、简洁、醒目;注重环保,降低成本。

第 13 章　礼品包装设计

13.1　礼品包装设计的价值

　　礼是人类文明的标志,无论东西方,礼尚往来是传统美德。中华民族自古以来就是重视礼仪的国家。礼品是体现礼的某种方式,所以人们非常重视礼品的包装,而且如今有上升的趋势。

　　礼品是与人类美好情感联系在一起的,它给人们带来欢乐和希望,表达人们对人性的颂扬,对善良的讴歌,对美好的追求。它是人们表达情意、寄托思想、传递情感、述说愿望的最佳载体。

　　礼品包装是礼品与心灵之间架构起的一道桥梁,是心灵与心灵之间的交流与沟通,并在融融的祥和气氛中延伸、发展。礼品包装是设计师最能施展才华和最能体现设计水平的包装形式,它既是一种挑战,也充满着乐趣。每一件成功的礼品包装设计作品,都倾注着设计师无尽的心血。设计师以特有的智慧,凝练出以"礼"会友的心愿,表达着以"礼"敬人的祝福。他们辛勤劳动创造了丰富多彩的礼品世界,给人们带来无穷的乐趣和美的享受,也使自己的心灵得到了升华。

　　随着社会的发展,文明的进步,人们更加懂得借助包装来增强礼品中"礼"的含量。一件优秀的礼品包装能够为礼品增加更多的附加值,能提高礼品的身价,还能补充和丰富送礼人的心意,使受礼人获得意料之外的精神享受和满足。同时,当礼品使用之后,有些精美、耐久的礼品包装还可以保存下来继续使用,或作为装饰陈设。总之,好的礼品包装能给消费者带来额外的价值。

图 13-1　梅酒包装,
石川龟太,日本

图 13-2　东西坊精美杯钥匙扣,
陈幼坚,中国香港

13.2　礼品包装设计的种类

　　礼品一般可分为三大类:

　　1. 将食品、保健品、化妆品及其他产品专门设计成礼品款式的包装,加以礼仪意味及其形式,如酒、月饼、巧克力、茶叶、保健品、化妆品礼盒等,适合于个人际馈赠(图 13-1)。

　　2. 通常所说的礼品产品,加上精致的包装,适合青年人、企事业单位等馈赠之用,如水晶饰品、金箔画、地球仪工艺品等(图 13-2)。

3. 一些小商品加以欧式的礼品款式的包装纸及特定材料的包扎方式,重新施以程式化的包装,如风铃、花瓶、文具、玩具、丝绸品、旅游纪念品、创意小商品等(图13-3)。

礼品包装可分为一般礼品包装和特殊礼品包装。一般礼品包装要考虑它的经济性,要符合大多数消费者的购买力,但仍要有较强的装饰效果和良好的视觉效果,要有一定的"礼"的意念融入包装之中。高档的特殊礼品包装强调包装的式样新颖、别致、华贵,强调给人心理上的高贵感,也就是比实际价值看上去要高的感觉。但无论是哪一种礼品包装,都有一定的程式,使人第一感觉是礼品,而不是具体的产品,它传递一种礼仪,带来一份情意,给人一份温馨、一份寄托、一种美好的愿望。

图13-3 The Christmas Tree Bauble
圣诞礼物包装,Stephanie Wiehle,德国

13.3 礼品包装设计的要求

现代人更加包容和开放的心态,使人们能接纳各种风格的礼品包装,雍容华贵、朴实清新、简洁明快、童趣盎然、浪漫温馨、成熟稳重等都能在消费者中找到知音,不论哪种风格的作品,其关键在于设计师是否赋予它思想和灵魂,是否通过图形、色彩、文字等设计元素传达出设计意念及在包装中蕴含的特定意义,而不仅仅是单纯的表面视觉效果。

在这个更加讲究合理、有序的时代,现代包装设计师应该把握其设计的分寸感、合理性和科学性,避免过分包装。有的礼品包装不惜成本、本末倒置、夸大包装,包装的成本超过商品价值的几倍,造成包装界的浮夸风,使消费者产生反感,造成资源的浪费,不符合现代环保的理念。礼品包装设计应该注意是否符合内容物的属性;是否准确地传达出商品的特征;图形、色彩、文字是否具有恰到好处的寓意;表达的方式是否独特具有个性;是否表达了设计师或企业的一些观念;是否能迎合销售地区人的喜好。设计师只有不断创新,不断探索,勇于学习中外知识、信息,掌握新的设计手段,才能使设计的手法、风格多样化,才能设计出能满足不同消费群的礼品包装。

礼品包装总是和"华贵、精致、典雅、气派、高档"等词相关联。因为礼品包装从材质、结构、装饰、制作工艺上都比普遍包装更加考究。精致、华丽、富贵的设计风格,代表了礼品包装给人的一贯印象(图13-4)。而现代社会是一个多元化并存发展的社会,礼品包装的设计也出现了多种风格、多种形态。简洁、明快、环保的设计风格,不再追求华丽、奢侈的过度包装,拓展了"礼"的概念,回归自然、绿色环保、简约设计、人性化设计已逐渐成为礼品包装设计的一种趋势(图13-5)。

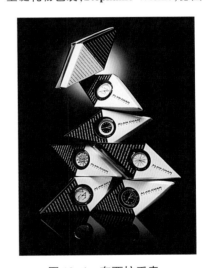

图13-4 东西坊手表,
陈幼坚,中国香港

13.3.1 传统文化的体现

不同的文化土壤孕育出丰富多彩的艺术之花,世界因差异而更加精彩,我们要尊重民族间的文化差异,首先就要去了解、认识

图13-5 游采茶乌龙茶包装,
李铭钰,中国

不同文化背景下灿烂的民族文化和彼此千差万别的内涵。各具特色的礼仪、礼俗拥有千百种不同的外在表达方式，其中礼品是较为重要的一种，好的礼品包装应该集图案、符号、文字、美感、信息、民俗、情谊于一体。

在庆典、婚礼、团聚等传统习俗的礼品包装中，我们可以强烈地感受到由于民族文化内涵的不同所引起的在色彩、图案、结构、装饰风格等方面的巨大差异，如中国人崇尚红色，对黄色、橙色等暖色颇加偏爱，在中国人的传统观念中，红色代表喜庆，象征活力、喜悦、热情、吉祥（图13-6）；明黄色曾为皇帝的专用色，具有权威、辉煌、智慧、高贵、丰收、成熟、财富等涵义（图13-7）；橙色则有积极、愉快、甜蜜、新鲜等意义。所以，春节、中秋等传统节日和婚庆的礼品包装多以红色、黄色或橙色调为主，以体现喜气洋洋、暖意融融的喜庆气氛，符合中国人的普通审美的需求（图13-8）。而在西方，尤其是美国，特别喜爱蓝色，他们认为蓝色意味着信赖、保守、理想、神圣，而他们认为白色是纯洁、明快、欢乐、洁白的象征，因此赠送结婚用品的包装多是以纯净、典雅、高贵的蓝色为主的冷色调或以白色为主的浅色调，以表示对新郎、新娘忠贞爱情的祝福。

在中国传统文化中，对精神文化的享受体现在平和含蓄之中，忌讳过分张扬炫耀（图13-9）。这为礼品包装设计开启了新的境界，即避免礼品包装常有的华丽与喧闹，反而表现一种深刻含蓄的文化精神，追求一种超越物质、恬淡而深沉的境界。在这个意义上，礼品包装是一种境界的象征，是一种精神的寄托（图13-10）。

由此可见，传统文化的差别、民俗民情的不同，所偏爱的内容、形式也各不相同，所以礼品包装设计应该是千差万别、丰富多彩的。

图13-6 贡果枸杞礼盒包装，宁安堡，中国

图13-7 龙月系列御用月饼，吕建成、赵隆设计，中国

图13-8 老杨方块酥，美可特设计公司，中国台湾

13.3.2 民族性的体现

在礼品包装上,具有民族特色的吉祥图案的运用已是相当普遍(图13-11)。中国传统艺术和民间美术中有许许多多意义深刻、被广大群众所喜爱的吉祥图案,如富贵满堂、三羊开泰、松鹤延年等,以自然界物象或传统故事为题材,用寓意、象征、假借、比拟等含蓄比喻的艺术表现手法表达人们对美好生活的追求和祈望。它着重于吉祥的内涵,而有别于一般的装饰图案,因此在礼品包装上运用吉祥图案,首先需强调的是所用图案应符合包装所要体现的主题与内涵,其次才是视觉美感和对形式的考究与斟酌。

每个民族都有自己的吉祥物,每个民族喜好的装饰图案也因地域文化和民族气质的不同而有着独特的风格趋向(图13-12),如气候寒冷的北欧国家比较倾向于欣赏偏蓝的冷色调,多以植物为题材,喜欢繁简适度的对称图案;而性格刚烈、做事严谨的日耳曼民族则偏爱色彩稳重、线条简练的图案;生活在热带的一些非洲国家,则喜爱对比强烈,由黑、白、红颜色组成的多直线、多棱角的几何图案。

只有把握礼品包装中民间民俗的情趣,尊重民间的风情,对千姿百态的各种民间风格深入理解,加以吸收,才能抓住要领。每一个民族、每一个地区、时期,都有一些经典的形象、形式、色彩搭配,记载了他们对礼品的独特理解,这是人类美好情感的重要组成部分,它可以丰富我们情感的表达方式,也可以使礼品包装的设计语言更加精彩。民间艺术给人健康、美好、清新、自然的艺术风格,它五彩缤纷的艺术形象可以给礼品包装设计提供丰富的素材(图13-13)。

图13-9 武夷瑞芳-茶包装设计,
之间设计,中国

图13-10 陶瓷瓶包装,
瓷纪百合,中国台湾

图13-11 茶叶礼盒,
流华,中国

图13-12 Tea India 印度红茶,Embrace Brands 设计公司,英国

总之,优秀的礼品包装作为一种艺术表现形式,所体现出的不同文化内涵,正是各个国家和地区不同民族文化精神和特征之所在,设计师深刻地领会其精神内涵,把它们转换成恰如其分的可视元素,给我们如此丰富的视觉感受和美好的艺术享受,为我们了解多彩的各民族文化提供了一条可视途径。我们只有尊重、珍视文化的多样性,创造一个真正平等的多元化并存的理想社会,人类才有可能培养出绚丽多彩的艺术之花。

13.3.3 商业性和艺术性的体现

作为商品包装的礼品包装,本身就是商品不可分割的一部分,所以它具有一定的商业性。礼品包装作为现代包装体系中的一个重要组成部分,如何在材质、结构、图文、色彩等方面体现出礼品应有的礼节性、身价感,是每一个设计师必须要考虑、研究的。同时应考虑如何最好地运用材料,降低成本,提高利润,使设计具有良好的视觉审美效果,引起消费者的购买欲望,促进销售,使产品在商业竞争中立于不败之地。有的商家善于在特别的节日抓住良好的商机,推出特殊的包装,具有很强的针对性,能刺激消费者消费,促进了销售(图13-14)。如西方的情人节,巧克力是商战中竞争最为激烈的对象,最后往往是精美的礼品包装使厂家赢得江山,虽然这些精美的包装要多付出平均10%的包装费用,却为厂家赢得了更多的利润,这说明消费者开始更加注重包装及包装带来的深刻意义。

图13-13 福瑞和喜茶叶包装,杭州朴上寸村文化艺术有限公司,中国

图13-14 印度 Bolu 茶包装,Mat Bogust 设计,新西兰

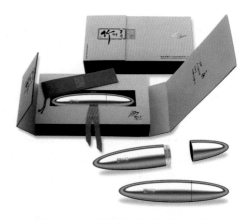

图13-15 竹叶青(论道)茶叶包装,单立人,中国

在现代生活中,礼品伴随着各种各样的生活方式和社交活动。无论贫富,不管文化高低,人们共同一致的目标是追求一种更加富裕、舒适体面的生活,礼品在传递过程中,在给予别人祝福、祝愿的同时,也将自己的成功、喜悦带给了别人,这使礼品包装有了更加丰富的内涵。带有都市商品色彩的礼品包

装,与其说是为了让受礼的人看了赏心悦目,到不如说是为了送礼的人在出手的时候多几分体面和自尊。设计这样的包装,应该尊重送礼者的心愿,气派和精美、豪华和实惠,还有流行时尚与风俗习惯都应照顾到(图13-15)。

礼品包装带有商业性倾向,为人们的生活和商业活动服务。这使得礼品包装的风格和表现手法更加丰富多彩、不拘一格,也更加贴近生活,引导时尚消费的潮流。时尚和流行引导着生活的潮流,激发着人们的创造力和进取心,使生活的质量不断提高。对时尚的关注、与时尚合拍,应该成为设计师的职业本能,应及时吸收时尚带来的清新空气,并在礼品包装设计中加以体现。要善于摒弃陈旧的模式和不适时令的东西,推陈出新,勇于突破,引领时尚,使礼品包装充满生机和新鲜感(图13-16)。

礼品包装设计是一门综合的艺术,无论是包装的选材、结构,还是画面设计,都蕴藏着深厚的艺术气息,尤其是画面的设计,涉及摄影、书法、绘画、构成、卡通、图案、色彩等艺术形式,比普通包装更加讲究艺术性。礼品包装的艺术性体现了礼品的感染效应、认同效应、诱导效应和启迪象征效应。

好的礼品包装应具有强烈的感染效应,这是一种艺术感染力,是一种潜移默化的神奇力量。有时候,我们喜欢一件礼品包装,会不知不觉地被它的美所吸引,被它的艺术效果所打动,在不经意间感到心灵深处有某种朦胧的满足感被它召唤出来,情感得到了抚慰,心灵得到了满足,这就是礼品包装的艺术性带来的巨大魅力。

图13-16　一米有茶茶叶包装,重墨堂设计公司,中国

艺术性还表现为认同效应,首先要考虑的是送礼者,因为礼品包装设计与其是为了使得到礼品的人高兴,不如说是为了让送礼者满足。礼品是祝福的象征,它不仅给人一件有用的东西,同时也送给你一份真诚、一份心意、一个特定的祝福,离开了包装,则很难圆满地表达某种祝福,也很难让人认同。一件成功的礼品包装,一定会让购买者感到能恰到好处地表达"我的"意思,也一定会给得到礼品的人带来欣喜(图13-17)。

**图13-17　佛道云茶系列包装设计,
卧龙视觉,中国**

在礼品包装设计中,应该强调艺术性,注意发挥艺术的诱导效应,强调循序渐进。一件好的礼品包装,在打开的过程中就是一个艺术欣赏的过程和艺术魅力展现的过程,设计师可以选择不同的切入点,或画面本身,或包装的结构,或包装的方式,或附加装饰。它可以让人获得某种启示,懂得品位与美德、情调与情操,从而在礼尚往来之中去体味爱心,锤炼真诚,珍惜友情,认识人际交往中真正可贵的东西。礼品包装中的启迪效应是由美而生,由美而发,离开了美,什么效应都谈不上。

礼品包装有它的象征性,象征性可以增加礼品的情感含量、文化含量、价值含量,可以提升礼品的综合价值,但象征性必须有文化背景支撑,以约定俗成为前提,设计师需要有全面的修养,要仔细调查研究、精心策划、反复推敲,做到礼品包装象征性的最佳表达。总之,成功的礼品包装既有较好的商业性,又有很强的艺术性和丰富的文化内涵(图13-18)。

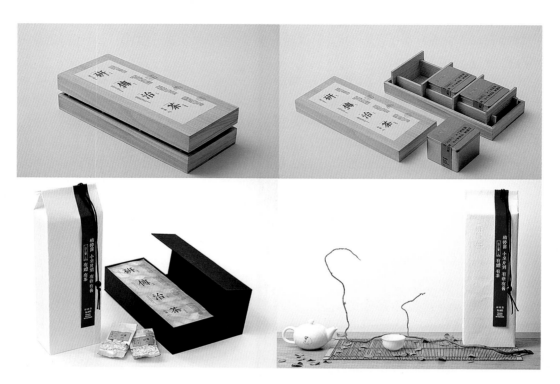

图 13-18　研传茶包装,三研社设计,中国

【本章练习与作业】

1. 对现有市场上的礼品包装进行分析,找出其中存在的过度包装,对这种现象进行分析。

2. 为某一类产品进行礼品包装设计。要求构思新颖、独特,结构合理,制作精良,能较好地反映产品的品质,能充分体现商品的文化内涵,整体包装具有一定的礼品感。

第三部分
产品包装设计前沿

【教学目的】

通过学习使学生对包装设计的前沿及发展趋势有所认识,特别是对绿色包装、简约包装、互动式包装设计的方法有所掌握,着重培养学生勇于创新的精神和社会责任感,在设计中更多地融入人文情怀,培养学生发现问题、解决问题的能力。

【教学要求】

1. 要求学生对可持续发展的理论有所认识,并能掌握绿色包装的设计原则与设计方法,进一步加强学生的环保意识,并能在实际的设计中加以运用。

2. 对简约包装、互动式包装的设计方法有所掌握。

3. 关注设计前沿的发展动向,对设计新理念、新观点有所认识。

4. 注重人文关怀的包装设计,对不同人群的需求进行用户研究分析。

5. 对以问题为导向的包装设计方法进行研究性的探索。

【参考学时】

32 学时

【练习与思考】

选择其中两题进行包装设计与制作。

1. 自己动手设计、制作一个符合绿色包装设计要求与原则的包装,可以从材料、结构或形式等方面入手。

2. 设计一个能使消费者在使用过程中产生互动并富有趣味的包装。

3. 设计一个融入人文关怀的包装,如专门针对老人、儿童、病人、盲人等特殊人群的包装设计。

4. 在现实生活中寻找包装中存在的问题,进行分析、研究,寻找解决问题的方法,把最终的解决方案以包装的形式展现出来。

第 14 章　绿色包装设计

14.1　绿色包装设计概述

　　作为一名真正的设计师,应该有强烈的社会责任感和使命感,应该对我们赖以生存的地球和我们生活的生态环境给予更多的关注,并且从自己做起,积极投身于保护生态环境的行动中去。必须对可持续发展理论有所认识,同时对现代人的生活方式、消费模式有深入的了解,进而在具体的设计中,时刻把握绿色包装设计的原则和方法,为环境的保护和社会的可持续发展作出自己应有的贡献。

14.1.1　绿色包装的兴起与发展

　　自然界是我们人类赖以生存的物质基础,但是随着人口的不断增长,社会生产活动的不断深入,人与自然的和谐关系不断遭到破坏,生态问题日益显现出来。特别是到了当代,生态环境已经相当脆弱,自然灾害频繁发生。我国近 20 年来,生态环境继续恶化,水土流失、沙漠化、草原退化和物种多样性减少,形势非常严峻。今天环境问题越来越成为世界政治、社会、经济、文化的一个焦点。

　　生态环境的破坏,其后果是灾难性的,且影响广泛而深远。我们今天在惊叹人类巨大创造力的同时,又深深地为人类对自然的破坏而忧虑,人们在改造自然的同时也在破坏自然。人类对自然界的破坏,已受到自然界的惩罚。今天,保护自然、回归自然已成为人们的呼唤,维持生态安全成了人类的共识!

　　人类消耗的自然资源已超出了自然再生资源的 20%,最严重的是能源消耗上升 70%,如果都要达到北美的生活水平,需要 3 个地球才能适应。我国最大工业消费城市上海,每天有 50 万个不能回收的快餐盒流入市场,这些白色垃圾掩埋在地下 200 年都不会腐烂,常年累月与废水、废气一起充斥着我们的生活空间,严重威胁着我们的生命和生态环境。

　　探求可持续发展的包装形态有着深远的现实意义和指导意义。在这个自然资源日趋枯竭、臭氧层持续受损、污染不断严重、人们对温室效应的恐惧日益加剧的时代,任何脱离环境问题而展开的包装设计研究都是毫无意义的。

　　绿色包装设计是一种可持续性设计。大力提倡绿色包装设计,有利于保护环境和资源,也有利于社会的可持续发展。

　　今天,包装水平已成为衡量一个国家经济发展水平的重要标志。但随着包装业的繁荣,包装废弃物与日俱增,一些废弃材料难以回收和处理,造成环境污染,尤其是塑料包装废弃物,成了"白色污染"源,严重影响社会的可持续发展。严酷的事实向世人敲响了警钟,包装废弃物的回收再利用已迫在眉睫。为了社会的可持续性发展,绿色包装的浪潮正在全球兴起。

　　在包装界,绿色包装是 20 世纪最震撼人心的包装革命。绿色包装的概念出自 1987 年联合国环境与发展委员会发布的《我们共同的未来》。1992 年,世界环境与发展大会提出人类社会的可持续发展思想,随之人们越来越深刻地认识到包装废弃物对环境和资源的破坏。因此,如何充分有效地对它们进行回收、利用,开发新型材料,成为包装业的重要课题。如今,绿色包装已成为包装工业不可逆转的潮流,发达国家相继出台了许多环境保护和绿色包装的法令法规。我国于1993年开始实行绿色标准制度,并制订了严格的绿色标志产品标准。1996年1月国际标准化组织正式向全球发布了ISO 14000系列绿色环保标准。1996年6月,中国环境保护白皮书指出,我国政府将在"九五"期间实施《中国跨世纪绿色工程计划》,为我国绿色产品、绿色包装的发展指明了方向。

2007年《限制商品过度包装通则》强制性国家标准通过审定,对饮料酒、糕点、化妆品、保健食品、茶叶、粮食六类商品的包装做出限制。饮料酒和糕点的包装空隙率不能超过55%,化妆品和保健食品的包装空隙率不能超过50%,茶叶的包装空隙率不能超过25%,粮食的包装空隙率不能超过10%。饮料酒、糕点、化妆品、保健食品、茶叶的包装层数不得超过3层,粮食的包装层数不得超过2层。同时,这六类商品除初始包装之外的所有包装成本总和不宜超过商品出厂价格的15%。该规定试图通过法律来制止目前包装越来越奢侈豪华的现象,增强公众的节约意识,改变不合理的消费观念。

14.1.2　绿色包装的内涵与标识

1. 绿色包装的内涵

绿色包装是指对生态环境不造成污染,对人体健康不造成危害,能循环和再生利用,能促进可持续发展的包装。它以不污染环境、保护人体健康为前提,以充分利用再生资源、节约自然资源与降低能源消耗为发展方向,既取之于自然,又能回归自然。也就是说,它所用的材料来自自然,通过无污染的加工形成绿色包装产品,使用后又可以通过回收处理或回归自然,或循环再利用。所以,绿色包装内容包含了保护环境和资源再利用两方面内容。

2. 绿色环境标志和绿色包装标志

判断是否为"环保型"包装是以能否回收利用为标准的。1975年,德国率先推出有"绿点"(即产品包装的绿色回收)标志的绿色包装。现在具有回收标记的包装在欧美国家市场上已经占绝大部分。回收标记寓意深长,它由三个箭头首尾相接环绕组成,第一个箭头代表废包装回收;第二个箭头代表回收利用;第三个箭头代表消费者的参与。三个箭头构成了一个循环往复的系统。绿色环保标志是由绿色箭头和白色箭头组成的图形,双色箭头表示产品或包装是绿色的,可以回收使用,符合生态平衡、环境保护的要求(图14-1)。

绿点标志　　　　　回收标志　　　　　绿色环保标志

图14-1　绿点标志,回收标志,绿色环保标志

在日本,有一套切实可行的回收再利用机制。无论是纸袋包装还是塑料包装,都有非常明确细致的回收标志,而且标识出包装材料的成分和种类。若同一个包装盒内有两种材料组成,其构成都分别标识清楚。将塑料分成不同种类,如PP-聚丙烯、PE-聚乙烯、PET-聚酯、AF-铝箔等,以便回收时分类处理(图14-2)。

编 号	材 料	应 用
△1△ OR △1△ PET PETE	Polyethylene Terephthalate 聚乙烯对苯二甲酸酯	透明汽水及饮品容器,食品包装
△2△ OR △2△ HDPE PE-HD	High Density Polyethylene 高密度聚乙烯	食物,洗洁精及化妆品容器,工业包装及覆膜,塑料购物袋
△3△ OR △3△ PVC V	Polyvinyl Chloride 聚氯乙烯	塑料瓶,包装覆膜,信用卡,盛水容器,水管
△4△ OR △4△ LDPE PE-LD	Low Density Polyethylene 低密度聚乙烯	保鲜膜,塑料购物袋,弹性容器,食品包装
△5△ PP	Polypropylene 聚丙烯	酸乳酪及牛油器皿,糖果及小吃包装,医疗用品包装,牛奶及啤酒箱,洗浴用品容器
△6△ PS	Polystyrene 聚苯乙烯	塑胶杯碟,外卖餐盒,乳制品容器
△7△ OR △7△ OTHER O	other 其他类	其他树脂或合成制品

图 14-2 塑料分类标志

14.2 绿色包装设计的原则

对于设计师来说,要设计出符合环保要求的包装产品,就必须参照以下绿色包装设计的原则:

第一,使整个包装生产过程成为绿色系统,使其各个环节成为无污染环节,以利于最终产品的绿色。

第二,在生产过程中节约能源,充分利用再生资源。

第三,遵循产品的4R1D原则,即reduce(减少包装材料,反对过分包装,即少量化原则);reuse(可重复使用,不轻易废弃,可以再用于包装制品,即重复使用原则);recycle(可回收再利用,把废弃的包装制品进行回收处理,即可回收原则);recover(可获得新的价值,利用焚烧来获取能源和燃料,即资源再生原则);degradable(可降解腐化,有利于消除白色污染,即可降解原则)。

绿色包装设计要考虑以下几个方面:

1. 用最少的材料实现包装功能;尽量减少用料的种类;充分考虑材料的来源;尽可能地使用回收材料;在确保安全的前提下尽量减轻包装的重量。

2. 考虑包装如何使用;用后如何处理,如重新使用、重新加装、腐化处理等;包装要易于操作;要便于运输与储存。

3. 考虑包装的生产过程是否符合环保的要求,包装的印刷应考虑使用无毒油墨等,如黄豆油墨(Soy-based Inks),在美国已有90%以上报纸的彩色版使用黄豆油墨,其具有公认的环保性。

4. 要考虑尽可能地利用商品优势减少包装材料;要考虑到商品的用途而妥善设计包装;要便于使

人识别不同种类的材料,如使用不同颜色或质地的方法。

5. 要有助于建立包装在使用、重新使用以及舍弃等方面的责任感;要符合本地的法律规定,要考虑本地垃圾管理的优势和劣势,并将其恰当应用到包装收集、回收、重新使用等设计思想中。

6. 要考虑如何将生产价值尽可能地保留到后续环节中;考虑从生产过程中寻找节约用料或节约成本的方法;始终坚持简单的解决方案,尽量做到“小就是美”,要不断提醒自己,如果每个人都使用这样的包装,世界将会怎样。

衡量绿色包装的标准是看所设计的包装是否符合可持续发展的要求。如所设计的产品或包装是经久耐用的;可以重复使用的和有利于健康的设计;对环境影响小的和简约的设计;能与人很好沟通的和方便使用的人性化设计;使用再生材料的设计;增加可再生能源使用的设计;使用带“绿点”标签的材料;使用以低能耗方式生产的材料;使用经过认证的标志体系,如生态标签、绿色标志等;减少垃圾,便于回收,便于再利用的设计。

14.3　绿色包装设计的方法

1. 减量化

包括在产品设计中减小体积,精简结构;在生产中降低消耗,对加工水平提出更高要求;在流通中降低成本;在消耗中减少污染、减少垃圾(这就等于是节省资源、节省能源)。要尽量减少包装中多余的一些部件(图14-3)。目前,不少包装多有臃余,有些是由于技术不成熟引起的,有些则是因为追求虚荣造成的。

要做到减量化的设计,需要企业与消费者双方的价值观有所改变,不贪图过多豪华、浮夸的视觉效果,而追求更加实用、有效的包装。减量化设计将会使今后的包装设计逐步转向“轻、短、薄、小”,产品结构趋向小型化、简洁化和便利化。一些食品包装运用小而精的包装,既方便又卫生,给人可爱灵巧的感觉,非常好地运用了适量化包装。

2. 再生材料的利用

有效利用再生纸、再生纸浆、再生塑料、再生玻璃等作为包装材料,既可节约能源和资源,又有利于环境保护。有些手机、鼠标等电子产品的包装,盒内衬是用再生纸浆压模成型的,其结构合理、轻便,既节约了资源又降低了包装成本,还可回收降解。用再生纸浆模材设计的鸡蛋包装,既很好地保护了商品又给人质朴温馨感(图14-4,图14-5)。因此,要加强对再生材料的运用和对再生材料所具有的特殊美感的认识,巧妙地使再生材料发挥更大、更有效的作用。

3. 可重复使用化

一些牛奶瓶、啤酒瓶可反复使用,属于可重复使用化设计。当然,回收、清洗容器需消耗运输能源和其他能源,所以绿色包装不存在优劣之分,只存在是否合适的问题(图14-6)。

图14-3　草包装,Assaf Yogev 设计,以色列

图14-4　EGG MOUSE mini(迷你蛋蛋鼠)包装,矢代昇吾、中村拓哉,日本

图14-5　GREEN EGGS 鸡蛋包装,Swear Words 设计,澳大利亚

　　还有些儿童食品包装,如小汽车糖果、小篮子果冻、圣诞老人巧克力等,外型设计生动有趣,包装的造型、装潢和工艺都非常精致耐看,独具特色,吃完里面的食物后,可以把外包装留下来作玩具使用。重复使用化设计包含三个方面的内容,即产品部件结构自身的完整性、产品主体的可替换性和结构的完整性、产品功能的系统性(图14-7)。

4. 能再生的再循环化

　　再循环分为物质回收与能源回收,可以针对整个社会的开放式系统,也可以是仅针对企业商品。要实现再循环化,必须做好如下工作:其一,通过立法形成全社会对于资源回收再利用的普遍共识;其二,通过材料供应商与产品销售商联手,建立材质回收的运行机制;其三,通过产品结构设计的改革,使产品部件与材质的回收运作成为可能;其四,通过回收材料及资源再生产的新颖设计,使资源再利用的产品得以进入市场;其五,通过宣传,使再生产品被消费者接受。此外,为了在包装被抛弃时人人都能很容易地加入再循环的流程中,设计共同认可的绿色回收标志是十分重要的。如 MERCAT 商店运用包装纸来包装商品,既方便又快捷,成本低,每一种包装纸上都设计有本商店的标识、店名、回收标志,图案简洁大方,给人留下很深的印象(图14-8)。

图 14-6　CODORNIU 促销包装——"蜡烛",**Master en Packaging Design**,西班牙

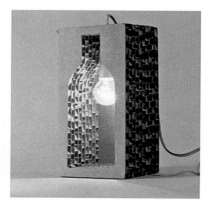

图 14-7　**TYPUGLIA 品牌包装,Leonardo Di Renzo**,意大利

图 14-8　**MERCAT LA BOQUERRIA 巧克力,**
Marisol Escorza,Federico Beyer,西班牙

　　MERCAT LA BOQUERRIA 商店的巧克力向来称重出售并用塑料袋包装,这让巧克力的质量难以得到保障。现在这种包装的可伸缩性让消费者可以自由选择重量在100～200 克之间的巧克力,包装本身也保证了巧克力的质量和保存环境。包装材料为薄纸板,由蜂蜜提取物制成的天然蜡密封,用水彩印刷,整体材料非常容易回收。

5. 自然素材的有效利用

应有效地利用自然材料,使其发挥最大作用。如稻草、麦秆、甘蔗杆、芦苇等不被人们重视的材料,通过巧妙的设计、开发、利用,可以赋予其独特的魅力,并在包装中发挥很好的作用。一些土特产品的包装,采用的是纯天然、可再生的自然材料或再生纸做的包装材料(图14-9)。目前在国内市场上也有这样的包装,如湖南的松花蛋、无锡的油面筋、端午的粽子等是采用竹筐、竹筒、竹篓或藤条编织的自然材料做包装,既有地方特色,又极容易回收。这类包装完全符合绿色包装设计的要求,用这种材料包装的食品不仅给人很好的视觉美感,而且方便、快捷,成本低,便于回收,不造成污染,既经济又实惠(图14-10)。

又如用土豆泥制作盛物盘或产品内包装,既克服了产品交叉感染或泄露的问题,又因质地轻脆而减轻了重量,还是一种可完全生物降解的材料,可在几天内实现完全、无害降解,是不可替代的环保材料。

6. 抛弃容易化

首先是材料安全化。抛弃后的包装材料,在回收处理中不能有毒性,或燃烧处理后不会产生毒性物质。

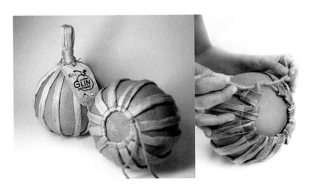

图14-9　水果包装,Yod Corporation 设计,泰国

图14-10　ECO WAY, Tal Marco Design,以色列

这款包装采用香蕉叶为材料,香蕉叶光滑的表面对于湿黏的食物来说非常合适,而且也可以灵活产生各种包装造型。这款包装中没有使用胶水,由于香蕉叶材质的特殊性,打开包装时只要顺着自然纹路撕开叶片即可。

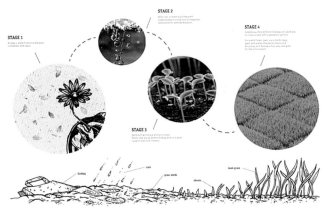

图14-11　EcoBag 环保袋设计, Vera Zvereva, Maria Mordvintseva, Julia Zhdanova 设计,俄罗斯

这个新型品牌购物袋自身是纯自然的。购物袋的材料中被嵌入不同种类的种子,在用完后把它丢弃在任何地方都会在雨后分解并长成一片草地、甘菊、三叶草等。这是一款真正的环保购物袋。

其次是防止散乱化。为了使环境不受到包装中小部件散乱而引起污染，在设计之前就应考虑并采取有效的措施。如易拉罐的开口零件或瓶盖，能巧妙地固定在瓶身上，以便在使用时不被随意丢弃，造成不必要的污染。

最后是分类容易化。尽量避免混用不同的素材，以便回收再处理，减少回收处理的代价（图14-11）。

7."从摇篮到摇篮"的绿色包装新概念

这个新概念是由建筑师威廉·克道纳夫（William McDonough）和化学家迈克·布朗达特（Michael Braungart）在《从摇篮到摇篮：重塑我们做事的方式》的书中提出的，他们认为包装领域是非常适合应用这一设计理念的（Cradle to cradle）（图14-12）。与其相反的是传统的"从摇篮到坟墓"的设计方法，用这种老方法设计的产品包装在被使用后，就成为毫无用处的废物，生产商没有机会去重新发掘这些材料的经济价值，因为它们一出厂就不会再被收回了。"从摇篮到摇篮"的设计方法是将"回收"设计成包装材料产品周期的一部分。进行仿生设计，使包装可以被重新使用，或者被完全、不损失任何成分地回收利用的技术性资料资源。此外，包装也可以被设计成一种可以安全降解到土壤中的生物性资源。

图14-12 从摇篮到摇篮

他们认为包装应被设计成一种在产品使用后仍可以被利用的资产，而不是成为使用者的一种负债。同时还提出一种引人注目的商业论点：具有生态环保效应的产品和包装同样可以帮助厂商增加利润。他们推荐"高效环保"的包装，将包装材料的生命路径视为一个封闭的生物性或技术性的回路，并指出真正阻碍包装材料实现完全意义上的"闭路型"全回收的不是材料本身，而是添加剂或油墨。设想如果能设计出一种油墨，在使用后可被洗掉，就可以使包装又成为一张白张，和新材料一样。另一种可能是将包装设计成一种生物性资源，而不仅仅是技术性资源。

在设计包装时，应该考虑好下一次它如何被重新利用的问题，如可以用邮寄方式来进行回收，形成一种良性的回收系统。可重复使用的概念也是"从摇篮到摇篮"设计思路中潜在的一个重要组成部分。

当一种包装可以被安全地当作燃料烧掉时，它就可以当作一种生物性资源来使用，可大多数包装在设计时没有考虑到可以被燃烧掉的需要。包装中的添加物和油墨等是造成此局面的因素，如油墨中的重金属在燃烧过程中会挥发，必须通过昂贵的过滤系统来处理，加大了回收成本，严重影响了包装作为一种燃料的经济价值。

另一个重要观点就是认为环保包装与传统包装成本相似或更加便宜。人们在最初购买材料时，可再利用包装的成本是相对较高的，但是和传统的不可回收的包装相比，只要购买相对较少的数量。另外，这种理念还能增强品牌的忠诚度，从而降低市场营销费用。在包装设计中运用"从摇篮到摇篮"可持续设计原理，能开发更多的可持续绿色包装，从而减少包装废弃物对环境的影响。

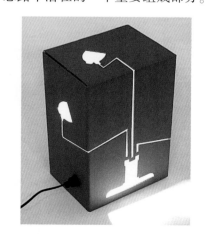

图14-13 NOT A LAMP 灯具包装，Studio DavidGraas，荷兰

8. 零废弃包装

零废弃包装是指通过巧妙的结构设计,包装在使用过后没有一点浪费,可以被再次利用,将包装对环境的污染降至为零。包装即是产品,有些设计中包装就是产品的一部分,两者有机地结合在一起;有些设计将包装的功能进行了延展,在完成对原有商品的包装后,又延伸出新的使用功能。其实最有效的包装效果是不使用包装材料的包装,既无包装的包装,但在生活中有些产品是必须要通过包装,才能将其很好地保护送到消费者手中,这样就需要我们创造出既实用又环保的包装(图 14-13)。

我国早先用于糖果上的糯米纸就是可食用的环保包装纸。现在我国正在研发更加实用的可食用包装材料,可以根据温度控制材料与水的溶解。同时在开发一种新型材料,它对人体无害,能与稻壳粘在一起,可以直接食用,用它来做月饼的包装盒会有意想不到的效果(图 14-14)。

9. 新型绿色包装

我们必须从长远的战略目标出发,充分利用现有的优势资源,同时不断研究开发新的包装材料,研究设计出更科学、更合理的包装结构,用较少的材料和可回收的再生材料,设计出既实用又美观的新包装。

国外最近新开发了一款手机,里面有向日葵的种子,当手机报废后,把手机放入花盆会被自然降解,同时又能长出向日葵,一举两得,既有新意又环保,很人性化也很有趣。这种创新对我们设计绿色包装很有启迪(图 14-15)。

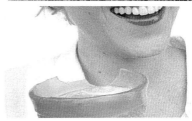

图 14-14　概念水杯包装,The way we see the world

可食用的水杯设计,它改变了以往的生产过程和材料使用。产品用可食用材料制成,在不需要该产品时完全可以用食用取代丢弃,百分之百可降解。

这是一个环保设计,台式钟的包装是平扁的,消费者可以自己去拼装。钟的本体全部是用可循环纸制作的,它的设计概念其实就是让包装盒变成产品。只需遵循简单的步骤,花上几分钟,你就能得到一个独特的台式钟,不仅很好看,而且还是一个支持可持续发展的产品。

图 14-15　台式钟设计,
Chris Anderson,英国

总之,随着人类环保意识的增强,在可持续发展战略的引导下,绿色已成为世界流行色,产生了绿色设计、绿色生产、绿色消费、绿色食品、绿色旅游、绿色产品、绿色城市等,绿色包装作为绿色沧海中的一粟,以其强大的应用优势和市场需求独树一帜,已形成一道亮丽的风景。绿色设计不仅是一种技术层面的考量,更重要的是一种观念上的变革,要求设计师放弃那种过分强调产品或在包装外观上标新立异的做法,而将重点放在真正有意义的创新上面,以一种更为负责的方法去创造产品的形态,用更简洁、长久的造型使产品或包装尽可能地延长其使用寿命。设计时应该认真考虑有限资源的使用问题,并为保护地球环境服务(图14-16～图14-18)。

图 14-16　SPRING BOOK 书籍包装,Barfutura,西班牙

腰封由含有种子的特别有机纸张制成。使用后只要有少量土壤,过几天种子就会破土而出了。

环保T恤包装将包装本身设计为可折叠的衣架,这样既避免了包装的一次性使用,同时也不需要为这件衣服再找衣架,方便了日常生活。

图 14-17　HANGERPAK T 恤包装,
Agency Steve Haslip,英国

这款灯的设计概念是包装盒就是产品,免去了不需要的外部包装。只需要花两三分钟就能将其组装成一盏灯。这款灯不仅是包装的循环使用,还可以在一定范围内实现我们自己想要的独特的产品。

图 14-18　灯设计,Chris Anderson,英国

第 15 章　简约包装设计

15.1　简约包装设计的缘起

20 世纪 80 年代,简约主义作为一种追求极端简单的设计流派在欧洲兴起,这种风格将产品的造型化简到极致,从而产生与传统产品迥然不同的新外观,深得新一代消费者的喜欢。

在经济高速发展的今天,人们逐步认识到生态环境的严重破坏和自然资源的无度消耗已成为社会发展的最大威胁,节约能源、环境保护等新兴价值观被日益认同,这在一定程度上构成了简约设计存在与发展的社会基础。人们将目光投向简洁、清新、自然的风格,也许是因为快节奏的生活步伐已使人们感到疲惫不堪,渴望心灵的片刻小憩,这促使设计者为自己重新定位,思考如何在如此喧嚣嘈杂的视觉垃圾世界中使设计理念表达更加清晰、明了、简洁。简约是当今流行的设计风格,简约替代了繁琐,用简约优美的设计手法创作出的作品别具清新、自然的艺术魅力。

什么是简约? 简约并不意味着单调、呆板和空白的滥用,更非内容空洞的借口,简约艺术不是内容的删减,它需提炼设计的精华,展现新奇的创意,给观者以非凡的视觉享受。简约设计如今已深入到各个领域,如建筑、家具、产品、服装、视觉传达和包装设计。

15.2　简约包装设计的特点

简约包装设计成为当今现代包装设计的设计风格,它推崇的是最简单的包装结构、最节省的包装材料、最洗炼的造型以及最精练的文字及准确无误的信息传达。主张用清晰、明确、冷静的抽象形式,追求简单中见丰富、纯粹中见典雅,强调“少即多”的设计思想。设计作品的画面简洁、豁达,无需任何多余装饰,同时又能确保设计意图的真实表达,直观而实在,使整个包装更加精练、简洁。

简约包装设计可以说开创了一种清新简洁、自然随意、淡泊宁静、洒脱自信的崭新的设计思路,它强调文字语言的精练幽默,醒目、简洁、优美的版式和直截了当表达的意图。简约的字体设计,冲破常规的约束,使文字成为艺术,观者能借之对设计意图突然醒悟。布局构图严谨又不拘泥,不因简单而无所创新。设计画面赏心悦目,又很好地传达了设计意图。对设计者来说,语言精练的设计也是一种极富挑战性的尝试,简洁的画面设计往往能清楚地表达主题,即使是匆匆一瞥也能使人迅速领会其含义(图 15-1)。

简约包装设计体现着人与自然相融的绿色理念,把环境保护、资源节约以及人们的物质和情感需求融为有机整体中,具有可持续性、科学性、全面性的生态伦理价值。今天的设计理论研究应当重视对人类道德情感的正确引导,简约包装将会引导消费者将过度的物质欲望转向适度的精神欲望,由浮华浅薄的奢靡消费转向纯粹深邃的精神回归。简约包装设计研究的最大价值不仅仅局限在商业竞争和包装风格的革新表层上,而应是创造一种适应社会和谐发展的消费方式和观念。总之,简约包装设计,要求设计师有更加敏锐的洞察力和更加简练的表现力,使设计出的包装更加简洁明快、清新自然、洒脱空灵。

15.3 简约包装设计的方法

15.3.1 图形设计符号化

1. 单纯化和秩序化

在简约化包装设计中，单纯或秩序的图形符号可以让视觉中心突出，易于迅速识别和记忆，具有很强的符号指示性作用。有序的形式最具有动人心魄的魅力，秩序的应用使复杂事物达到规律化、单纯化以及整洁化。在这里对比统一、均衡变化的和谐等都是秩序化的法则和形式。根据心理学家的研究，人们的视知觉偏爱于单纯的矩形、直线、圆形等具有简洁完整性的图形符号。图形的秩序结构很容易被视觉所把握，它的内在形式规律可以产生和谐的视觉延伸效应，可以满足人们适应、舒适、稳定的视觉心理。面对庞杂的视觉信息群的时候，往往是那些秩序的、单纯的、完整的、对比性强的信息首先被摄入视觉范围内，这是因为单纯化图形与人们视觉经验里的大多数自然或人工形态形成了鲜明对比，所以也就更容易受人注意。

秩序化指将图形中的各要素进行有规则的排列。在视觉心理上，人有适应秩序、喜爱秩序的天性，加上现代人面对社会的压力、环境的污染、人与人之间的矛盾以及"物质化"内心造成的浮躁不安，心灵上更渴望安定的秩序感。自然生态中充满了秩序，人类自身生理结构中存在着秩序，社会的发展也遵循着秩序，秩序感已经成为人类生理和心理上的需求。简约化包装中的秩序化图形设计可以将变化多样的丰富性纳入到有条理的组织中，在变化和规律之间保持一个适度关系。比如在规则图形之中加以部分不规则，在渐变、重复构成中采用变异手法，让包装的视觉效果更加丰富（图15-2）。

2. 抽象化图形符号

抽象化图形符号相对具象图形更注重意向的传达，这使得复杂情感的传达以简洁生动的装饰形式展现。装饰中的抽象形式对于视觉，就像音乐对于听觉，共同实现视听享受。设计要求有更多的共同性来满足视觉心理需求。抽象化图形更能触发消费者的联想活动，并且可以最大限度地与不同消费者的主观意象相匹配。通过大量资料的分析得出，抽象是将经验构造成某种形象符号的方法，这种方法可以让消费者以综观的角度来了解许多特定的事态。我们可把抽象化图形与符号化图形的概念关系理解为前者包含在后者的范畴里面。消费者对于抽象化图形的有效沟通理解，需要在包装和心理之间以某种共同或类似经验为桥梁。不同的视觉经验和社会文化的人会对相同的抽象图形有不同的理解。抽象图形具有信息传达的模糊性，视觉心理会自动寻找与自身的视觉经验相匹配的认知信息。这就是为什么抽象艺术总是能引起许多

图15-1 Good Milk 牛奶包装，STUDIOIN 设计，莫斯科

图15-2 MEKFARTIN 柠檬草酒包装设计，MartinFek 设计，斯洛伐克

图15-3 CHOUETTE 纸包装设计，野上周一设计，日本

不同的联想(图15-3)。

3. 空白图形

简约包装设计的目的是用有限的设计元素创造最佳、最丰富的视觉效果和心理满足。在图形设计中有意识、有目的地利用图形空白,不仅能够简化设计,增加信息承载量,而且能够极大地丰富图形的表现形式和奇特的视觉心理,给消费者留下深刻印象。空白图形的设计是灵活多变的,任何形式特征的适应性都是具有条件相对性的,空白形式的"不完全形"和"正负形"是两种常见表现形式。包装设计中具有良好连续性的空白空间,不仅可以丰富设计语言,而且可以激发受众更多的视觉兴奋点。人类的视觉心理有一种自发的推论倾向,对于不连贯、有缺口的图形,视觉心理会自发地进行弥补,对不完整形的填补功能是人类视知觉通过生活经验产生的能动作用。当一个"不完全形"呈现在我们眼前时,会引起我们视觉一种强烈的追求完整、对称、和谐和概括的倾向,经过视觉的延续作用自觉地将它"补充"到符合视觉需要的"完整"状态。简约包装中不完整形的艺术空白图形设计,不是模棱两可、可有可无的,而是通过空白部分,使包装主题信息更加突出,设计内涵更为深入,在视觉形式上获得更多张力。巧妙地使用视觉心理的"完形"规律可以使简约包装展现出极为丰富的视觉效应(图15-4)。

图15-4　"5橄榄油"包装设计,
Designers United,希腊

正负图形也称为图底反转图形,它是指正形和负形的轮廓相互借用、相互适合、虚实转换、巧为一体,它们彼此以对方的边缘为轮廓,相互依存、相互连接、相互制约、相互显隐,使图底两形呈现出一种非此非彼的不确定形,使图形包含更深、更丰富的信息。它将复杂的设计思想浓缩到简洁的图形中,使受众瞬间感受到设计者的设计理念,并且过目不忘。它以运动感的视觉表现形式,引发出无穷无尽的视觉联想,言有尽而意无尽,在有尽的视觉语言中显示无尽的内在含义。好奇心驱使着受众用更多的时间来关注正负图形之间的联系(图15-5)。

图15-5　Clearspring食品包装
设计,**Mayday**设计,英国

4. 文字图形化

文字是传承记载社会文明的载体,它的产生与发展是人类社会进步的标志,是人类文化的象征,是人与人相互沟通的桥梁。从视觉传达的角度上来说,其本身就具有图形符号的审美效应。不同国家的文字具有不同的形式特点、整体外形。笔画所分割的空间和笔画本身都可以看作是具有特定含义和固定形态的一种图形。任何一个视觉物象都必定由造型元素构成,而对真实的物象来说,任何一个元素的缺乏也都是不成立的,这是事物物质性的体现,文字也是如此。文字的发展规律为文字的图形表述提供了依据,通过寻找某一文字的象形根源,来实现文字向图形的转换,新的文字的字面含义越抽象,可以引发的联想外延就越丰富。符号化的文字图形的视觉形式,有利于展现简约包装设计的人文魅力。日本包装对于文字图形的运用就给人以很强的视觉图形感,他们根据商品的属性和个性特点进行创

图15-6　Ubershot,
Lan Firth,英国

意构思,力求做出与商品特性相适应的字体设计(图15-6)。

15.3.2 色彩语言纯粹化

1. 单色的灵活运用

形态与色彩两者的运用应该相互谦让,即当图形中出现复杂或多种形态时,可通过单一的色彩对其进行统一。醒目明快的单色包装具有更为强大的视觉吸引力、号召力,大面积的单色包装更容易被消费者以最快的速度记录在脑海里。

设计师在进行包装设计的用色过程中,首先,要考虑单纯简练的单色渲染出的特殊情绪作用;其次,要灵活运用单色的明度对比和纯度对比,适度的对比呈现出一种动态和谐的简约之美,可以营造出富有张力的色彩空间感,同时丰富了单色包装的表现形式。与包装主题最为切合的色彩,是更多考虑了包装作品所处的环境和具体受众的个性需求。单色设计由于没有多色设计表现形式的多样性,所以更考验设计师对色彩的运用能力,即如何用有限的色彩语言发挥最大的魅力。图15-7的包装并没有因为使用了单色而显单调,简洁整齐的视觉图形和文字搭配更加突出了主题。

2. 中性色的合理运用

简约包装设计追求色彩的调和、精练、单纯和秩序。黑、白、灰三色,因为没有明显的色相偏向,所以称为中性色。现代包装设计讲究用色在巧而不多,其用色日趋简练,以获得与众不同的色彩效果。中性色的独特色彩语言符合包装简洁、单纯、和谐的艺术形式需要,摆脱了包装设计的常规用色。人眼的感光综合值是白色或灰色,所以黑、白、灰色对于人的视觉来说,是色彩的重要平衡器,从这点我们可以理解为什么在从暖色调流行周期过渡到冷色调流行周期的多彩变化中,黑、白、灰色总是与流行色调同时流行。黑、白、灰是色彩的最后抽象,代表色彩世界的阴极和阳极。中性色设计的包装,大多单纯、简洁,在制作过程中能缩短制作流程,降低了印刷难度,对印刷工艺的要求也更低,进而能更好地控制成本(图15-8)。

3. 自然色的回归

现代机器文明和消费文化带来了极其富足的物质产品,商业大亨们乐此不疲地展现着人工智慧的成果。工业社会的发展造成了自然生态的恶化,而人类与自然的关系是相互依存不可分割的有机整体,生态环境遭到严重破坏的同时,人的精神状态也受到了影响,包装设计如果缺乏对人们内心生态需求的考虑,就不能称为成功的包装。今天人们普遍出现了"失望"、"寂寞"和"空虚"的精神危机,开始渴望自然朴质的简单生活,需要情绪的释放和心灵的慰藉。有些自然的包装材料不再需要刻意进行加工,保留色彩与质感的天然性更能满足现代崇尚自然、追求传统、渴望古朴典雅的审美心理需求,对自然色的模仿或还原体现了简约包装设计对于自然的尊重和人性的回归(图15-9)。

图15-7　LIA 橄榄油包装,**Bob Studio**,希腊

图15-8　**SosoFactory**,**Eduardo del Fraile**,西班牙

图15-9　echo 品牌瓶装水包装,**Ferroconcrete** 设计公司,美国

15.3.3　肌理质感宜人化

1. 利用材料的自然肌理

材料具有自己固有的表现力和肌理形式,在包装设计中应该尽量采用天然材料的自然肌理所带来的触觉感受,放大材料的自身表现力。自然肌理具有最原始的形式意义和感官的激活能力,能够唤起人们的内在心理活动,这是构成视知觉的一种互动倾向条件。受众感官会投入到积极的组织活动中完成这种活动,并将那些肌理形式组织同构于包装设计整体形式效应中。显然这种内心体验所造成的愉快体验更富有起伏性,更符合视觉审美的感官享受,更符合包装的情感体验设计需求(图15-10)。

图15-10　渍客饌客家腌渍物,**Victor Branding Lab**(美可特品牌设计公司),中国台湾

自然肌理的运用不仅可以降低生产成本,减少生产工序造成的环境污染,降低回收难度,而且借助肌理的触觉特性使消费者对商品产生独特的差异认知。在建立生态社会要求的推动下,有良好再生或循环功能的天然材料倍受注目。天然材料可以提供质朴、温情、含蓄的物质触感,可以排解精神上的空虚和寂寞感。

图15-11　**Don Manuel 93** 龙舌兰酒,**Objesion Studio**,墨西哥

2. 善用肌理的"视触觉"

视触觉和触觉的关系是既对立又统一的,视触觉是触觉给人的一种经验反映,它是抽象的,是一种符号,这种符号通过先前的经验产生,再经过编译和转化,成为一种视觉信息,进而对后来的触觉判断产生指导作用。人们乐意用好奇心驱使自己在这些抽象的肌理触摸中寻找感情的共鸣,唤起自己想象的补充和再创造。无论是自然肌理还是人为肌理,恰当地运用到包装设计中就能形成一种向人们表述一定概念并激发人们进行审美活动,通过感觉和知觉来感知各种肌理形式的情感语意。肌理分为视觉肌理和触觉肌理。人们对肌理的触觉感能在瞬间传遍全身形成人的整体感觉,并引起人们丰富的心理反应。所以包装若能带给人良好的触觉感受,往往能收到意想不到的效果。在产品包装的肌理设计中,人们首先通过观察而获得整体的肌理印象,继而通过触摸产生丰富的心理感受,从而获得全面的审美体验(图15-11)。

3. 肌理的功能性

功能性的肌理搭配,可以体现在与使用相关的防烫、防滑、识别等功能上,以增加使用的舒适度和宜人性。肌理的功能性有助于体现包装设计的人性化及人文精神,使人们在接触产品包装的那一刻就产生一种真实、亲切、愉悦的感觉。美国有一款供帕金森氏综合症患者使用的配药瓶,表面突出的纹理及半浮雕形式的字体使得病人在触摸药盒表面的时候产生一种信赖感,体现了设计对人的关怀。肌理体现的情感语义对于更好地发挥包装功能具有重要作用,设计师应该不断地学习新技术、新材料,在简约包装中广泛运用材料的特殊肌理,利用新型人造材质的原本肌理,或通过喷涂、镀、贴面、压凸等手段,丰富肌理形式,从包装形式和功能上满足现代消费者的触觉情感体验。一个成功的包装设计并不在于用材的高级与否,也不在于使用材料种类的多少,而是要在体察材料质地特征的基础上,精选恰当的材料,使材料与肌理情感语义和谐统一(图 15-12)。

总之,简约包装设计发展的基本原则应该是人文生态与自然生态双轴心的和谐发展,以实现人与自然、人与人、人本身的和谐共生为设计的道德标准。今天的消费者已经度过了求量,求质的初级消费形态,正在步入求心、求意、求情的精神消费时代,为以精神表现和意境延伸为设计核心的简约包装风格提供了培育和发展的土壤(图 15-13,图 15-14)。

图 15-12 Otranto——橄榄油,
Eduardo del Fraile,西班牙

图 15-13 腌渍产品包装设计,
三浦正纪设计,日本

图 15-14 日式甜点包装设计,
水谷光明设计,日本

第16章　互动式包装设计

16.1　互动式包装设计的定义

　　今天的消费者的欣赏情趣和生活方式变得越来越个性化、多样化。如果包装不根据消费者的这些需求来设计,就很难在市场上成功。包装的作用取决于它的刺激效能的大小,因此通过互动产生趣味的包装就很容易抓住顾客的好奇心理,易于使之产生冲动购买的行为。

　　互动是指两个主体之间彼此发生相互作用或积极改变的过程,它包括生理变化和心理变化。在设计界,互动的范畴存在于人与人之间、人与物之间,通常说的互动是指人先作用于物然后物再作用于人的信息反馈,其在关注结果的同时更加注重事件发生的过程,如人机互动。在设计领域,互动理念是多学科交叉产生的,其运用范围包括多个设计领域,如视觉传达设计、工业设计、媒体艺术设计、交互设计等。

　　互动理念在包装设计中的运用是近几年产生的。通过调研发现,通常包装使用者更愿意使用具有创意,能够让其产生愉悦感,在使用过程中有趣味,或者使用后通过自己动手可以再次利用的包装。也正是这种需求使得互动式包装设计具有了现实意义。

　　评价一个包装能否与包装使用者产生互动,关键在于看包装使用者的参与程度。传统的包装使用者使用包装的过程是线性、一维的,是信息的接受者,而互动式包装设计使得包装使用者参与到其中,是非线性、多维的,二者的交流过程是多方面、多角度、多用途的。消费者能通过与包装的互动获得愉悦和满足感(图16-1)。

16.2　互动式包装设计的特征

16.2.1　趣味性

　　趣味一词,从本意上来讲,是使人愉快、感到有趣、有吸引力的特性。趣味给人机智、活泼、天真和游戏精神,它不拘泥于任何现状和世俗状态,表现出鲜活的活力和自由的创造力。它用于包

图16-1　牛奶包装,nicole berman,美国

装可以导致人们积极地与特定的品牌发生联系,从而影响受众对品牌的态度,还可能影响人们对品牌的联想。

互动包装设计的趣味性,是在后现代语境背景下发展起来的,与现代主义的冷漠相对立,追求感性上的快乐。它是现今人们摆脱生活压力、追求愉悦生活的直接反映。它的发展符合目前人们的感性消费理念(图16-2)。

包装具有趣味性,是指包装的某一方面,如包装的形态、功能、色彩以及包装的视觉形象和相关的故事能够吸引消费者,同消费者产生一定的共鸣,创造快乐愉悦的审美体验。不同的消费者,由于其背景、教育及修养等方面的差异,对趣味性的认知也不尽相同。人们的心理活动是极具微妙的,也是难以琢磨的,人们往往凭自己的印象购买产品。人们在认知某类趣味性包装时,既能够和自己的一些经验发生联想,又能有一定的陌生感和含糊性,则最容易引发兴趣。能引起消费者产生共鸣的包装设计,一定具有强烈的视觉感受,可以使消费者感觉到其特别之处,形成知觉,激发购买行为,所以趣味性包装拥有视觉优先权。追求个性的消费者想要购买的商品一定是符合他们口味的。"读图时代"的包装设计应该符合人们快速阅读的需求,尽量以简洁的视觉方式和视觉语言来传达商品信息,满足人们对视觉快感和趣味性的要求。我们生活在一个张扬个性的时代,越来越多的人崇尚彰显自我的生活方式,从而导致整个社会对趣味包装设计的需求增加,因而在包装上应体现个性化、情感化、多样化。产品的包装要既能满足功能的需要,又能满足消费者一定的心理需求,以增加产品的附加值,达到销售的目的(图16-3)。

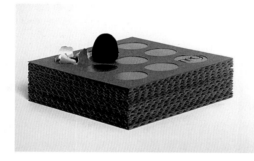

图16-2　No9 巧克力包装,Thomas Jonkajtys,波兰

图16-3　morning mug 早安马克杯,Damian O'Sullivan,美国

包装具有趣味性是科学和艺术的智慧结晶。现代心理学认为,有趣和幽默是对人们心理的一种特殊适应,它是对心理理性的一种特殊反叛,是以突破心理定势为基础的。在琳琅满目的商品中,看到有趣的包装,人们可能会心一笑,顺便拿起来看看,这时有效的商品信息便在快乐、轻松、谐趣的气氛中传递了。这可以有效缓解精神上的压抑情绪,排除人们对包装、广告所持的逆反心理(图16-4)。

16.2.2　包装使用者的主动参与性

互动式包装更加注重对包装使用者的调研。在包装设计前期即市场调研阶段,应广泛听取包装使用者的建议,并对使用者进行不同的定位,有针对性地做出分析,以此来指导包装设计。在包装设计过程中,应根据使用者的切实需要,考虑到使用者的参与,预留使用者进行包装再设计的空间,在保留包装传达信息、保护商品功能的同时,让使用者参与到包装的二次使用中,方便使用者与包装进一步的互动(图16-5)。

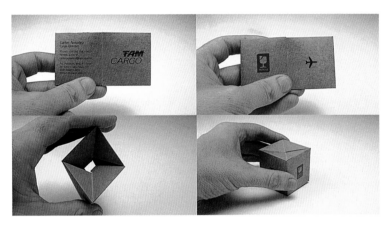

图16-4　TAM Cargo 货运公司,商务名片,Y&R,巴西

图16-5　BRODOFINO 包装,
Fabio Bernardi,意大利

　　该意大利面包包装呈金字塔形状,顶部开口可密封。金字塔四周的每一个卡通图形都有不同的表情。

图16-6　口琴啤酒瓶,Matt Braun and Chris Mufalli,美国

　　能奏响音乐的啤酒包装设计。在啤酒瓶贴上绘有七个音阶,当瓶中的酒到达所绘音阶的刻度时,吹奏就会发出相对应的声音,酒瓶成为了能奏响的乐器,这就使得该啤酒包装具有了非常强烈的互动性,当三五成群的年轻人在一起喝啤酒时,可以自吹自奏,乐趣无穷,使得使用者与包装、使用者与使用者之间产生了互动,有了情感的交流。

16.2.3 包装使用者与包装的互动性

包装使用者是包装设计的主要参与者之一,使用者在使用包装时,会感知到包装的材料、结构、视觉形象及包装的打开方式。过去的包装与使用者之间是一种被使用、被打开的关系,不存在包装对使用者的影响作用。互动式包装能使使用者与包装之间发生互动,产生一定的刺激和影响。也可以使包装对使用者产生一种情感关怀,也就是包装使用者在使用包装的过程中产生的信息反馈,会刺激使用者的感知层,进而完成心理体验,这种心理体验的产生,在真正意义上完成了包装与使用者心理层面的互动(图16-6)。

16.2.4 包装使用方式的多样性

包装使用者是具有独立性格特征的个体,使用者不同,对包装的需要和使用过程的习惯也不同。互动式包装设计凭借对包装使用者的深入调研,设计出具有互动性的包装结构、可自主组合的形式、可变的视觉形象以及自由组合的包装形态等,为使用者提供了独特的使用方式。同时,在使用过程中让使用者能够开发属于自己的使用方式,真正实现了使用者在使用方式上的多样性(图16-7)。

图16-7　**Pink Glasses Wine Bottle** 红酒包装,**Luksemburk**,波兰

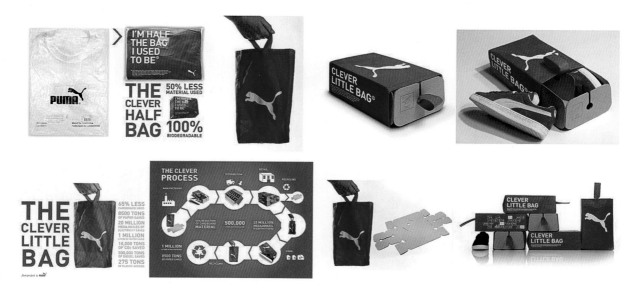

图16-8　**彪马鞋盒包装,Yves Béhars 设计**

新的设计去掉了传统鞋盒的顶盖和底部,只保留四个侧面用作支撑骨架,用袋子套在外面,将袋子的把手穿过侧面预留的孔洞,使把手露在外面,方便携带,同时也提供了一定的支撑,可以像传统鞋盒那样一个一个地堆叠。此款设计更加环保,因为袋子可以反复使用,真正需要当垃圾扔掉的只有纸做的骨架。同一件包装体现出两种不同的包装形态,带来两种不同的使用体验,是通过使用者参与到包装的使用过程实现的。

16.3　互动式包装的设计方法

16.3.1　包装结构的互动

包装结构是指包装的各个有形组成部分之间相互联系、相互作用的技术方式,这种方式不仅包括包装各部分之间的关系,还包括包装与内装物之间的关系。包装结构的互动性体现在组成包装的各个有形部分之间达成的一种关系,这种关系实现了包装与使用者之间的互动,完成了一种信息反馈过程。

1. 单体结构可变法

包装结构是构建包装形态的核心元素,也是包装呈现给包装使用者的最基本形象。现在包装使用者对包装的要求,由方便使用、结构合理向可参与性、可改变形态转变。而可参与性、可改变形态,实质上是包装设计层面对单体包装结构提出的要求,也是实现包装设计与包装使用者互动的创新设计手法。单体结构可变的设计方法,让包装使用者在使用包装时,通过改变部分包装结构,最大程度地方便使用,并能在不用时通过改变结构将形态还原。单体结构可变性的设计方法,是通过包装结构上的变化来实现的,如包装结构的伸长、缩短、打开、折叠、关闭等,以此满足使用者的需要,实现包装设计与包装使用者多重使用功能上的互动(图16-8)。

2. 特殊结构拆分与组合法

是指通过对包装结构的独特设计,在结构上赋予包装可变的形态,通过改变包装的结构,使用者得到互动的感受。设计师凭借对包装结构的理解与对使用者需要的深层挖掘和研究,通过对包装结构的变化,如面与面之间的合并、折叠、拆分;形与形之间的排列、组合、同构等;内外结构的转换变化;个体与整体之间的拆分、组合等途径来实现包装的互动。这种方法是在满足包装本身所具有的使用功能基

图16-9　便携式分类纸垃圾袋包装,Akarchitectes 设计

这款便携式分类纸垃圾袋包装可以像地图一样折叠起来,在外出游玩野餐时,可以将它展开变成一个6袋分类垃圾袋,每个独立的袋子上绘有分类图标,如食物垃圾、易拉罐、塑料瓶、玻璃瓶、废纸等,以便将垃圾分门别类地处理,方便回收,分类袋也可以撕下来单独使用,相当方便。

础上,进一步增加包装使用者对包装赋予的新的价值,同时也开发了包装使用者新的使用空间,是对包装使用者需要的高层次满足(图16-9)。

3. 辅助结构互动法

有些包装因其结构上的缺陷,不能满足包装使用者的需要,需要设计师通过增加辅助构建设计弥补包装固有结构上的缺陷,改良包装新的使用功能,使其更加有利于使用者使用。这种设计方法是对包装使用者需要的关怀,也是从包装使用者需要层面出发的新的设计策略,具有很强的互动性(图16-10)。

16.3.2 包装视觉形象的互动

一般意义上的视觉形象是指包装可视部分呈现出来的形象,是构成包装的主要元素,主要由是文字、图形、色彩等组成。包装的视觉形象最能代表包装语义特征,是包装外在的表现形式,是最先被包装使用者观察到、感知到的视觉元素,也是实现互动的关键所在。

1. 巧妙运用文字的互动

文字是包装视觉形象的基本元素,在包装设计中起到传达商品信息、沟通情感的作用,是与包装使用者交流的有力工具。包装上有些文字设计为了迎合特定包装使用者的心理需求,做了特殊的设计。文字设计的互动性,主要是通过文字对包装使用者的引导作用,以及包装使用者对该文字信息的反馈来体现的。设计带有一定的趣味性,文字可随意组合、拼接,具有开发智力、游戏娱乐的功能,充分体现了对使用者的情感关怀(图16-11)。

该食品包装结合传统艺伎形象,利用包装上方的辅助结构,在放置筷子的同时形成别样的艺伎形象,一目了然地反映了产品的文化来源。

**图16-10　NOO-DEL 食品包装,
Helen Maria Backstrom,瑞典**

"Say It with Chocolate"(用巧克力来说话)是一个能够展现不同内容的巧克力包装盒。巧克力的双面一面是平的,一面是凹陷的。由于巧克力的熔点很低,因此在运输过程中的温度变化导致它会融化形成一个印迹,要么是一个圈,要么是一个圆,具体取决于发件人如何摆放巧克力,圆的一面的印迹能够形成字母,能给收件人一个惊喜。

**图16-11　Say It with Chocolate 巧克力包装,
Jamie Wieck 设计,英国**

2. 奇思妙想的图形互动

（1）图形参与法

图形是实现包装视觉形象的重要元素，总是按照包装设计的法则来构建包装的视觉形象，图形也是设计师最常用的表现形式，借此完善包装的视觉形象。图形创意是通过联想和想象等思维方式来实现的，其中联想是图形创意的开端，想象是图形创意的动力。包装设计中图形的互动性，是将现实生活中存在的形象同构到包装设计之中，通过巧妙的设计构思，在包装设计中合理地安排位置、大小、比例等，当静止放置时是一种状态，而当包装使用者参与时，则产生另一种意想不到的视觉效果，带来独特的使用感受。在这个过程之中，包装使用者不仅是使用者，更是包装的参与者，有一种体验型的互动。要实现这种互动，需要设计师巧妙地构思与独特创意，以及包装使用者在使用过程中的经验和感悟。这就要求设计师在构思包装图形时，对包装使用者的基本需要做详实的研究，对使用的动机进行深入的挖掘，了解使用者的心理，设计出可以诱导包装使用者行为的包装图形，以达到包装在图形创意上的互动性（图16-12）。

（2）图形同构法

图形同构法是在组成包装设计的图形之间，通过巧妙设计相互之间的关系，使图形在发生位置相对变化时，产生整体效果的变化，以此引起使用者对包装的兴趣，实现包装与使用者的互动。这种方法通

图16-12　WOW！购物袋，Kai Staudacher. Jennifer Staudancher. Nadina Hafner，德国

图16-13　Here！Sod T恤衫，Prompt设计公司，泰国

T恤衫的包装图形是新鲜的蔬菜、水、面包、牛排等，设计师运用了同构的设计手法，将T恤衫的图形巧妙地运用到包装上，给人很强的视觉冲击力，让人过目不忘。

常是在图形与图形之间、图形与包装物之间、图形与使用者之间发生，设计师一般情况下会将日常生活中较常见的事物同构到包装的图形设计中，采用拟人、仿生、比喻、对比、夸张等表现形式，赋予图形可爱或有趣的特征和精神，使用者被图形所表述出的情感打动，产生亲和力。有时被包装的物品也作为包装设计的元素来运用，因为它能够最直观地表现被包装物品的质感、材质等属性，能够非常直观地与包装使用者产生互动（图16-13）。

总之，在互动式包装设计中，图形创意手法有多种。如夸张的手法，有意识地将事物的某些特点、个性加以超出实际的艺术处理，鲜明地强调或揭示对象的实质，给人以异乎寻常的感受，大大增强了包装的视觉感染力。运用夸张的手法，关键在于把握住夸张的"度"，要夸张得合乎情理，超越这个"度"，就会给人一种虚假、不真实的感受。

3. 视觉元素之间的互动

包装视觉形象的各个组成元素之间存在着一种比例关系，这种比例关系的合理安排，能起到一种整体性的视觉效果，而通常整体效果的视觉表现力要明显优于单个元素，这就是包装视觉形象整体性的优势。在包装设计中，各个视觉元素之间的合理设计，会形成一种元素之间的互动，而元素之间的互动会使得包装视觉形象与使用者产生互动。如文字与图形的互动、图形与图形的互动、图形与色彩的互动等，会在元素之间形成一种比例关系，这种关系呈现在包装视觉形象上是一个完整的、有一定含义的包装语言，使用者对这种语言的反馈会指导包装设计，进一步完善包装设计自身的视觉形象，而包装的视觉形象又会反过来引导包装使用者。因此，包装整体形象与使用者之间是一种良性循环的互动关系，其互动的实现过程也是循环的，最终实现了包装视觉形象与使用者的互动（图16-14）。

图16-14　PLUSMATE 耳机包装，Emart，韩国

16.3.3　使用方式的互动

1. 包装开启过程中的互动性

包装的使用方式，包括包装的开启方式和日常的使用方式。这种互动方式的实现，取决于包装的组织结构和包装传递给包装使用者的使用理念。包装的开启方式是包装与包装使用者互动的最关键一环，包装结构互动性的体现、包装使用者体验的信息反馈，都是通过开启包装完成使用这一过程开始的。

包装组织结构的不同赋予包装开启方式的不同。这种由结构赋予的开启方式呈现出的与包装使用者的互动，实质是包装使用者对包装体验的信息反馈。包装固有的开启方式的实现，需要设计师在设计之初进行巧妙的创意构思，并照顾到包装使用者的使用感受，不仅要考虑到包装使用者开启的方便性，更要考虑到形式的开启方式给包装使用者心理上带来的使用感受。包装视觉形象在功能上起到一种心理提示的作用。这种心理提示，会影响到包装使用者使用包装时的开启方式。

图16-15　COROMRGA KIDS 鱼油包装，Sylvla Suh，美国

本包装设计的目的是找到一种方法让不吃鱼的孩子对鱼油产品感兴趣。夸张的动物形象让孩子对这款包装感兴趣，在玩耍中轻松接受鱼油这种营养品。

对包装开启方式的设计,实际上是对包装使用者打开包装过程的设计,这是一个情感体验的过程。设计师需要深入了解包装使用者的需求和使用心理,以设计、实现包装打开方式所具有的互动性。每一个细节的设计都将成为情感表达的载体,因为包装使用者在打开包装时是一个情感体验的过程,包装的每一个细节都会影响到包装使用者的直观感受。这种情感体验是区别于普通包装的,是一个建立在对包装使用者分析和合理设计基础上的过程,是非常符合包装使用者生理和心理习惯的(图16-15)。

2. 辅助构件使用方式的互动

辅助构件是附加在包装上的一种结构,是包装结构的延伸。辅助构件的存在,在功能上使得包装结构更加完善,有利于包装使用者的日常使用,当一个辅助构件作用于包装时,其改变了包装的形态和使用方式,让包装以新的组织结构呈现,并在新的结构下呈现出新的形态。

添加辅助构件之后的包装与原包装之间是传承的关系,其在结构上优于原包装,解决了因原包装结构设计不科学而给包装使用者带来的使用不便。因此,这类形式的辅助构件的添加是成功的,提高了包装与包装使用者之间的互动性。

包装使用者对于包装的使用带有参与性和体验性,当包装使用者参与包装使用方式之后,会对包装使用方式的互动效果产生信息反馈,该信息反馈结果进一步影响到包装使用方式互动的环节;而包装使用方式会对包装使用者的部分行为、使用习惯等产生引导作用(图16-16)。

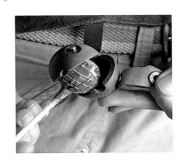

图16-16 棒棒糖的"头盔",LIFE 设计工作室,日本

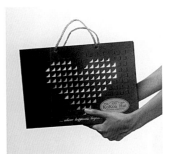

图16-17 kokoa hut 休闲食品购物袋,Prompt Design、泰国

这是一款需要使用者参与再设计的礼品包装袋。将包装袋上预先刻好的小三角图形扣掉,漏出包装内的颜色,组成自己想要的图形,一款由你自己动手设计、制作的礼品袋就产生了。这份特殊的礼品送出的不仅仅是产品,更多的是你一片浓浓的情意。

16.3.4　使用者的再设计

　　这是指包装使用者参与到包装的设计过程及使用过程,通过改变包装的结构、包装的视觉形象等,完成对包装设计的参与和体验,并在此过程中与包装互动。包装使用者这种参与性的使用心理,与包装的互动程度较好,实际的使用感受优于普通包装。包装使用者参与的实现依赖于包装设计师对包装使用者心理的研究,以及在此基础上设计出的独特的包装结构与视觉形象。在许多情况下,包装使用者是不能够很好地理解包装设计中可以参与的区域和参与程度,因此需要设计师在实际的包装设计过程中,做出相应的引导,使包装使用者参与到包装设计中来(图16-17)。

　　包装使用者亲历亲为法。DIY理念是包装使用者自己动手包装出符合自身所需的包装的一种方法,受DIY理念的影响,包装更多地作为一种创造体验的介质,这使得包装使用者参与包装设计的制造环节成为可能。包装使用者的参与体现着一种互动,并且附加包装使用者的个人情感在其中(图16-18～图16-24)。

图16-18　观赏日历,Robin L. Short,美国

　　这是一个需要人参与的有艺术感的日历礼盒。收到礼物的人要自己打开每扇门,而后面的DIY树饰品代替了传统礼盒中的巧克力。该设计让打开礼盒的人充满惊喜,同时可以保留包装作为日历使用。

**图16-19　AAA Tripkit旅行计划箱,
Olivia Paden,美国**

　　这个旅行计划箱主要针对小学年龄的孩子,设计非常活泼。该产品的宗旨是让全家参与学习。视觉上设计了串联线索的地图以及一个图解,引导喜爱图解模式的孩子们在游戏中探索和计划旅途。

图16-20　bkk grill商务名片,MOO,泰国

　　烧烤店名片设计,只有经过火烤后信息才能看到,让名片阅读成为有趣的互动交流。

图16-21 "趣·留·孩"趣味台历设计,
纪婷婷设计,王安霞指导

　　台历灵感来自于剪刘海的经历,取自谐音"去刘海"。时光来去,过去游走,美好的记忆留下。台历中12个小孩都留着长长的刘海,想让他们重新露出可爱的脸蛋就每天坚持帮他修剪一束过长的发束吧!

图16-22 趣味手提袋设计,
赵佰惠设计,王安霞指导

图16-23 趣味手提袋设计,阎梦薇、
杨伦设计,王安霞指导

图16-24 趣味手提袋设计,张迈予、
姜颖、林楚琳、杨霄设计,王安霞指导

第 17 章　注重人文关怀的包装设计

17.1　人性化包装设计

17.1.1　人性化设计

设计是为人服务的,所以在设计中应更多地考虑人的因素,给人更多的关爱,给人带来更多的便利。设计充分体现对人的无微不至的关怀,设计的产品与人合为一体,成为人们所想所需的设计,这正是我们通常说的人性化设计。因为人是有感情的,所以产品在人的眼里往往也变成了有情感的物体。设计者一直想通过各种设计语言和设计方法,试图满足使用者的情感需求和美好愿望。设计就是让物质从无到有、从粗到精,不断满足人们各方面的需求。作为成熟的设计师,应该将自己的情感倾诉出来并引起消费者的共鸣。尽管感情的接触既难以把握又转瞬即逝,然而在优秀的设计作品背后,我们还是可以看到设计师关注产品情感表达的一面。

充满人性化的产品是让人难以抗拒的。人们对产品除了有基本的使用功能要求外,还要享受产品带来的更多、更方便、更舒适的其他功能,通常人性化设计带给人的满足感大部分是在日常使用过程中获得的,轻便快捷的产品给我们生活带来极大的乐趣,对消费者来说,产品的轻巧与外形的简洁代表的是一种新技术的美学。充满人性化的设计给人带来无穷的回味,也给人一种更加亲切、温馨之感(图 17-1)。

人性化设计在注重产品本身功能的同时,关注产品和人之间的关系,这正是人体工程学研究的目标。将人体工程学运用到产品设计,是典型的先满足人们物理层次的需要(舒适感),再满足人们心理层次的需要(亲切感)的设计方法。它能满足人们省时、省力、方便、快捷的需要,使人们对它产生强烈的依赖性。随着人体工程学的发展,物理层面上的人机关系愈加和谐,真正的人性化设计开始成熟,这充分体现了设计师对人的无与伦比的体贴和爱护:使设计充满人性,如手机的造型设计越来越舒适,符合人机的需求,同时也越来越充满人情味,能满足不同层次、不同性别、不同消费心理的人的需求。今天,有更多的设计师在关注他们的产品用起来是否舒适,是否让人有亲切感,是否有利于自然环境,是否

图 17-1　Green Berry Tea 茶包设计,
Nathalia Ponomareva,俄罗斯

考虑到所有人包括老弱病残等,这正是设计中人性化的体现。人性化设计的产品不仅给生活带来方便,更重要的是使产品的使用者与产品之间的关系更加融洽。

17.1.2　倾注人文关怀的包装设计

设计师在设计包装时,充分考虑人的因素,最大限度地适应人的行为方式,体谅人的情感,给人更多的关怀,使人感到便利和舒适。这意味着企业开始更多地考虑消费者的需求,树立为用户服务的意识;同时,也意味着市场从卖方市场转变为买方市场。

倾注人文关怀的包装设计,可以有效地改善产品与人之间冷冰冰的关系,将人与物的关系转化为类似于人与人之间存在的一种可以相互交流的关系(图17-2)。

充满人文关怀的包装设计常常会以与众不同的面貌出现在消费者面前,给消费者带来新的感受。这类包装建立在产品功能的满足和对人体物理层次关怀的基础上,但又增添了更多的精神上的关怀和爱护。它有时表现在怀旧风格产品的包装设计上,为的是满足人们最朴素、最善意的情感需求。设计师运用幽默、怀旧、乡土气息等视觉语言,使包装更具有人情味,更显"友好"与"亲切",更能唤起消费者的美好记忆,提升包装视觉形象对消费者情感上的感召力(图17-3)。

图17-2　茶笑怡冰晶冷茶,茶笑怡,中国台湾

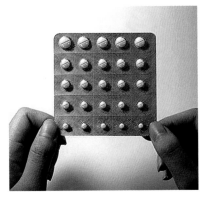

**图17-3　药片包装设计,
jae hyung hong,韩国**

这款被称为"越来越小的快乐药丸"的包装设计,设计师独具匠心,在一板药上,使药片的大小从左到右、从上到下依次递减,虽然其含有的有效成分并没有减少,但却能给病人心理上带来一种强烈的暗示作用,尤其对于需要长期服用的人来说,会让病人感到病越来越轻了,药也越来越少了,服药将变成一种每天都比昨天更轻松的事情。这是一款非常关注人心理的包装设计,充分体现了对人的无微不至的关怀。

一些设计为了追求人们普通的生理、心理需求而忽视了对具体个人创造性的开拓。其实人性化包装还体现在包装的个性化方面。这一方面是指品牌的个性,在激烈的品牌竞争中追求个性,已经成为所有商品对自己的标榜。要想获得品牌的消费群,就必须与其他的品牌有所区别,形成自己的风格。在品牌个性的背后隐藏的是消费者年龄的细分、文化层次的细分、收入的细分,也就是市场细分的结果。另一方面不同的设计师会形成不同的品牌个性,如夏奈尔的高贵、范思哲的浪漫、飞利浦的简约等。这些大师的才华造就了品牌的个性和魅力。虽然品牌的个性随着消费市场的发展而不断丰富,给消费者更多选择的余地,然而这种选择余地毕竟是有限的,并且越来越不能满足人们的需求,人们害怕与邻居穿着相同的衣服出现,希望自己的汽车能与众不同,幻想着家里的一切都符合自己的想象。这样"个性化"的另一类产品就出现了,那就是专为具体的人定制的个性化包装,如今在婚庆活动中就有这样的订单式包装设计,它完全是根据个人的喜好和要求而设计的,无论是图形、文字还是包装的形式和印刷的数量完全由自己来选择决定,最终呈现的是充满个性的、独一无二的包装。

包装设计应该是具有文化性的,是作为生活方式的文化和作为艺术的文化,是人们在使用商品时的一种体验和精神升华。作为创造生活方式手段的设计越来越与艺术相结合,体现人文特色或蕴涵人文精神的产品也越来越丰富。充满文化内涵的包装设计会在消费者使用时产生一种情感的认同和情感的投入,对文化的关注可以帮助设计师设计出更加人性化的产品和包装来。现在生活在都市的人们越来越关注各种文化,如民族文化、传统文化、民俗文化等,把它们巧妙地与设计相结合,将使人们产生亲近感(图17-4)。

人性化包装设计还体现在对人和自然的深切关怀上,设计要考虑到设计是否影响人类的"再生",要尽量运用能自然降解的材料,不再造成"白色污染"来危害地球以及我们赖以生存的环境。总之,在今天,充满人性化的包装设计越来越深受消费者的喜爱,也为企业和商家赢得更多的利润(图17-5)。

图17-4 日本 Kokeshi 玩偶包装,
house industries,美国

图17-5 童装手提袋,
Katvig,西班牙

17.2 关爱弱势群体的包装设计

1. 关爱弱势群体心理需求的包装设计

对不同的人群应该有着不同的关怀。在众多的消费群体中,弱势群体也是消费者群体中的重要组成部分,弱势群体基本可概括为:经济能力差,政治地位边缘化,竞争能力较低,需要外界支持,凭借自身力量难以维持一般社会生活标准的社会低端群体。弱势群体这一概念于2002年首次出现在《政府工作报告》中,随后与之相关的问题受到社会媒体的广泛关注。

日本的法律规定在酒类包装上应注有盲文,对于盲文的使用者来说,这种周全的包装设计会给生活带来极大的方便。作为一名有社会责任心的设计师,必须去了解弱势群体,不能只局限于简单的搀扶、捐助等帮助方式,更要深入挖掘他们的内心需要与感受,只有与之心灵相通,才能更好地去帮助他们。针对弱势群体心理的包装设计,其研究根本是在研究弱势群体的心理需求及其心

图17-6 盲人用的信用卡,
Kwon Ki Nam,韩国

为了帮助盲人像正常人一样进行日常生活活动,设计师们不断推陈出新,为他们设计了大量的创新产品。这款专为盲人设计的信用卡,采用的是指纹识别技术,不需要签名就可以完成交易,付款的金额是以盲文显示出来,方便盲人识别。另外,支付金额还可以通过内置的小扬声器播放出来。

理需求得到满足的过程。

应从弱势群体心理需要来对包装设计进行深入的研究,深入了解和分析弱势群体,避免设计师主观设计而引起的消费与使用不协调、增加弱势群体的使用难度等问题,使设计的包装更加人性化,增加更多的人文关怀,使消费对象能满意,从而实现最终的消费购买(图17-6)。

弱势群体心理是指弱势群体的心理现象。弱势群体的心理现象既包括弱势群体的一般心理活动过程,也涉及弱势群体作为个体的心理特征的差异性即个性。弱势群体在消费过程中的心理现象,表现为对商品的感知、注意、记忆、思维、想象,对产品的好恶态度,从而引发肯定和否定的情感。弱势群体本身的差异性和对商品的情感程度不同,最终会反映在商品的购买决策和购买行为上。弱势群体心理现象提炼出来的共性和规律性的东西便组成了弱势群体心理的一般性内容。弱势群体心理的一般性内容构成了弱势群体心理的主旋律。

与普通消费者相比,弱势群体消费者的消费心理更有其特殊性。弱势群体消费者特殊行为过程中的共同消费规律,可以归纳为自然差异性需要、经济条件差异性需要、政治地位差异性需要和边缘差异性需要等方面。首先,自然差异性需要是弱势群体维持自身生存的最基本需要,包括生理、心理两个方面,具体表现为渴望身体健康能生活自理,得到别人认可,与他人保持密切交往,得到群体的关心和帮

图17-7 兰蔻香水,lancome,欧舒丹玫瑰护手霜,欧舒丹,法国

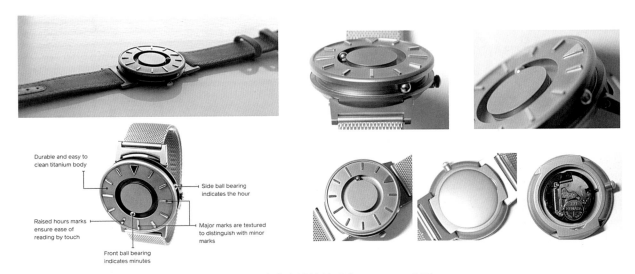

图17-8 为盲人设计的手表,Bradley,美国

这款手表设计使用了钛材质,使得手表有很好的质感和手感,又易于清洁。同时还具有防水性能,在洗澡游泳的时候都能使用。最关键的是它可以通过触摸的方式,使得佩戴者能够读取时间。这款手表不仅适合盲人使用,普通人佩戴它在一些阴暗的环境比如电影院等不用借助手机也能知道时间。

助,如盲人对眼睛的需要、聋人对耳朵的需要、肢体残疾对健全身体的需要等,这是弱势群体诸多需求中的第一需要(图17-7)。

其次,经济条件差异性需要是弱势群体经济条件与其他社会成员相比贫富差距悬殊,需要外界经济支持维持生活,他们希望职业稳定,生活有保障,有良好的医疗条件等。

第三,政治地位差异性需要是指弱势群体处于社会关系中的底层,他们希望改善自己的生活,包括要求有教育、劳动、居所以及社会安全等多方面的保障条件,充分发挥自身潜能。

最后,边缘差异性需要是弱势群体作为社会成员希望有选择与普通大众不同的权力,它是这一群体需要中比较能反映当时社会发展情况的。

关爱弱势群体心理需要对包装设计提出了新的挑战,设计者应该循序渐进,从关注弱势群体到关爱弱势群体,用思想指挥行动,形成和谐统一的整体。关爱弱势群体首先要平等对待弱势群体,这意味着设计者要倾听弱势群体的声音,而不能高高在上地施舍、怜悯弱势群体,更不能片面宣传、夸大弱势群体,把强势群体的价值观强加给弱势群体(图17-8)。

关爱弱势群体更需要团队合作。设计者往往不是职业用户,缺乏对该产品包装的使用经验,特别是"非正常"状态下的使用经验。而弱势群体消费者大部分是在"非正常"状态下使用产品包装,因此考虑到包装结构的安全性、包装开启方式的易用性等条件时,设计者往往不能一个人或几个人做决定,而是需要一个团队做决策,团队中要包括用户调查师、弱势群体消费者、心理专家、结构力学专家等,经过一系列的测试、验证,设计出的商品包装才能更好地关爱弱势群体需要(图17-9)。

图17-9　为盲人设计的MP3,Bomi Kim,韩国

图17-10　"a b"调味品包装,Jageland Hampus设计,瑞典

这款是为有视力障碍人群特别设计的"a b"包装设计,"a"和"b"的简单标志在包装上显得特别醒目,弱视者很容易辨认出来,而且他们针对盲人消费者的需要,在包装上加入了可触摸的盲文设计,盲人通过触摸就能感知包装上的商品信息。这种包装设计相对于传统的包装更容易被盲人接受,更方便消费者直接快捷地了解商品信息,体现出包装设计中的人文关怀和对人文精神的追求。

2．针对弱势群体的包装设计方法

应针对自然差异性需要、经济条件差异性需要、政治地位差异性需要和边缘差异性需要四种不同的弱势群体心理需要,进行明确的包装设计定位。弱势群体的心理需要要求包装设计的人性化应采用以下四种相对应的方法。

（1）补偿感官缺陷法

感官由视觉、听觉、味觉、嗅觉、触觉组成,人体的任何一种感官机能缺失都会给人带来极大痛苦。补偿感官缺陷法对应弱势群体的自然差异性需要。以我国残疾人中的盲人为例,资料显示如果不采取有力措施,到2020年我国视力残疾人数即将达到5 000余万。人在视力丧失后是通过发展触觉、听觉等其他感官来补偿视觉的缺陷,提高定向、平衡能力和对自然环境的适应能力的(图17-10)。

（2）倡导环保节约法

倡导环保节约法是与弱势群体的经济条件差异需要相对应的,这里以下岗职工为例来分析。针对下岗职工的商品包装在符合方便、适应性、安全性、可靠性的基础上,对商品包装的地位和威望、美感上没有过多要求,包装设计应重点考虑包装的科学性和功能性。此类商品包装的材料性能决定包装功能,建议在使用传统纸、塑料等材料的同时考虑使用竹、藤、芦苇、草、贝类等简单的自然物。包装造型和结构要求实用和安全,包装方式根据包装对象的不同可做调整,但整体趋向简便、安全,包装视觉设计的重点在于包装的信息传达,设计内容紧扣主题,以简洁风格为主,加工工艺也力求精简、实惠(图17-11)。

（3）体现民族特色法

在包装上充分体现民族特色,尊重宗教信仰,也是包装设计人性化的设计方法之一。特别是针对一些少数民族特有的商品包装,应该结合他们的信仰和喜好进行具体分析、定位,使设计的包装充分体现其民族性、地域性(图17-12)。

图17-11　利用废弃酒瓶设计的蜡烛包装,
rewinded,美国

图17-12　圣诞新年贺卡,
Gary Chew,新加坡

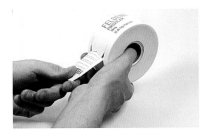

图17-13　为风湿关节炎患者设计的药盒,Judit Tompa,美国

那些患有风湿关节炎的病人经常无力打开药瓶,这款胶带式药盒的样子就像一卷胶带,需要取药时,用手拉住孔扣,即可将封好的药丸拉出,同时它能自动将小包装划开,让药丸掉出。

（4）平等对待法

指没有歧视,不居高临下,宽容地对待弱势群体。例如,关爱少数弱势群体的心理需要,使特殊的个体也能越来越多地得到人们的理解和尊重,针对他们的特殊心理和生理,做一些满足他们物质、精神需求的包装设计。这是一种更加前卫、更加人性化的设计,使少数弱势群体得到更多的关爱。

总之,现代设计离不开对消费者心理的分析研究。如今的消费者的欣赏情趣和生活方式变得越来越个性化、多样化,如果包装不根据这些特点来设计,就很难在市场上成功。随着社会的发展和设计水平的提高,设计与生活的距离逐渐缩短,包装设计在追求强烈视觉效果的同时,也应该更加人性化,关爱弱势群体,满足弱势群体消费者的心理需要,这也是对人性的尊重。当然关爱弱势群体包装不能单凭设计者的一己之力,还需要政府、企业和消费者的通力合作,需要全社会对弱势群体的理解和关爱(图 17-13)。

17.3 特殊人群的情感化包装设计

满足人的需求是设计的本质目的,提高人的生活质量是设计的意义所在,包装是人们日常生活的一部分,很多人习以为常,但对特殊人群来讲影响甚大,好的设计意味着可以弥补特殊人群自身的不足之处,减少他们与普通人之间的差距,从而使他们更加顺利地融入社会,去除消极情绪,改善生活状态。作为社会中的弱势人群,他们面临着诸多不便,与健康人群相比较,有着不同的行为方式与心理诉求,他们为自己呼吁的声音不多,很容易被大众所忽略,因此设计师在包装设计的过程中应主动去关注和关怀特殊人群,以人的需求为导向。针对特殊人群的情感化包装设计是新时代下包装的深化发展,服务型设计的延伸,是人性化设计的体现。

17.3.1 情感化包装设计

唐纳德·A.诺曼在《情感化设计》一书中提出的情感化设计理念,从三个层面细分了人与设计、设计与产品、产品与人之间的微妙情感关系。具体为本能层、行为层和反思层。三个层次很好地说明了人与物的关联性特点,简单地说就是人们首先关注的是外观,其次是操作,进而留下印象,在此过程中反映出人们的情感变化和对物品的优劣判断。由情感化的设计理论可知,注重人文关怀的包装设计可通过这三个不同层次的转化与创新,形成富有多种情感类型的设计。只有基于特殊人群的诉求分析,从细节到整体,找出人与物的关联性,才能增加包装设计的情感维度,而情感则是赋予产品包装生命力的点睛之笔,是注重人文关怀的体现。

因此,特殊人群的情感化包装设计应基于特殊人群的生理情况和特殊心理需求,融入情感化设计理念,总结出适合特殊人群的包装设计原则,通过包装结构的创新,视觉形式语言的明析,对设计要素和产品信息进行有效的整合和符号化的编码,并将所传达的情感转化为可理解和认知的表象,使特殊人群能在使用中感受到情感诉求的归宿,在体验互动中产生感性与理性的共鸣(图 17-14)。

图 17-14　Wondaree Macadamias 农场产品,Ashlea O'Neill,澳大利亚

17.3.2　特殊人群的定义

据世界卫生组织统计,世界上90%以上的人有不同程度的精神苦恼,约60%以上的疾病和心理健康有关,有3 700万盲人。世界上超过90%的视障者生活在发展中国家。在多数国家,每10人中至少有一个人因生理、心理和感官的缺陷而致残。老年人口的比例自1950年以来一直稳步上升,且正以每年2.6%的速度增长,预计到2047年老年人的数量将首次超过儿童人数。

特殊人群在生活中面临着诸多不便,在包装的使用上不同于常人,设计师要深入了解他们的内心诉求,以人的需求为导向,适合特殊人群的使用习惯,照顾他们的情感诉求,弥补不足之处。于此提出情感化包装设计,总结梳理出适合特殊人群的包装设计方法。

特殊人群包括弱势群体、优抚对象和边缘人群。弱势群体包括孤寡老人、残疾人、老年人、未成年人、妇女、最低保障对象、下岗失业人员等;优抚对象包括现役军人家属、革命伤残军人、复员军人、因公牺牲军人家属、病故军人家属、军队离退休干部等;边缘人群是指那些因为社会流动或者社会越轨而导致不适应社会的人群,如外来人口、社会越轨人群等。特殊人群的特殊性分为生理上的特殊和心理上的特殊,而包装的功能也能分为实用功能和精神功能,因此,从包装设计的角度可将特殊人群划分为如表17-1所示的情况。

表17-1　特殊人群界定表

特殊生理人群 注重包装实用功能	特殊心理人群 注重包装的精神功能
老年人群 残障人士 病人群体	特殊情境型:受灾群众,弱势地区 心理安慰型:对某种特定情感的心理需求 特殊家庭型:丁克族、丁宠族

17.3.3　特殊人群的情感化包装设计原则

1. 针对病人的差异化包装设计原则

受众目标是定向病人群体,对病人群体而言,药品是最常接触的,药品的包装代表了健康与安全。在满足实用、使用要求的基础上,通过包装设计提高对病人群体的情感关怀,能使患者克服心理障碍,加速康复的过程(图17-15)。换句话说,差异化的包装设计在情感上给予病人群体心理上的关怀,能够辅助提高药品的利用效率,这种效果是快速、显而易见的(表17-2)。

表17-2　差异性概念表

药品包装与普通商品的差别	原　因
1. 要有别于其他商品	它的设计要遵循有关规定
2. 出售环境不同	除一般的保健品和营养品外,通常在医院、药房和药店中出售
3. 有微障碍的包装设计	避免儿童等误食和误用
4. 避免相似性	以防拿错药品
5. 便利性	说明要有清晰的可辨别性和流畅的阅读性,内包装开启要方便
6. 情感的隐喻性设计	在体现药品特征时,要给予患者心理上的安慰
7. 关怀性的色彩	用色彩来表明性质,产生安抚、安全和信赖感
8. 形式上的创新	在原药品特质基础上进行创新设计,提高辨别度,打破固有形象,从人性化的角度去关怀受众,免去恐惧和厌烦感

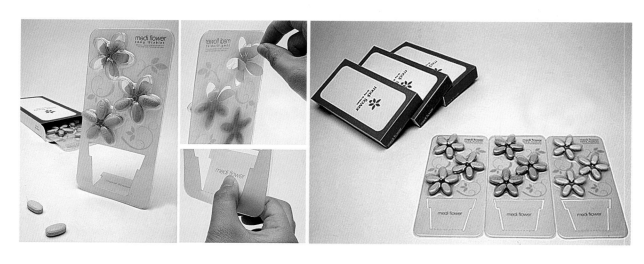

图17-15　富有情趣的药品包装, Moon Sun-Hee 设计

　　这款形似花瓣的药片包装,改变了常规药片的排列方式,使花的情趣跃然纸上。每板药的末端,精心设计了预先切割好的塑料片,只要轻轻抠出就可用来当做支架,使整板药像插花一般竖立在桌面上。同时,在每片药背后的塑料板上也染上了和花瓣一样的颜色,使得每吃掉一片药就绽放一片花瓣,吃药的过程变成了有趣愉快的过程。这是一款富有情趣的药品包装,可唤起人们对美好事物的向往和希望,减轻病人的心理压力,使之更容易接受药物的治疗,充满了对人的关爱。

2. 针对残障人士的无障碍包装设计原则

　　在包装设计中,无障碍设计是指残障人士通过产品的包装,能够克服和弥补自身的不足之处,顺利地、无障碍地获得产品的信息,并且能够自由地与产品之间产生信息上的沟通和情感上的交流。这种"关系"设计,要基于残障人士的心理需求和生理要求,对其行为活动、意识形态做细致的研究,从细节出发,弥补、弱化和去掉使用中存在障碍的包装设计,包括视觉效果和功能造型上的改变。正确地运用材质的符号特征,可加深人的触觉感(如材料的软硬、冷热),并作用于人的感官的多个方面,如视觉、听觉、嗅觉、平衡感、运动感和方位感等,为使用者提供便利与心理上的平衡。残障人群不应因其自身的特殊性而没有公平使用物品的权利,物品包装应是普适的,避免差异感的产生。无差异的设计可以平衡自尊心,减少歧视的发生。从功能上做到无障碍,从视觉上做到无差异,从精神上帮助残障人士融入社会的设计,是对他们情感上最佳的关怀与支持、理解与包容(图17-16)。

3. 针对老年人群的通用性包装设计原则

　　在步入老年后,人的生理功能逐渐退化,如视力的模糊等,这导致老年人在心理上和行为上与年轻人不同,但整个老年群体却有着相同的物理体征,因此通用设计可以很好地解决老年人群在产品包装上的使用问题。因为是包容性设计,所以可以很好地整合这些相同特质,减少生理退化带来的障碍,满足心理需求。这是从情感化的角度出发,充满关怀的体贴设计。通用化包装设计是对原有包装的一种优化设计,最大的特点体现在:便利性,即操作的易用性;字体的可读性与易理解性,既要加强艺术性以助于视觉捕捉,又不能用审美替代信息传达;直观性,包装设计传达意图应符合老年人的直观感受(图17-17)。

4. 针对特殊情境人群的关爱性包装设计原则

　　关爱性包装体现在灾害过后,通过对物品的设计传达对灾区群众的关心和关怀,是特殊情境下的特定设计。这种特殊情境包含了自然灾害、人为事故或因为贫困所导致的生活不济带给人们的不幸。因而,这部分弱势群体和弱势地区需要的是存在于环境中的设计。设计良好的包装语言是世界通用的,可以越过语言障碍。这样的包装就像是"无声的志愿者"在默默地帮助受灾群众,符号化的视觉表现结合色彩的运用令其容易识别和认可。具有人性化设计、切合实际的包装直接影响着他们的情感,最贴心与打动人心。环保的包装设计,能减少污染,预防疫情的发生(图17-18)。

5. 针对特殊心理需求的个性化包装设计原则

特殊的心理需求包括心理安慰型和特殊家庭类型的人群。根据马斯洛的层次需求理论,人们在满足了生理上和安全上的需求后,就转而向更高的精神需求发展。《新京报》定义了"弱势白领"这一新语汇,类似问题是现代社会的综合症,已渐渐形成了符号化的现象。

图 17-16　盲文胶带,Kukil Han 设计

这款专为盲人设计的盲文胶带上有特定的盲文文字及数字,把它贴到需要辨别的地方可方便盲人识别,比如药瓶名字、电梯层数字等,可使他们远离危险。

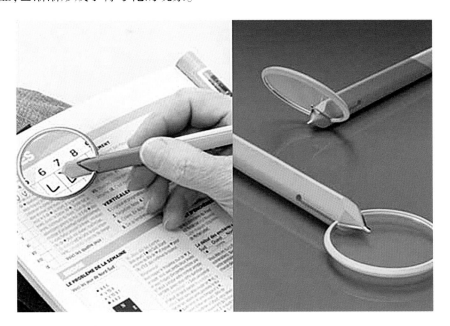

图 17-17　带放大镜的笔,Jia Siyuan & Long Qi,中国

这支带放大镜的笔,既方便写又方便看,最适合那些喜欢阅读报纸书刊兼做笔记的老年人,借助它的帮助即使没带老花镜,也能轻松阅读。

图 17-18　地震急救包设计,Angela Wang,美国

众所周知,最初72小时是地震等自然灾害发生后的黄金抢救时间,这款防震救灾的急救包就是为提高受灾人员的生存希望而设计的。考虑到受灾人员所处的空间可能有限,该急救包的四个部分可以分开随身携带,背带上印有基本的救护知识,甚至还可以当作紧急夹板来固定使用,不同颜色的四个部分分别储藏了药品、水、食物以及照明工具等必备物品。

（1）符号的象征性。对符号所代表内容的准确定位，也就找到了解决问题的答案。根据人们不同的心理需求来设计个性化的包装，是情感化设计的最佳表达。

（2）色彩的积极性。色彩代表了某种商品的特定属性，并引起人们的情感联想。要做到个性化的包装设计，须存同求异。个性色彩的挖掘依赖于对共性的认知，对共性的认识又要在个性的色彩中得到体现。

（3）系列化的主题性。系列化的设计就是以人们某个特殊心理需求为创意的主题，在此前提下分类设计，既是整体情感诉求的细分，又具有成套设计的连贯性。happy pills 就是这样一家关注人们情感的商店，它是位于西班牙巴塞罗那的一家糖果店，由 M 工作室设计。其整体氛围和包装设计体现主题性系列化，能慢慢消除人们的抑郁情感(图 17-19)。

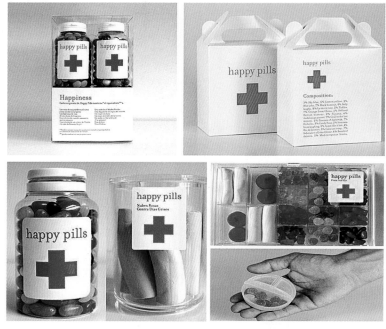

图 17-19 happy pills 糖果店，M 工作室设计，西班牙

希望吃了这个糖果就像吃了开心药丸一样，拥有快乐。

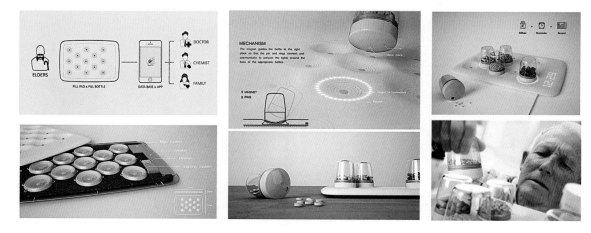

图 17-20 专为年长者设计的简易用药系统 Easy pill, Chung-yen Chang,
Surya Bhattacharya, Tahsin Emre Eke & Yuhang Yang 设计

此款设计通过灯光来提醒老人按时用药和准确用药，还能够记录用药情况，并通过相应的 App 软件及时告知医生和家人。

　　虽然包装是无声的,但却是有声的转述,代表了人们的意识与心态。对一种符号,只有当我们想象出所表现的概念时我们才算理解了它。友好型的设计,既体现了包装的物理功用,也是对资源的再利用,是在重构中寻求平衡,是跳出千篇一律对包装设计概念的理解,探索出最接近生活本质的设计方法,让特殊人群在多元的世界中找到归属感,体现对特殊人群从个体使用层面到精神层面再到社会层面的全力关怀(图 17-20,图 17-21)。

图 17-21　防烫咖啡容器设计,叶晓舟设计,王安霞指导

第 18 章 体验式包装设计

18.1 体验与包装

18.1.1 体验的定义

随着科学技术的突飞猛进,社会的经济形态逐渐由产品经济、服务经济向体验经济转变。美国著名的未来学家托夫勒在《未来的冲击》中对体验做出了整体认识,认为人类将由服务经济走向体验经济,并揭示了未来工业也将是一种体验工业。经济学家约瑟夫·派恩和詹姆斯·吉尔摩在《体验经济》一书中指出:体验经济是企业以服务为重心,以商品为素材,为消费者创造出值得回忆的感受。企业提供一种让客户身在其中并且难以忘怀的体验,强调体验的个性化和记忆层面,体验的过程为企业创造出商业价值。将体验引入到商业消费领域,强调体验的身临其境和其商业化带来的实际利益。体验经济是继农业经济、工业经济和服务经济之后的第四种经济形式。企业以服务为舞台,以商品为道具,围绕着消费者,创造出值得消费者回忆的活动。其中的商品是有形的,服务是无形的,而创造出的体验是令人难忘的。与过去不同的是,商品、服务对消费者来说是外在的,但是体验是内在的,存在于个人心中,是个人在形体、情绪、知识上参与的所得。

体验是人生理与心理整体感受的过程,是获取基本经验的途径之一,"体"面对的是客观世界,是人对外部的反应;"验"关乎内心世界,侧重于人内部心理的感受。体验与经验相似却又存在着明显差异,经验强调与记忆的关系,而体验更侧重通过亲身经历得到的感悟。体验是当一个人达到情绪、体力、智力、精神的某一特定水平时,意识中所产生的美好感觉。因此,经验是可以分享的,而体验是无法言传的。

体验强调人为因素,没有人的参与互动,也就谈不上体验了。正如美国传播学家斯科特·罗比内特在《情感营销》中提到的,"体验是企业与顾客交流感官刺激、信息和情感要点的集合。这些交流发生在零售环境中,在产品、服务的消费过程中,在售后的服务跟进中,在用户的社会交往以及活动中,也就是说,体验存在于企业与顾客接触的所有时刻里。"这里提到的顾客就是体验活动的参与者,也是企业营销的对象,如果缺少了顾客的参与,消费环节将终止于开始,产品、包装、服务等都将没有意义,更谈不上体验。

消费体验是指以客户为中心,通过对产品或服务的安排以及特定体验过程的设计,让客户在体验中产生美妙而深刻的印象,并获得最大程度上的精神满足的过程。通常是在一定的社会经济条件下,在特定的消费环境之中,消费者为了获得某种新奇刺激、深刻难忘的消费体验,而亲身去感受某些具有陌生感、新鲜感和新奇感的消费对象的特殊方式。这种体验需要注重三个要素:体验主体、体验客体、体验环境,具有亲历体验性、游戏娱乐性、冒险挑战性、参与互动性、个体创造性等基本特征。这种消费的显著特征是,体验过程从消费者购买行为发生之前就开始了,一直延续到产品使用及使用后的全过程(图 18-1)。

18.1.2 体验与包装的关系

传统经济注重产品功能强大,外形美观,价格有优势。而现代经济趋势则是从生活与情境出发满足更高层次的精神与感性,塑造感官体验和思维的认同,以抓住消费者的注意力,使之自然地受到感染,并融入至体验情景中来,改变、创造消费行为,为产品找到新的生存价值与空间。当人们发现"体验消费"的产业成为世界经济增长最快的发展领域时,其经济增长的奥妙便延伸到旅游业、服务业、商业等其他

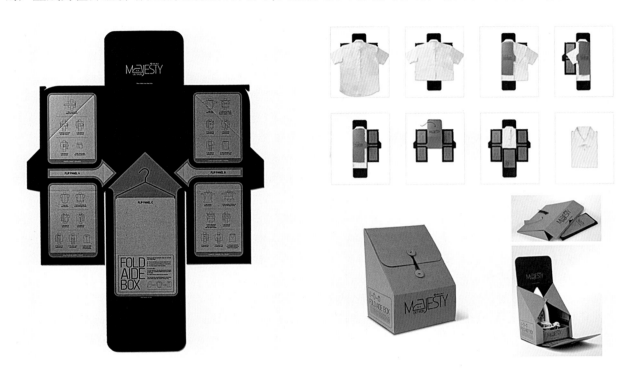

图 18-1 帮助折叠衣服的纸板,**Leo Burnett**,印度

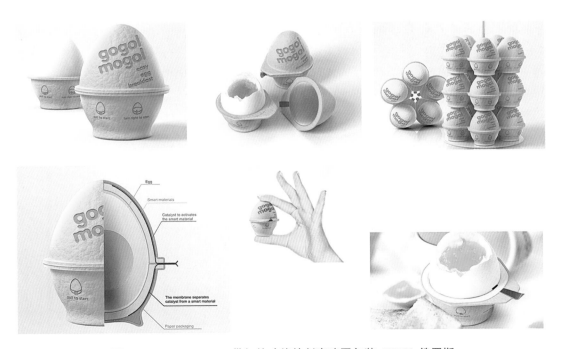

图 18-2 **Gogol Mogol** 带加热功能的创意鸡蛋包装,**KIAN**,俄罗斯

领域范畴内，并将"体验"的理念进行创造性的拓展，使其成为促进商业化销售的前沿性经济增长点。在全新的消费环境中，综合媒介的广泛推广与使用，刺激着现代商品生产、交换、服务经济行为的发展与演化。人们在卖场进行商品交换（包装展示、包装的视觉吸引以及空间中的视觉体验），购买商品后在特定环境下的使用，以及使用完产品的后续处理，实际上是一个理想状态下完整的"体验"流程。而在商品展示、推广、交换、后续处理及服务进程中，包装充分体现了其体验的内涵，扮演着把消费者和商品紧密连接在一起的重要媒介（图18-2）。

应合理、充分地将"体验"理念转化运用到包装设计中。包装是介绍产品、吸引消费者眼光的外在目标，具有不可替代的关键作用，消费者在选购商品时很大程度上受到包装的影响，商品体验是创造消费的重要构成模块，是商品价值实现的必要组成部分。好的包装可以保护产品，方便运输；让商品在空间中展示；在消费者选购、运输、存储产品的体验互动中很好地推广品牌，从而成为品牌识别系统中的"个性形象"。独具造型特色的可口可乐包装容器，包括包装容器上波浪式的图形语言构成。人们手持使用包装容器的过程也是特殊体验方式的表征。因此，人们是通过包装来"体验"可口可乐的刺激、活力与爽口的。这个过程将饮品口感和包装容器的流线型美感一起印刻在消费者的印象中，慢慢沉淀酝酿为具有韵味的体验文化。在这里，包装不仅起着贮存保护商品的功能，融入情感关怀的体验元素可以将品牌美誉度良好地塑造，而且还建立起消费者享用、体验商品及服务的"媒介"，成为新消费环境下忠实的体验消费群。

在综合的商品消费媒介刺激下，人们购买商品都是为了满足其自身的物质需要及精神诉求。美国著名的心理学家马斯洛提出五个需要层次的理论，即生理需要、安全需要、归属与爱的需要、尊重需要和自我实现需要。这五个需要由初级向高级转化，随着人的生活境遇和水平的提高逐步发展。这五个层次的需要中前两种为基本的物质需要，后三种是需要通过更高层次的精神触及点来刺激和影响。总之，人们都得通过消费商品或接受服务来进行体验的实践。

在商品消费中，人们在满足生理需要的同时，越来越多地希望精神层次的补给与满足，精神需求满足的表现形态往往是以"体验"的方式出现的。而在这一"体验"过程中，包装起到了"桥梁"或者"媒介"串联的作用，有的包装直接给消费者营造了特殊的体验情境。包装在一定程度上代表着商品的品质档次，同一品牌同一质量的包装，在不同的体验情境中，会给消费者带来迥异的体验情感。不同的包装给人在特定消费时间与空间中的感受或体验是不一样的。正因为如此，在进行包装设计时，商品的保护不仅仅是我们所需要考虑的，还要考虑适合的运输体验、个性的销售空间、有机的使用环境、包装的材料、图形文字的设计格调组织、色彩的情感化运用、开启包装的方式、综合化的体验内容等。这都是为了给消费者一种关于人、事、物、场、境完备而系统的体验追踪，强调相互参与，将人与人、人与物、人与环境有机地联系在一起。它的主要意义在于：包装与产品之间、包装与经销商之间、包装与受众之间、包装与环境之间都能够形成良好的交互作用，以取得消费者对"整个"消费体验的认同，从而实现自我价值、商业价值、生态价值、文化价值的统一（图18-3）。

图18-3　Bzzz 蜂蜜经典创意包装，Backbone Studio，亚美尼亚

　　在包装设计的体验构成语言中,大量的商品既要满足人的物质需求,也要满足人的精神需求,只是在不同的商品上侧重点不同而已。但是有一点不容置疑,现代人对精神需求越来越迫切了。除商品(包括服务商品)可以满足这种需求外,商品的消费包装也可以而且应该增强包装设计的"体验感",以满足这种需求。

　　人是有情感的高级动物。马斯洛在对人的需要划分层次时,第三层次就是"归属需要和爱的需要",包括与别人交际的需要,可见人对情感的需求是人类最基本的需求。人类的情感大部分是通过语言表达的,也有通过肢体和表情表达的,如握手、微笑、拥抱。但是也有很多是通过物与物的交流来传达的,包装则是情感"表情达意"的工具。消费者的体验是通过感官刺激进行的心理活动,在包装设计过程中应充分考虑人潜意识中的本我、自我的情感需求,使人在对包装及产品的认知路径中体验激发人们的联想,产生共鸣,获得精神上的愉悦和情感上的满足。"情感化体验"似乎是通过包装含蓄而富有诗意地传递感情。总之,在体验经济的发展形势下,要不断架构"体验与包装的价值连接点",实现新经济发展的可持续动力(图18-4)。

　　体验与包装的价值点连接涉及材料的多样性与复杂性,体验的韵味需要充分增加设计时间、设计环节和设计难度,以科学的逻辑思维与方法考虑包装材料、包装结构、包装样式、包装语言的趣味性、情感性与交互性等。将体验意识融入包装设计创意中,充分挖掘来自造型能力、审美能力、包装设计经验、市场经验,实现体验价值的转换。体验式包装设计是以情感为纽带,实现问题意识、创新意识、整合意识、结构设计以及设计表现的同步性表达,并相互交织、相互碰撞、相互制约。包装设计中体验的情感性挖掘高度实现人与物的有机、自然及和谐共生关系,其价值导向未来包装设计的发展(图18-5)。

图18-4　母子包,reisenthel,德国

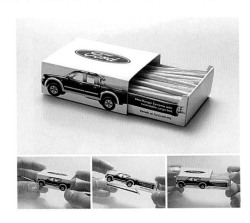

图18-5　火柴盒包装,JWT,马来西亚

18.2　包装中体验的形式

　　对现代消费者来说,产品被认为是一种表达个性及渗入情感体验、新媒介、新技术、新材料、新文化、新艺术、新观念、新趋势的信息整体。体验式包装能够体现包装设计的意境之美,具有商品的文化底蕴,又能满足消费者精神方面的独特诉求,注重消费者诸如微笑、愉悦、适意、欣喜、分享、陶醉等情感化的诉求,通过融入情感化体验达到商品性、设计审美性、文化传承性、生态可持续性的和谐统一,能够使人们在激烈竞争环境下的获得一份来自精神与心灵的情感慰藉,从而使产品更具综合的市场竞争力。包装设计中体验构成形式多样,大致可归纳为感官体验、情感体验、思考体验、行动体验和关联体验五种。

18.2.1　感官体验

　　感官体验简单来说就是感觉器官的体验,由人体的眼、耳、鼻、口、手五种器官组成,不同的感官可以接收不同的外部信息刺激,形成不同的反应和感受,是体验式包装设计中最基本的形式。感官体验的过程就是外部刺激信息通过感觉器官传递到大脑,再由大脑对信息进行筛选最终保留有用信息的过程。在体验情境中的每时每刻都传达着消费环境的融洽性、商品的功能性、顾客的情感性升华,感官体验都在发生作用并产生效果。了解感官体验,是研究体验元素延展运用在包装设计中的关键。

人的感觉与生俱来的条件(包括所有感官条件)为我们认识世界具有一定的限制作用。感官体验受一般生理特征的影响,有其自身的局限,伴随人从出生到死亡的整个生命过程,是人最为原始、本能的体验,也是最能触动人心理敏感神经的体验形式。情感体验、思考体验、行动体验和关联体验均受其影响。从包装设计来看,感官体验主要包括视觉体验、听觉体验和触觉体验三大类。

1. 视觉体验

视觉体验是大多数企业采用最多的体验形式,也是使用最为广泛的一种体验形式。视觉体验发生的前提条件是光照,眼睛需要光才能看见万事万物。光源没有特别的要求,可以是自然光,也可以是人造光。据研究发现,83%的人是通过视觉接收资讯的。消费者会首先通过视觉体验来判别是否需要进行下一步的体验,视觉体验一种重要的感官体验形式。包装设计的视觉体验过程,具体说来就是企业选择符合品牌发展、寓意美好的设计语言作为形象、插图、背景,通过视觉效果的营造,来引起消费者视觉注意的过程(图18-6)。

消费者的视觉体验具有信息接收的速度快、时间短、跳跃性强、偏好动态影像以及视觉向嗅觉转换的特点,掌握了这些规律便于企业在同等情况下更好地刺激、吸引消费者,传播品牌信息。当然,视觉刺激应该维持在一定的限度以内。鲜明的、个性的、格律的、非理性的形与色更容易给消费者对于富有情趣的品牌形象留下深刻记忆,有着重要的品牌文化构建作用(图18-7)。

图18-6　Saliami CD 包装,
Mother Eleganza,立陶宛

图18-7　Smirnoff 旗下的果汁酒设计,
JWT,美国

2. 听觉体验

听觉是人获取信息的重要方式之一,听觉体验通过声音的传播可以将产品、品牌信息传递给消费者,给消费者留下特点鲜明的深刻印象。大家都知道真空不发声的原理,声音需要借助一定的介质才能传播。因此,听觉体验对传播范围、传播设备都有一定的要求。

声音的形式多种多样,人们很早就知道如何利用听觉体验来销售产品,包装设计却反其道而行,在包装中加入缓冲气体或材料,减少包装在运输中发出的噪声,以无声胜有声,带给消费者一种意想不到的宁静效果,这是宜家对现实感官体验基础上的听觉体验,是对感官元素的提炼与总结。再配以符合卖场体验环境,灵活选择音乐的类型、播放声音的大小等,为消费者营造一种别具匠心的购买氛围,使消费者更加投入情感地选购(图18-8)。

3. 触觉体验

触觉是人类社会使用频率最高的感觉信息,最常见的触觉体验是手的触觉体验。手可以感知疼痛、温度、湿度、硬度、厚度、重量、坚挺度、锐利程度、光滑程度等,材料表面的硬度、密度、粘度、湿度等物理属性,既能够让人获得细腻、温润、纯洁、柔软、冰爽等舒适体验,又能够让人产生粗糙、尖锐、潮润、粘连等不快感受。触觉感知是人体中使用频率最高、最重要的触觉器官,也是人了解、认识世界的重要渠道之一。

消费者可以通过触摸、抓、握,亲身感受产品的性能、质量,方便消费者做出最合理的选择。触感是有寓意的,触觉体验还是人们交流情感的主要方式,有亲近和拉近彼此距离的作用,往往能无声胜有声。人从幼儿期就通过触摸来认知世界,也渐渐明白了触摸的含义,懂得不同的人在不同的环境下的触觉体验效果全然不同的道理。如朋友间的碰触代表安慰、亲密、友好,是善意的;陌生人间的触碰代表挑衅、骚扰、挑逗,是恶意的;亲人间的碰触代表关爱、体贴、喜爱,也是善意的。企业为了方便消费者选购包装,应充分考虑到触觉体验,防止体验过程中划伤、拉伤、扭伤、擦伤的出现。善于使用触觉体验,往往能使品牌快速地攻破消费者的心理防线,获得意外收获(图18-9)。

包装必须注重触觉设计,针对目标消费者选择不同的材料与工艺,以使用循环材料及节约包装材料为初衷,力求通过细致入微的触觉体验带给消费者品位、品质的品牌联想。不同的材质不仅传递着商品的信息,同时赋予了包装不同的感知。包装材料直接影响着人们使用的舒适性,人的知觉系统从材料表面得出的信息是对材料表面特性的综合反映,所以对于材料特性的熟悉和把握,是体现包装设计舒适性的关键。为使产品更具体验的价值,也许最直接的办法就是体现它的触觉质感,这样能增加受众与商品包装的交互体验性。无论是天然的还是人工的、传统的还是现代的包装材料,在可持续发展概念的倡导下,推崇绿色、自然、生态性,能让消费者体验有机、健康、和谐与舒适,同时也能让包装传播"融合共生"的信仰,通过包装材质肌理的舒适感,建立商品与消费者之间的亲和关系。

包装设计在重视感官体验的同时也收获了消费者的认同,值得注意的是视觉、听觉、触觉之间是互相配合、相互影响、互相联系的,丰富的感官组合相应地带来了奇妙的体验感受。如果没有了视觉,就只能通过触觉、听觉来感知包装;如果没有了听觉,只能通过视觉和触觉去了解包装上的内容信息。这要求包

图18-8　松下耳机包装,松下公司,日本

图18-9　La Vieja Fabrica 果酱,Tapsa,西班牙

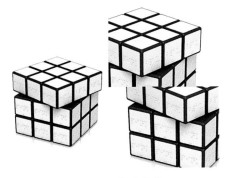

图18-10　盲人魔方,Konstantin Datz,德国

装设计在感官体验中,还应更多地考虑弱势群体的心理感受,他们可能丧失了一种或多种感觉,是需要我们去关注、关心、关怀与关爱的,可以通过包装信息的改变、调整,达到感官交流的目的,传递品牌的文化(图18-10)。

18.2.2 情感体验

以感达意,以情动人,才能更好地感动消费者,对体验式包装设计具有重要意义。情感体验是以"情"为中心建立在感官刺激之下具有持久性及凝聚力的体验,是人受外界吸引产生的心理感应过程,是人认识客观世界投射于内心世界的适应与调整。情感体验主要分为感官感受、情绪提升、心理需要、意念、决策、偏好、参与行为、娱乐性、逃避现实、美感等。虽然情感体验涵盖的面很广、不好归纳,但只要抓住影响情感体验变化的四个核心要素就可以深入地了解情感体验,控制情感体验。情感体验会随着情景、情节、情绪、情况的变化而产生变化,可能朝着积极的层面发展,也可能朝着消极的层面发展。因此,情景、情节、情绪、情况构成了情感体验的核心要素。

1. 情景

情景可以理解为情形、场景,是情感体验的物质依托基础。好的场景可以使人借景抒情,主题性强的情景更能移情和传情。主题性强有两方面的要求,首先情景的设置要紧扣主题,其次是要利用不同的景、物来反复强调主题,从而主导体验的发展方向(图18-11)。

2. 情节

指事情的经过,是情感自始至终整个体验过程间起决定作用的各阶段。情节需要事先的策划和设计,通过情景来传递。经过精心策划和设计的情节使人能流畅地体验整个过程,往往充满吸引和感染力,引人入胜(图18-12)。

3. 情绪

情绪是指人从事某种活动时产生的心理状态,是对外部刺激的直接反映,有速度快、维持时间短、容易受外部影响变化的特点。情绪伴随情感体验的整个过程,可与情景、情节之间互相影响,虽然情绪会根据每个人不同的条件而变,但总体趋势还是可以控制的。情绪是情感体验的重要组成部分,是可以改变和塑造的。不同的包装设计会给消费者带来不同的情绪影响(图18-13)。

图18-11 Thelma's 甜点包装

一款非常有创意的包装盒,外表是烤箱的形状,它不仅能够有效地保温,还能给人一种甜点是刚出炉的感觉。

图18-12 火柴盒设计,BBDO,德国

图18-13 防偷午餐包装,SherwoodForlee,美国

4. 情况

所谓情况,是情形的变化,多指情感体验过程中出现的问题。情况经常不请自来,要做好应对情况的准备和灵活应对的策略。消费行为必须符合体验情境与模式,为其他消费者创造更好的体验环境与氛围(图 18-14)。

18.2.3　思考体验

思考是在大脑中进行的、人类特有的、有意识的认知,建立在知识与经验的基础之上,根据角度的不同可以分为定向思考、逆向思考、换位思考等。爱因斯坦曾经说过学习知识要善于思考,思考,再思考。可见思考是获取知识、消化知识的主要途径。人与人之间的沟通交流,经常能起到启发智力、改变思考模式的作用。

思考体验通过观察得到,是消费者发现问题、解决问题的过程,可分为知识的提升、教育性、记忆的组合、对周围环境的认识几个方面。思考体验建立在感官体验的基础上,受情感体验的影响,体验的结果直接影响消费者的行为判断,多适用于高价格、高科技、高附加值的产品,在体验传播过程中占有重要的位置。思考体验伴随整个消费过程,消费者通过思考进行比较、选择,对品牌相关信息进行逻辑归纳,是信息解码、编码的符号化过程。思考体验时间的长短通常与消费者的消费水平直接挂钩,便宜的产品思考的时间相对较短,贵的产品思考的时间相对较长。企业如果能合理地利用思考体验,将会带来品牌质的飞跃(图 18-15)。

图 18-14　"我不是电池"调味瓶包装,**Mehmet Gozetlik**,英国

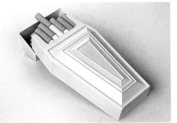

图 18-15　反对吸烟的包装,**Reynolds and Reyner**,美国

18.2.4　行动体验

行动体验包括行走、为实现某种意图而具体地进行活动、行为三方面的概念。行动体验受思考体验的指挥,随时随地与感官体验、情感体验产生互动,是使消费者增长见识、增加身体感受的体验,是体验传播模式的执行层面。消费者在卖场行动的过程中,可以全方位地感受来自品牌文化、组织管理和卖场的整体氛围,企业可以针对消费者的行动特性,通过与店员进行沟通和反馈对消费者进行有效的品牌传播(图 18-16)。

18.2.5 关联体验

关联体验是感官、情感、思考、行动体验的综合,强调各部分之间的关系与影响,是综合了其他体验优势的体验形式,比其他体验具有更强的传播影响,主要适用于日常用品、家居用品、高科技产品等领域。

关联体验要求企业始终要保持体验形式的一致性,强调自始至终的品牌特质,方便消费者在头脑中进行品牌的相关联想,实现品牌包装的忠诚度影响(图18-17)。

图18-16　自闭症儿童广告纸袋,
迪拜自闭症中心,迪拜

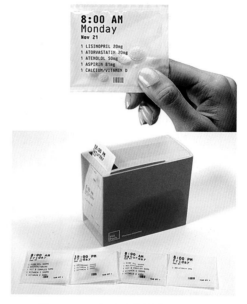

图18-17　定时吃药的药品包装,
PillPack,美国

图18-18　Mood Garden 茶包装设计,
Alexander Chin 设计

每一个茶包都对应一个独特的颜色和一种花。花是心情的代表,当饮茶者从整条茶包装中拿出茶包时,一朵小花就显露出来。当他们使用了更多的茶包,他们会惊喜地发现他们的"心情"明显成长。这个设计创造了一种新的饮茶体验。条形的茶包装背面显示了花朵的成长过程,人们饮用越多的茶包,花朵越快成长。这个条形包装不仅仅起到保护茶包的作用,在人们使用完毕后,它还能被当作书签使用。

18.3　体验式包装设计方法

1. 发现潜在的体验

能够营造快乐体验的企业,不但能够赢得消费者的心,也能为企业带来丰厚的经济价值。将消费者个性化、情感化、多样化的需求放在首位,强调以消费者为中心,是企业生存与发展的根本。

在进行包装设计时,根据市场的实际情况,充分考虑消费者的需求,从包装的外形到功能,从材料到结构,从生理到心理,从细节入手,关爱消费者的心理和情感需求,发挥自身优势,深入挖掘潜在的机会。特别是有些被忽略的内容可以成为重要的创新素材,有针对性地开发出吸引人的体验。体验的价值在于它可以长久地存在于每个人的内心。体验的快乐大于商品本身。关键是要找到适当的方法,结合品牌营销,不断研发新品种、新材料、新包装,为消费者带来新的体验(图 18-18)。

当今的包装设计需要设计者充分探索包装本身除保护功能、传递功能、便利功能、审美功能、维权功能、创造商机、提高商品附加值等传统功能之外的创新功能,使包装的功能得到延伸和展开,并将创新功能融合到包装物理功能、生理功能和心理功能设计之中,使包装能够享有重复使用的生命,能被消费者反复使用。为了做到这一点需要设计者从解决消费者生活方式和心理欲望等维度中所遇到的问题上去扩充、展开包装的功能以达到体验的效果(图 18-19)。

图 18-19　哑铃运动饮料(Dumbbell Sports Drink),Jin Le 设计

此设计是具有功能拓展及体验的饮料包装,能被作为健身器械"哑铃"来进行体验享受,设计既巧妙又环保。设计师通过对目标消费群生活方式的大量研究后设计了这款运动饮料。它不仅解决了塑料饮料瓶被送到消费者手中只停留短短半小时,之后需要数百年的降解过程所带来的环境压力,更重要的是解决了热爱运动的消费者们生活中随时需要哑铃,但是无法做到大量购买、放置在家中、办公场所的问题。这样的饮料瓶设计确实很方便携带,会让人有一种要抓在手里的冲动。在饮用之前,可以作为运动装备,饮用后可以灌水继续锻炼。

包装设计中功能拓展及体验是设计过程以合理使用为前提,将创新功能融入到物理功能、生理功能和心理功能设计之中,达到将视觉艺术与包装技术的高度融合,增加包装新功能使功能多样化,购买时与购买后产生不同的效果,打破传统包装常规的使用方法,提高功能使用率,从而达到延长包装功能使用的周期与寿命,同时减少材料对环境的污染与资源消耗,最终完成包装设计更高的目标。

2. 营造全新的体验

要想营造吸引顾客的体验,必须要打破传统的思维方式,建立体验化思考的能力。创造新的从未有过的体验。把新产品作为道具,新服务作为舞台,在此基础上营造新的体验,这是设计师和企业共同关注的问题,通过设计、生产、销售、使用等环节,增强服务意识,在消费者购买产品或在使用产品的过程中,创造全新的消费体验。

现代消费者越来越倾向于让自己购买的产品变得与众不同,显示自己独特的个性与品位,所以个性化定制或模块化定制对新一代成长中的消费者尤为重要,定制是指根据每个顾客的不同需求展开差异化生产。定制商能够为顾客营造出完全不同的体验,能创造出新的价值。个性化定制可以为每个顾客专门定制包装形式,如定制打印或包装方式,专门的标签,个性化的表达,让每一个顾客都会产生一种专门为我设计的自我满足体验。实现了个人内心的满足感,为消费者创造了独一无二的体验,对消费者形成很大的吸引力。又如:通过模块化定制,针对不同顾客的不同需求,利用不同的模块组合定制。规模化定制商开发的设计型互动,可以用高效、实用、轻松的方式,帮助每个顾客确定所需的产品。在了解顾客真实的需求之后,企业必须利用这些信息开展行动,提供高效的按需生产,针对这种独特的需求开发特定的产品。也可以通过和每个顾客的互动达到精确定位,让互动的过程变成一种探索性的体验,顾客亲自参与体验,允许顾客直接参与决策过程,有时参与部分生产过程,最终拿到定制化产品,这是独一无二的由顾客参与,令顾客都满意的产品(图18-20)。

为新的体验构思主题,通过各种方式为顾客营造惊喜,可以让企业通过激发消费者,有意识地超越消费者的希望。如:在包装设计中,加上一些温馨的问候语,或在包装中加上一些有关产品的故事或养生的小贴士等,对经常购买该产品的顾客赠送礼品小包装等,利用细致入微的细节和贴心的服务为顾客营造难忘的惊喜。

3. 实现全过程愉悦的体验

注重全过程的体验,包括购物环境体验、使用过程体验、废弃物再利用体验、回忆体验等。在现代经济活动中,展示空间设计扮演着越来越重要的角色,它是一种信息传播的媒介。实体消费空间作为包装设计展示体验的场域,视觉语境的传达是体验的灵魂,包括受众接纳信息,并通过肢体行为或情绪进行有效反馈,利用环境中的空间、装备、照明、新技术、新材料、新工艺,以整合的思维组织串联具有符号性

图18-20 Leafy Dream 首饰树,JSC "Smile Group"设计

这是一个悬挂珠宝饰品的包装,采用生态环保和简约的方式来设计,同时为了增加它的互动性,让人们在一点一点的开启和组装过程中发现惊喜,增加了包装的趣味性,在人们完成组装后可以用它来悬挂饰品,让你的首饰不光在身上璀璨生姿,更成为家居的装饰品。

认知的空间形象,建构完整的"体验场",达到体验环境氛围的营造,从而促进人与人、人与物、人与情、人与景的沟通。通过视觉语境传达的角度去了解展示体验空间营造的本义,对于形态、色彩、材料、多媒体等视觉语境传达的这些元素进行深入的探讨,使我们不再把体验环境设计单纯地看作一种物质载体,而是更多地体现一种信息传达、视觉体验、感官沟通、情感融入的过程。

新媒介带来全新传播与购买体验,针对用户网络互动体验领域,针对网络消费体验领域,开启实体销售与网络销售相结合的新方式,配套设计邮购包装。目前,国内线上交易量的突飞猛进,已经证明中国市场网络消费环境是一个巨大的"体验场",越来越多的消费者选择网络购物的方式,减少出行购物的疲累和繁琐。在网络购物的消费环境中感官体验能够吸引更多的消费者,通过技术支持构建良好的网络体验氛围,对产品包装的功能、特点加以情感化感染,以一种互动的体验带给消费者临场感、感情共振,减少消费者购买时的顾虑,使整个体验过程愉快、轻松、心灵触动、情感共鸣,印象更加深刻。网络销售是以邮购包装为方式的销售形式,邮购包装的增加,更需要完善包装设计系统,以满足消费者网购的需要,实现虚拟与实体的结合,提升品牌的整体形象。

消费者拥有更多的选择自由和参与机会,而不仅仅是被动地接受信息。要使包装产生强烈的体验,就必须使受众沉浸在设计师所营造的消费情境中,准确传递并使之充分享受思维的乐趣、体验的乐趣。真正的体验式包装结构应当让消费者在拆封包装结构的过程中体会到一种参与的情趣,感受到一个设

图 18-21　TRITICUM 面包包装,
Xevi Remón,西班牙

该设计充分调动了人的嗅觉感官,在包装盒上有小孔,人们在没有打开包装时就能闻到面包的香味,激起了人们强烈的购买欲望。使得消费者在购买过程中不仅有很好的视觉体验,还有味觉、嗅觉等感官体验。

定好的修辞性、叙事性操作,要丰富体验情节,在使用过程中建立受众与包装之间的互动关系。要达到这一目标,体验设计就必须具备开放性,为消费者的投入参与创造条件,使他们便于参与其中,乐享其中,充分挖掘体验情节的娱乐性、互动性、有效性,随之引导自我表达和自我实现的体验过程(图18-21)。

　　针对包装产品使用后的体验影响,根据人们对消费体验的需求与期望,制造体验回忆,让人们在真实体验中得到学习,通过体验式包装设计的善意、亲和性、情感性、教育性使消费者产生相应的品牌包装印象,不断增强对品牌的认知,实现生活方式的创造。在废弃再利用体验领域,通过在原产品包装上增加简单的设计元素,使产品包装有新的用途,带给消费者全新的DIY体验和惊喜,不断围绕低碳、生态、环保、可持续的绿色包装实施价值开发,使其使用人群更为丰富,使用周期增长,使用功能增多。体验赋予了包装设计新的生命内涵。

第 19 章　以问题为导向的包装设计

19.1　关注人类共同的问题,做有责任的设计

当代全球设计的发展,给设计带来了更丰富的内涵和特征。设计既是艺术也是科学,是问题求解的过程,是创造性行为;是资源的整合手段,更是一种推进国民经济发展的重要产业。

伴随着设计范畴的拓展,设计的内容物从单纯的实体物发展到了虚拟的信息、交互行为、情感体验等领域。包装设计的内容物也从单纯的包装结构、材质、图形、色彩逐步发展到包装为消费者所带来的体验、消费者使用包装产品的行为,甚至消费者本身也成为了包装设计的对象,因此当代包装设计师需要建立全新的设计视角。既然消费者本身是设计师,在进行设计行为时是主要的考虑对象,那么消费者在日常生活中使用包装产品所面临的诸多问题也就是设计师所需要考虑的核心问题,这就是以问题为导向的包装设计理念的源起。以问题为导向的包装设计的目的主要是针对解决消费者生活中所遇到的诸多问题而进行包装设计,以解决消费者在使用包装设计中所面临的诸多问题。

以问题为导向的包装设计的理念引入到包装设计当中,意味着将改善包装设计的环境,方便所有人的日常生活,提升整个城市的生活品质。在大力倡导和谐社会的今天,一个具有以问题为导向的包装设计思路,是人文主义精神的集中体现,也从一个侧面反映了一个社会的文明进步,对提高全民道德素质,推动社会的人文建设具有重要的作用。以问题为导向的包装设计方法能够极大地推动可持续发展战略目标,通过一件产品的多重使用特点来满足不同需求的使用者,削减为特殊人群生产的专用产品或辅助设施,因此,建立以问题为导向的包装设计,能在一定程度上节约社会资源。从商品市场竞争观点看来,以问题为导向的包装设计理念将是产品新的卖点,会引起更多消费者的购买欲望,提升产品的市场竞争力,前景广阔。

做有责任的设计,应关注社会热点问题,如粮食、环境、老龄化、残疾人、儿童、妇女、海洋、和平与安全、家庭、健康、难民、能源、农业、气候变化、人口、森林、水、人道主义援助与救灾等问题。

专门针对救灾的相关设计。如图 19-1,该设计受到"5·12"汶川大地震的启发,目的是设计一种适合人们日常防备用的抗震

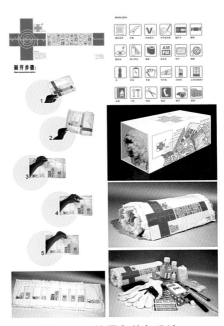

图 19-1　抗震急救包设计,
秦笃印设计,王安霞指导

急救包,能使人们在有限的时间内得到生命的延续。该设计采用卷轴式两端不封口的方式,在遇到地震时可以从容地从任意方向取出所需物品。选用软性的材料可以避免因开口被压坏而打不开的问题。每个格子都有标识与之对应,使人们能快速地识别物品。标识采用荧光色,方便在夜晚快速地识别和实施自救。如图19-2,这款独特的设计,是专为灾区和战区人们提供食物、饮水以及住处的食品包装,形似乐高砖块,里面可以盛装食物或水,当其中的补给物吃完后,灾民们可以就地取材往里面灌沙子、泥土等物,然后像垒砖块那样用它们搭起坚固的临时房屋,非常实用,真正做到了从特殊人群的角度出发,在便利生活的同时,不产生浪费和污染,给予人们情感上的抚慰与关怀。如图19-3,该设计灵感是在对灾区的考察调研中发现的,无论灾难来临得有多急、多大,学校往往是最先建立起来的,孩子们读书的问题是我们最关心的话题。针对灾区在短时间内急需恢复上课的需求,设计了主题为"阳光学堂"的概念包装。该设计主要通过对包装灾区物资的纸箱、纸盒的改造,运用分离、折叠、拼接、重组等方法,形成一系列具有学校实用意义的课桌椅。它具有一定的应急性、实用性和环保性。同时,纸板的设计使人可以在上面任意涂鸦,为灾区孩子们的心里疏导和压力排解提供了一个有效的平台。这样充满人文关怀、零污染、零废弃的环保设计是设计要追求的方向。

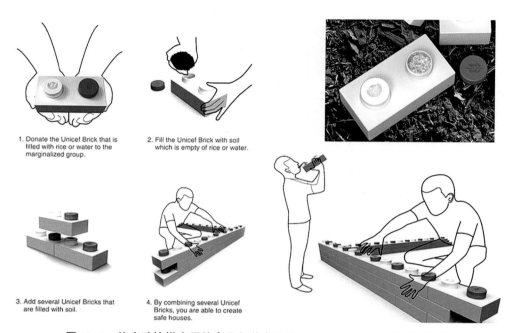

图19-2 能当砖块搭房子的食品包装盒设计,**Psychic Factory** 设计,韩国

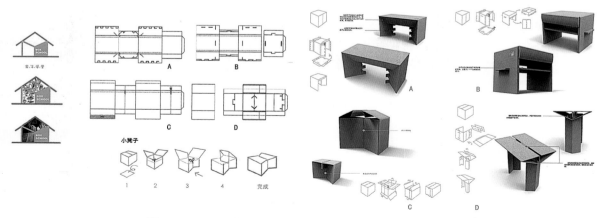

图19-3 "阳光学堂"的包装设计,银小砾设计,王安霞指导

　　针对战争问题的设计。如图19-4,这是一款调料包装设计,正面印着一双腿,而开口设计在脚踝的位置,当撕开调料包时,红红的番茄酱流出,如同折断了画中人的脚,在调料包背面写着"在89个国家里,走在地雷上还是常事"。这款调料包是一件反战作品,通过对战争伤害对直观展示,呼吁人们捐款以帮助因此而受到伤害的人们。

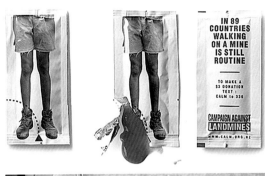

图19-4　番茄酱调料包装,**Publicis Mojo**
设计公司,新西兰

图19-5　**Sharky tea-infuser**鲨鱼造型的
泡茶器,**Pablo Matteoda**,意大利

图19-6　碳迹,环保主题视觉设计,纪婷婷设计,王安霞指导

针对动物保护问题的设计。如图19-5,这款泡茶器仿生鲨鱼鳍的造型,采用不锈钢材料。将茶叶装入茶杯中,仿佛一条鲨鱼在水下潜行。随着茶叶泡开,茶色渗出滤网,就像流血的鲨鱼鳍。该设计呼吁人们关注环保,珍爱生命,不要为鱼翅而滥杀鲨鱼。

针对环境保护问题的设计。如图19-6,近年来雾霾的弥漫,再一次激起了人们对于环境的关注,低碳之风席卷全球。追溯人类社会的碳足迹,自从"低碳"一词流行以来,出现了一些伪低碳、被低碳的社会现象。该设计针对这一现象,力求用粗犷、朴实的红色岩画的视觉语言,将正确的低碳观转化为具有强烈冲击力的视觉图形,并采用插画、书籍、包装及衍生品的设计媒介,激起人们更深层的对环境及我们生存状态的认识,更自觉地践行低碳环保。如图19-7,长期以来,人类是其他生灵最大的威胁,而现在,我们是它们唯一的希望。该设计讲述了10个人类伤害其他生灵最终自取灭亡的故事,以此警示大家:人类对大自然的索取已然到了大自然无力恢复的阶段,如果不再停止破坏、停止伤害,那人类终将灭亡。设计通过多层次剪纸的方式来表达主题,9个单独的故事画面,拼成了第10个故事——满目疮痍的人类。该购物手提袋设计很好地起到了警示作用,提醒人们要保护自然,爱护环境。如图19-8,主题意为"灭绝的痕迹,消失的生物链",邮票图形取自于已经灭绝的动物和濒临灭绝的植物。人类破坏自然及猎杀动物,使我们自身只能在一枚小小的邮票上一睹灭绝动植物的美丽姿态。手册按照时间顺序展示了动植物的灭绝过程,很好地起到警示和宣传作用,希望人们在看到这些作品的时候,能够想起那些已经消失的生命,增强环保意识,珍惜生命,不要再蹂躏自然,不要再虐杀动物。

针对环境保护问题的设计。如图19-9,该设计是针对中国的餐桌浪费问题,以唤起人们对粮食浪费问题的关注。据世界粮农组织报告,全世界饥饿人口已高达10.2亿人,平均每6秒就有一名儿童死于饥饿,5亿中国人口正在忍受"隐性饥饿"的困扰,中国贫困山区的孩子甚至吃不上一口热腾腾的午饭。而中国每年餐桌上浪费的粮食价值就高达2 000亿元人民币,被倒掉的食物相当于2亿人口一年的口粮,这种舌尖上的浪费触目惊心。近期一些热心的公益人发起了"光盘行动",倡导厉行节约,反对铺张浪费,带动大家珍惜粮食,吃光盘中的食物,得到了从中央到民众的支持。该设计主要从四个方面,

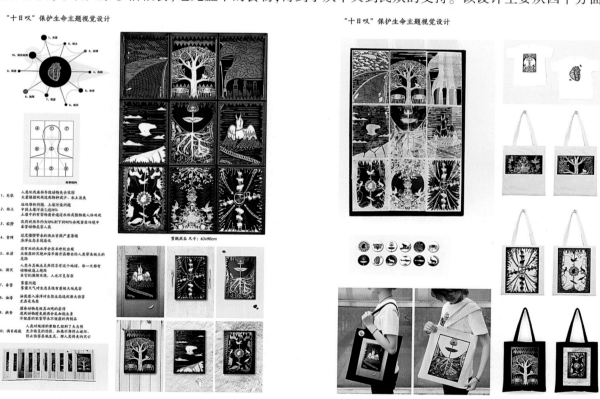

图19-7　"十日叹"环保主题视觉设计,刘夏清设计,王安霞指导

即饥饿问题、粮食与汗水、浪费问题和光盘行动,警示我们珍惜拥有的每一粒粮食。设计者作为新生代设计师,希望设计传达的不仅仅是表现力,更重要的是一种责任和态度,希望通过设计能够唤起更多的人对当今粮食浪费问题的关注和了解。只有大家共同努力,我们才会拥有更美好的明天。

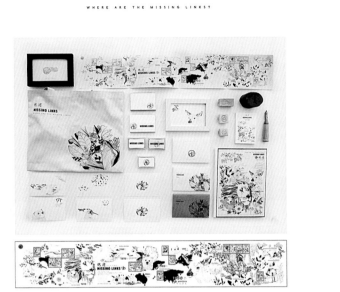

图 19-8　"绝迹 Missing Links"邮品及包装设计,张莉佳设计,王安霞指导

图 19-9　《粮"沧"》主题视觉设计,李铁梅设计,王安霞指导

针对残疾人问题的设计。如图19-10,这套专为盲人设计的餐具,具有很强的交互性。盲人在视觉上的弱势,决定了其他感官的敏感性。这款餐具通过关注盲人在触觉上敏感微妙的感觉,在就餐时对盲人进行操作引导,是对视力弱势的补全,极富人文关怀。如图19-11,这款杯子专门为帕金森患者设计。帕金森的症状直接影响到患者的生活质量,甚至连喝水这样的日常行为也极其困难。"handsteady"拥有可旋转的杯子把手,让患者在喝水时不需要弯曲手腕,用大拇指甚至用嘴就可以直接喝到水,方便了患者的日常生活。

图 19-10　无障碍盲人餐具设计,
Simon Kinneir,美国

图 19-11　"handsteady"为帕金森
患者设计的防手抖杯子,Chris Peacock,英国

19.2　发现包装中存在的问题,有效地分析问题

19.2.1　发现生活中包装存在的问题

在生活中常常会碰到由于包装设计的不合理,给消费者的使用带来诸多不便的问题。这说明众多的包装存在问题。作为设计师,要从身边做起,从细节入手,观察生活,善于发现问题,并且通过科学合理的方法来解决这些问题。

问题意识的培养,是当今设计教育重要的环节。首先,通过大量的调研和用户分析,尤其是要进行实地调研,再现产品包装的使用情景,在这个过程中发现问题。可以通过录制影像,把全部过程拍下来,仔细观察使用过程;可以亲自体验使用;也可以通过问卷调研等手段,对消费者的行为进行详细的分析;还可以对在日常生活中遇到的有问题包装进行解析,发现问题所在。如有些包装设计由于包装结构设计得不合理,造成了消费者在使用时开启的不便;有些包装的开启方式,没有考虑到消费者需多次使用的情况,在开启后无法再次合上;有些包装在材料选择上不够合理,不便于回收也不利于环保等。

19.2.2　通过设计师与消费者的角色互换进行分析评价

针对发现的问题,科学合理地制定设计流程,寻找有效解决问题的路径和方法,从多角度进行分析、评价,提取出关键词,展开改良或创新设计,要求在解决原有问题的基础上有所突破和创新,关键是要解决原来设计存在的不合理的问题。

在设计过程中,通过设计师与消费者的角色相互转换,跳出设计师的角色,从一个消费者的角度来思考问题、观察设计,以同理心测试、观察、审视自己的设计流程,并用视觉化的手段加以表现。

分析、解构一个包装,用图形符号形式而不是用数字来评价,这样印象更加直观。图形符号分四个等级,即很好、好、一般和差。包装评价表的纵向从包装的材料、结构、立体造型、文字、色彩和图形等六个方面来分析,表的横向从统一性、功能、信息传达、品牌信息和延伸功能等五个方面来分析(表19-1)。

表 19-1 包装评价表

	统一性	功能	信息传达	品牌信息	延伸功能
材料	☆	○	○	○	×
结构	○	☆	○	○	×
立体造型	△	△	○	○	△
文字	☆	○	☆	○	△
色彩	☆	○	☆	○	△
图形	○	○	○	○	△

很好	好	一般	差
☆	○	△	×

19.3 以问题为导向的包装设计实践

通过运用包装评价表来进行分析,找出要解决的问题,制定出新的设计目标和设想,使包装更优雅、更完美。

首先,在对问题进行分析后,开展发展思维,勾画解决问题的草图方案,最好以3D形式制作设计草模,创作简单的原型。

其次,检查设计的草模是否好用,通过包装评价表再次进行行为分析,考察包装的内容、结构、品牌、信息、图形等方面,依照结果再次进行调整,修正草模。

再次,从用户的角度而不是从设计师的角度再次分析,更加具体地阐述问题,了解细节,查找不足,同时也要注意包装的互动与使用后的处理。

最后,在草模的基础上进一步完善设计,展示和发表最终的包装成果。

如图19-12,药品包装设计。通过大量的市场调研,发现现行药品包装以下几个问题:

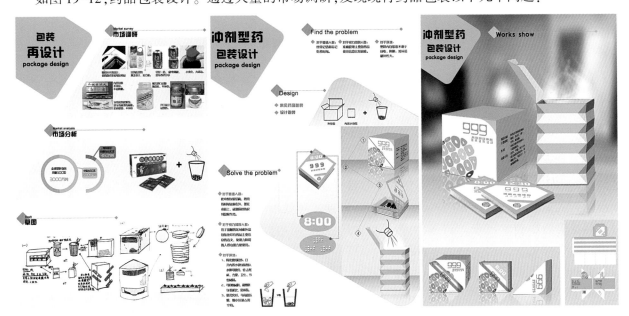

图 19-12 药品包装设计,方淑红设计,王安霞指导

（1）对于普通人群：经常记错和忘记吃药时间。

（2）对于视力障碍人群：准确获取主要的药品使用信息比较困难。

（3）对于环境：塑料内包装袋不利于回收、降解，不利于环保。

针对以上问题，提出了新的设计方案，很好地解决了这些问题：

（1）对于普通人群：新药品的包装结构将用药时间显露在外，摆在桌面上能很好地起到提醒作用。

（2）对于视力障碍人群：用手接触的区域和外盒包装处印有药品主要信息的盲文，视力障碍人群也能方便使用。

（3）对于环境：简化使用程序，打开内置小袋包装向其中倒入水即可使用，省去了纸杯，方便，卫生，节省材料。同时，包装全部采用纸质材料，便于回收，和塑料包装相比更环保。使用完后可压缩，缩小垃圾占用空间。该设计是一个充满人文关怀又符合绿色环保要求的包装设计。

如图19-13，筒装彩色铅笔盒设计。通过市场调研发现现行包装存在以下问题：

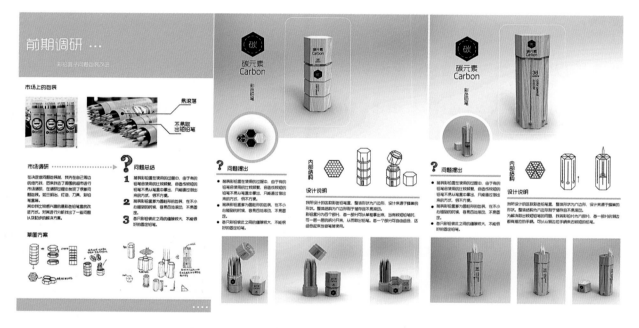

图19-13　筒装彩铅盒设计，李凯设计，王安霞指导

（1）筒装彩色铅笔盒在使用的过程中，由于有的铅笔使用比较频繁，从而造成铅笔长短不一，较短的铅笔不易从盒中拿出，只能通过全部倒出的方式取出，使用非常不方便。

（2）筒装彩色铅笔盒多为圆柱形的包装，在不小心碰倒时，容易四处滚动，易从桌上滚落到地面，使铅笔折断。

（3）彩色铅笔之间的缝隙较大，不能很好地固定铅笔。

针对以上问题提出新的设计方案。笔盒设计来源于蜂巢的形状六边形，易于储存且不易滚动。在底部设置六边形卡槽，可固定每一支铅笔。共设计了两款不同的包装结构。第一个盒子分为四个部分，每一部分可以单独拿出来，当有较短铅笔时，可一层一层地拆分开来，从而取出铅笔，同时每一个部分可自由组合当作笔筒使用。第二个盒子分为六部分，每一部分的侧边都有推拉的手柄，可以从侧边拉手柄取出较短的铅笔，很好地解决了取出短笔使用不方便的问题。

图19-14，果酱瓶设计。经过市场调研，发现平常的果酱瓶在果酱吃到后半部分时，由于瓶子太深，不方便食用，而且在吃完之后也非常方便清洗。本创意在于让果酱瓶的瓶身可以从中间打开，方便了

人们食用后半部分果酱和清洗果酱瓶。瓶身设计成逆时针的打开方式,是为了防止在打开瓶口时不慎打开瓶身部分,非常的人性化。

如图19-15,猫粮包装设计。现在的宠物猫咪有大约四分之一处于肥胖的亚健康状态,这很大部分原因是由于猫粮过度喂养引起的。由于猫粮含有的热量很高,人们在喂养的过程中又常常不控制量,就很容易导致猫咪肥胖,影响猫咪健康。在新设计的猫粮包装中,特别设计了可以定量的包装结构来解决这个问题,并且通过底部开口的巧妙设计,使得定量过程变得轻松、简单,帮助猫咪保持体形,无形中给猫咪更多关爱。同时,顶部的开口设计使得猫粮用完后可以再次灌注,重复利用。包装正面的趣味插画,表现了猫咪肥胖所导致的问题,引起人们关注过度喂养的问题,使得包装在同系列产品中脱颖而出。正面的天窗设计可以让主人随时看到猫粮的剩余情况,及时判断是否需要购买新的猫粮。包装的纸盒结构不同于一般的塑料袋装猫粮,可以代替储粮桶和猫粮铲,一举多得,节省材料和资源。

图19-14　果酱瓶,刘扬设计,
王安霞指导

图19-15　KiteKat 喵趣猫粮包装设计,
边然设计,王安霞指导

如图19-16,意面改良系列包装设计。通过市场调研分析发现,意面包装存在许多问题,如包装存储性差,易受潮;软包装不结实;取用不方便;无法解决定量等问题。根据这些问题进行改良设计,提出了两款设计方案:卷轴式和转筒式。卷轴式是将意面平铺放入塑料袋中,防潮防霉,每包均为独立包装,一包正好为一人量,可轻松抽拉出来,既解决了定量问题,同时具备多种功能。包装材质为普通硬纸,结构为圆筒装,可立放,可平放,绿色环保,便于大批量生产,节约摆放空间。转筒式采用上下扭转的圆筒结构,只需轻轻旋转顶盖,便可将意面倒出,操作简单且便于储存。不同人数的食量在筒壁外侧标有数值,使用时转到相应数字即可,很好地解决了定量问题。

如图19-17,灯泡包装改良设计,包装采用镂空设计,让消费者在选购的时候,不需要拆解包装就可轻松了解灯泡型号,方便选购。瓦楞纸材质包装,内部固定灯泡,减少灯泡与外包装的接触,使灯泡在内部更加稳定,不易破碎。

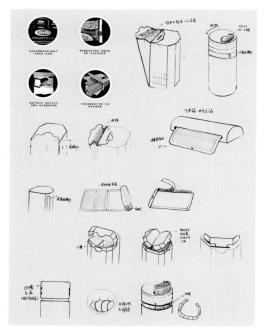
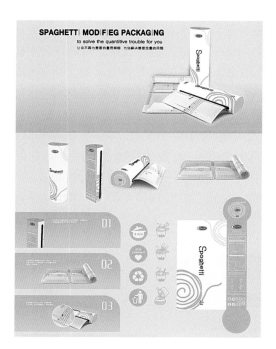
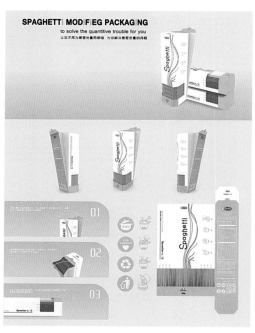
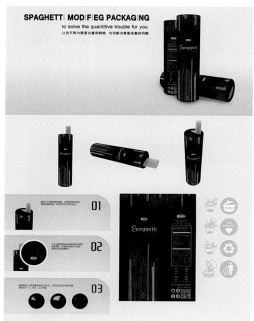

图 19-16   意面改良系列包装设计,赵佰惠设计,王安霞指导

如图 19-18,电池包装再设计,圆筒形电池包装设计创意来自电池本身的形状,主要解决电池包装不好收纳和外包装不便携带的问题。现有市面上的电池包装大多以两种材料组合,既不方便回收,又不容易拆卸和保存。该设计将电池包装材料改为一种,外形设计个性鲜明,既好识别又好保存。盒子的接口采用活扣设计,方便拿取。内置四节电池,就像安装在遥控器里一样牢固稳定。

总之,以问题为导向的包装设计,重点是要能很好地解决问题。设计过程中可以采用团队合作的形式,寻找不同专业背景的人员参加,以有利于复杂问题的解决。要真正做到为消费者着想,为消费者服务。

灯泡包装改良设计

原包装设计

1、整个包装为封闭式，无法更直观的了解内部结构。

2、包装内部无固定，灯泡容易破碎。

PHILIPS

改进包装设计

1、局部镂空设计，使消费者在购买时可以更直观的观察商品。

2、瓦楞纸结构，起到减震效果，降低商品损坏几率。

3、内部纸板，固定灯泡使其不易晃动，减少破碎。

· 内部固定结构　· 内部结构　· 底部固定结构

图 19-17　灯泡包装改良设计，李燕设计，王安霞指导

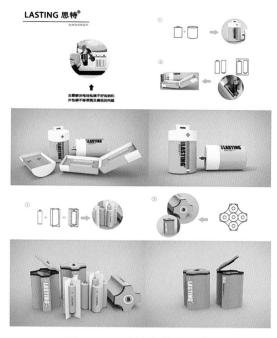

LASTING 思特®

电池包装再设计

主要解决电池包装不好收纳和外包装不够便携及美观的问题

图 19-18　电池包装再设计，阎梦薇设计，王安霞指导

第四部分
优秀学生包装设计作品点评

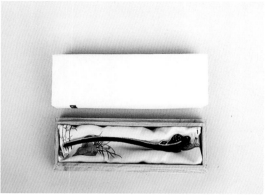

YU Greatness
In trivialness

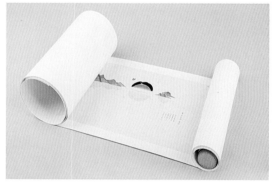

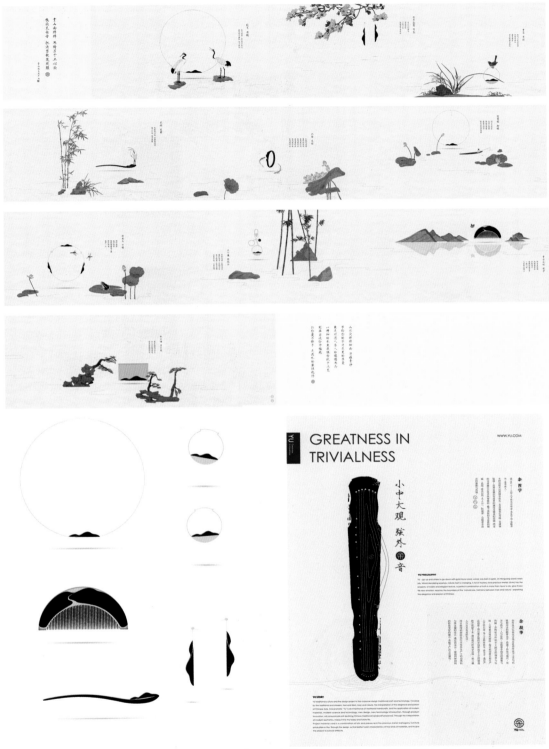

图 20-1　"余"品牌"青山雨"系列首饰及包装设计,张利加、关潇岚设计,王安霞指导

　　"余"品牌是将传统手工艺与现代科技相结合的跨界设计,涵盖了传统与现代、东方与西方、人与自然的深刻内涵。通过前期的市场调研分析,提出了"小中大观,弦外余音"的品牌理念。"青山雨"系列首饰及包装设计,利用尊贵木材和温润的银相结合,从细微处感悟大道至简的自然之妙,整体设计简约、含蓄地诠释着中国式的意境美。

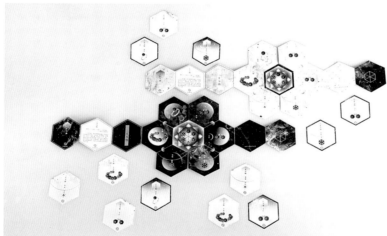

图 20-2　"余"品牌"三生万物"系列首饰及包装设计,杨安琪设计,王安霞指导

　　该系列视觉设计从道家的"三生万物"思想出发,将道教宇宙观与现代天体物理结合,用现代几何形态语言表达出一种包容万象、变化万千的世界观,对传统文化进行了新的理解和诠释,在首饰的形态和寓意上有所突破,使设计具有鲜明的个性特征。

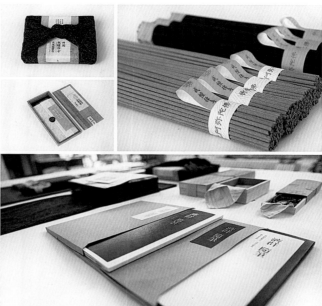

图 20-3　"西园寺"系列包装设计，赵宛青设计，王俊指导

　　该设计以传统寺庙作为载体，从纸质宣传品延伸到寺院的衍生产品包装，诉求体现传统文化与产品间的碰撞与融合，能够更好地服务于对象。整体设计精致细腻地阐释了中国寺庙文化的特色和内涵，沉静内敛地体现了禅境的空灵。

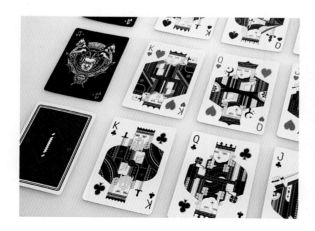

图20-4 "脉绪"扑克牌系列包装设计,花乾华设计,过宏雷指导

"脉绪"表现的是三国枭雄猛将奋勇杀敌时的威烈气势,以及怒视强敌的雄烈,谁能挡我的强烈情绪。脉,即分布在人和动物周身内的血管、脉络,像树叶的叶脉组织整个树叶一样。在该设计的插画中,如同脉络的线条起着相同的作用,它们互为依据,相互解释,相互作用,最终组织成具有独立生命的统一体。该设计整体有很强的视觉冲击力,给人留下深刻的印象。

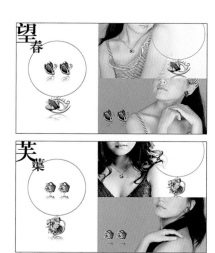

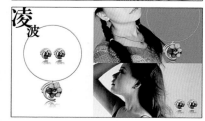

图 20-5　"入画"品牌"生命的答案"系列首饰及包装设计,武冰心设计,王安霞指导

　　设计灵感来源于丹尼尔·查莫维茨所著的《植物知道生命的答案》。书中介绍了人的五感与植物的"五感"之间的联系,说明了植物也能对周遭的事物产生感知。无论是视觉、听觉、味觉,还是触觉,植物所展现出来的感官感受,都是最直观的生物本能反应。一花一世界,一叶一如来,春来花自青,秋至叶飘零,无穷般若心自在,语默动静体自然。希望通过将春夏秋冬四个季节与"五感"搭配的首饰及包装设计,能带给人们一些人文关怀,在忙碌的生活中,不忘体味自然,感受生命之美,在嘈杂纷扰的社会环境里,给自己的心灵找一个安静的地方。

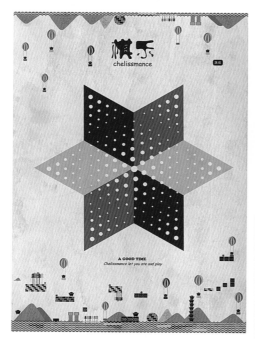

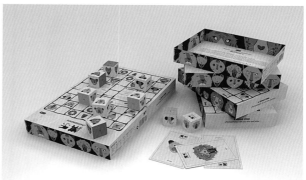

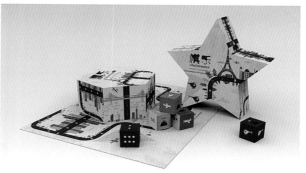

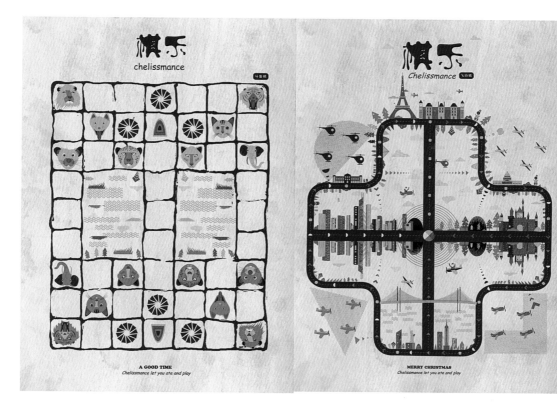

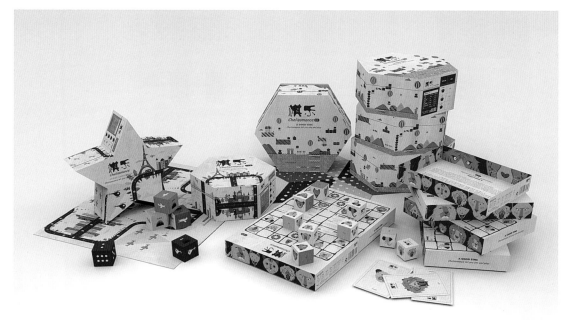

图20-6 "棋乐融融"巧克力系列包装设计,张利加设计,王安霞指导

以环保、趣味为设计的出发点,注重交流与互动的体验设计。产品定位是把巧克力豆包装同儿童智力棋类相结合,提出"边吃边玩,吃完还可以继续玩"的概念。这个系列包装共分飞行棋、斗兽棋和跳棋三款,分别把各种棋和巧克力外包装巧妙结合,注重与消费者的互动。

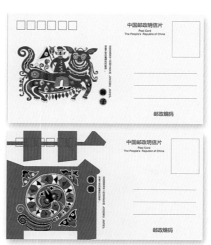
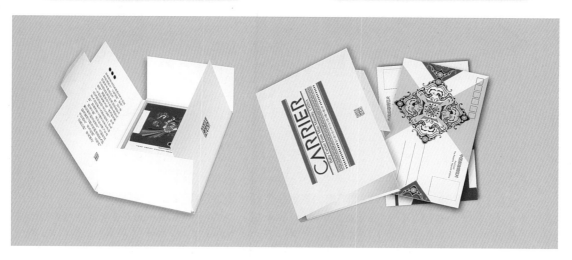

图 20-7 "苗族背带"系列包装设计,纪明慧设计,王安霞指导

　　该系列作品是基于苗族娃崽背带中关于生命意识的装饰图案研究进行的创新设计与运用,主要选取苗族娃崽背带中具有典型的生命意识纹样的龙纹、凤纹、鱼纹、狮纹、菱形纹,进行了提取与再设计,将民族性与现代性很好地结合在一起,在体现民族韵味的前提下使其更具有时尚感,更易于在各种媒介上进行传播,让娃崽背带艺术为更多人认识和喜爱。

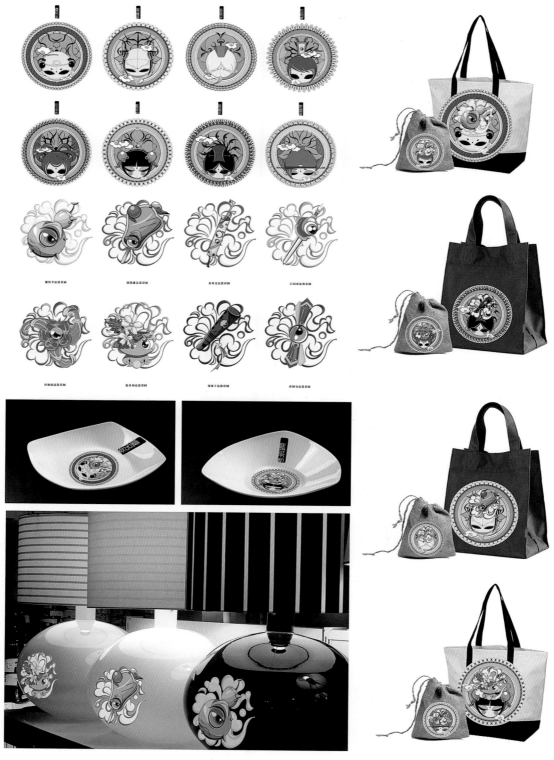

图 20-8 "八仙"系列包装设计,王健设计,王安霞指导

　　该设计突破传统设计思维模式的束缚,以新的思维方式对传统主题进行重新创造。在传统八仙造型基础上进行变化创新,力求符合当代人年轻人的审美观念与情趣。整体设计色彩艳丽,造型生动活泼,充满了现代感,使传统民间造型艺术在现代设计中具有了新的生命活力。

图 20-9　"傩"文化传播系列包装设计，张冲设计，王安霞指导

　　该设计大胆尝试以新的设计手段与方法，对原有的傩面具图形加以总结和概括，希望能够打破对于傩文化的传统看法。运用现代的设计理念，将原有的面具图形与现代时尚的几何图形相结合，进行创新再设计。在保留中国传统意蕴的同时，又兼具现代卡通时尚感。在视觉图形的应用上，采用现代的生活载体、传播载体和视觉载体，希望通过这些载体，让年轻一代进一步了解和发现古老而又神秘的傩文化。

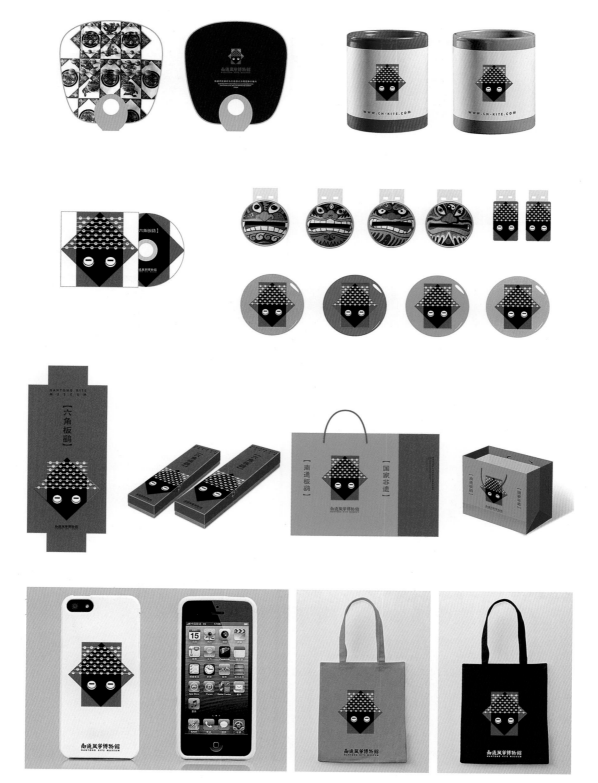

图 20-10　南通风筝品牌与包装设计,陆锦霞设计,王安霞指导

　　该设计以独特简朴的南通风筝六角骨架为创意来源,将"古七星"板鹞的色彩和形态巧妙地融入其中,具有鲜明的六角板鹞的神韵及识别性,使风筝文化的精髓得以充分地展现与传承。整体设计既有民间艺术特点,又符合现代人的审美需求。

图 20-11 "荷氏"九宫格薄荷糖、"奥利奥"迷你饼干包装设计，
田玉玲、李英菌设计，张焘指导

"荷氏"九宫格薄荷糖，在包装结构上巧妙地运用了中国传统九宫格的概念，将每块糖果单独包装在每一格中，食用时只需取下一格即可，这样既卫生又能保证糖果的品质。包装上的带子可悬挂于各处，方便携带。

"奥利奥"迷你饼干包装，其 POP 结构既能很好地展示产品本身的信息，又有很好的视觉效果，其悬挂的特点便于调整销售位置。包装本身采用可伸缩、折叠的结构，可根据食用的量随时调整包装的高度，便于拿取又节省空间。

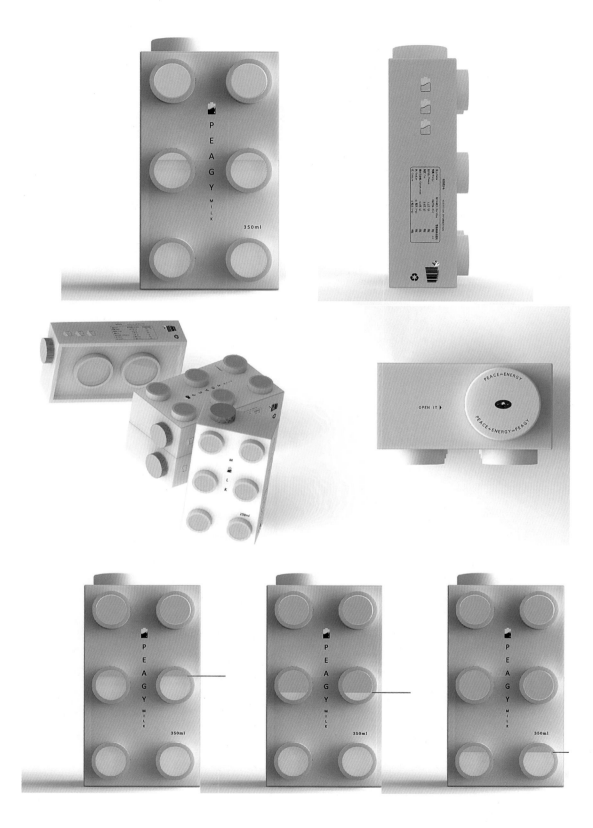

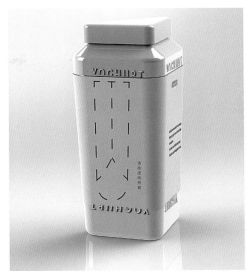

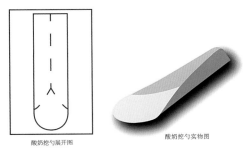

酸奶挖勺展开图　　　酸奶挖勺实物图

图 20-12　" PEAGY "比吉牛奶、酸奶包装,陈璨设计,王安霞指导

　　比吉牛奶的瓶身灵感来源于小时候玩耍的乐高玩具和潜水艇,瓶身的正面有六个凸起的圆柱体,他们的顶部为透明材质,如同六个小船舱的窗户,透过透明窗户可以看见牛奶的位置。类似乐高玩具的结构,使得瓶身可以相互叠加,方便运输、组装,当牛奶喝完后,牛奶瓶不再是一种垃圾,而是一种具有收藏价值的玩具。

　　通过调研发现,人们在喝浓型酸奶时,在快喝完的时候,包装盒内壁总会有许多没法倒出的酸奶,多数人会因怕麻烦而选择了丢弃,造成了浪费。比吉酸奶包装设计,力求很好地解决这个问题,在包装结构上,设计成可压缩的形式,使得瓶身随着酸奶的减少而变短,最终可压缩为一个小矮杯,并且可以用外包装纸上可折叠的小勺,将包装盒内壁的奶挖取后食用,既环保又方便。

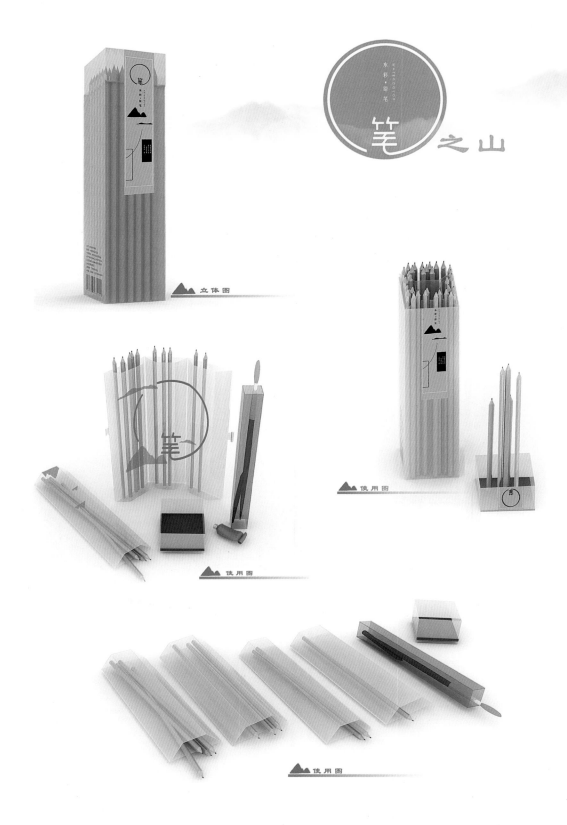

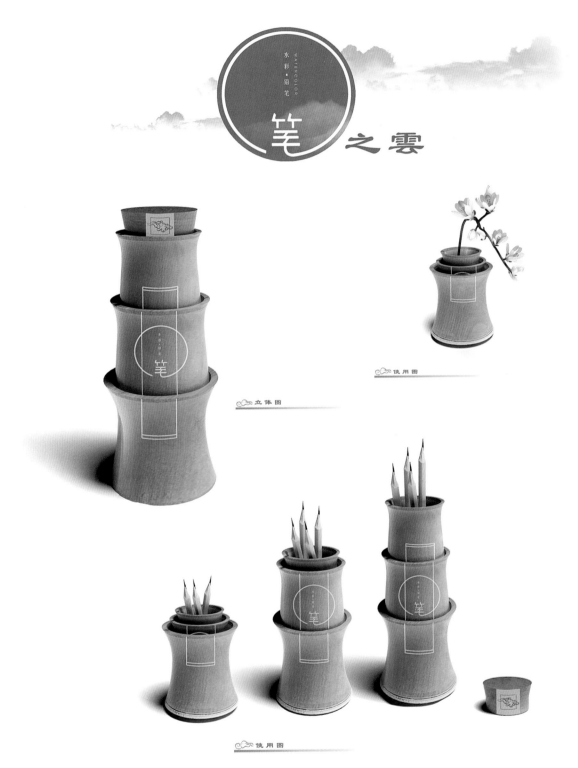

图 20-13 "笔之山"、"笔之云"包装设计，姜颖设计，王安霞指导

　　"笔之山"系列，以卷轴式的方式将笔盒与笔筒合二为一，打开笔盖，笔筒像卷轴一般展开，给人独特的使用体验。四个盒子方便颜色分类与整理，同时也可以拆卸组合，单独使用，而中间的镂空结构，可以放置小刀、橡皮、颜料等用具，方便携带使用。"笔之云"系列，以竹节形态为设计元素，将包装盒与笔筒进行一体化设计，主要解决不同长短的笔不方便拿取的问题。当笔使用到一定长度时，可以随意压缩笔盒的高度方便拿取。该包装可以二次使用，做笔筒或插花，同时竹材质给人亲近自然的美好感受。

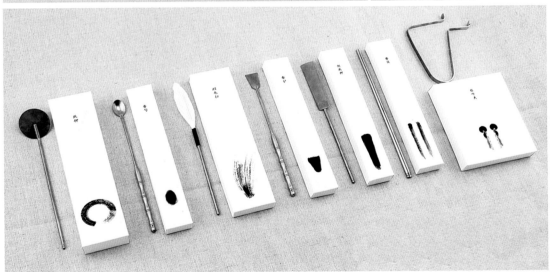

图 20-14　"香乘堂"系列包装设计，刘扬设计，王安霞指导

　　该系列包装以中国传统水墨元素与点、线、面构成相结合，整套包装分"梅兰竹菊"、"风花雪月"和"香道"三个系列，分别是塔香、线香和香粉、香具包装。"梅兰竹菊"塔香系列，图形采用水墨与矢量图形相结合，盒内的塔香分别摆放成梅兰竹菊的样式，与包装盒相互呼应。"风花雪月"线香系列，以水墨线条与抽象肌理相结合，整套包装清新自然。"香道"香具包装图形采用水墨与产品轮廓的结合，香粉包装以抽象的水墨笔画表达出香型的韵味，突出了水墨的洒脱、自由与空灵。

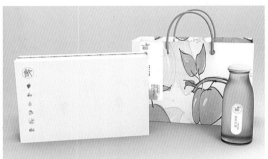
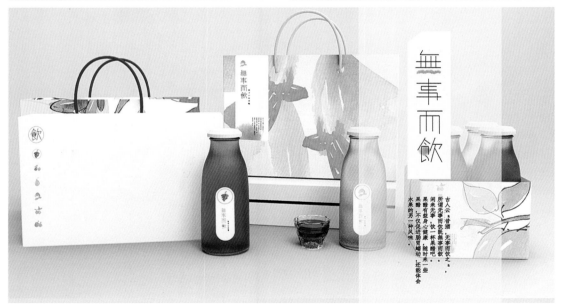

图 20-15 "無事而飲"果醋系列包装设计，阎梦薇设计，王安霞指导

果醋是营养保健饮品，可以无事而饮。整套包装用清新自然的水彩效果，展现了饮品的清爽与流畅。设计选用葡萄、苹果、樱桃、梨、桃和金桔六种不同的水果。每种色调结合不同的形状，使每个包装既有特点又整体统一。简约的瓶子设计，可以清晰地看到瓶内的饮品。细长型瓶贴和瓶身的设计形成了鲜明的对比。以白色为主的盒子更好地衬托了包装袋的雅致和轻松。

图 20-16 90'S 巧克力包装设计，李月设计，王安霞指导

　　设计灵感来自 90 后出生的群体。每个人的童年回忆中，总是会出现一些熟知的人物，他们可能是自己当年崇拜的偶像，也可能是幻想要变成的人物。每当看到这些熟知人物的时候，脑海里就会浮现出当时的情景。所以，该设计主题设定为："Which one do you want to be?" 把不同的故事人物与巧克力包装结合起来，每个人物是一个小的巧克力包装。设计的目的是一方面激起 90 后的童年记忆，另一方面也想让那些生活在不同年代的孩子们，熟悉陪伴 90 后童年长大的人物。标志图形是被咬掉一块的巧克力，充满童趣。如果想成为哪个人物，就把哪个巧克力吃掉，幻想一下自己成为那个人物，然后充满激情地去做自己想要做的事情。

参考文献

［1］故宫博物院.清代宫廷包装艺术［M］.紫禁城出版社,1999

［2］西安半坡博物馆.半坡史前文物精萃［M］.陕西旅游出版社,1995

［3］周丽丽.中国陶瓷名品珍赏丛书——明彩瓷［M］.上海人民美术出版社,1998

［4］左旭初.老商标［M］.上海画报出版社,1999

［5］王安霞.产品包装设计［M］.东南大学出版社,2009

［6］王安霞.包装形象的视觉设计［M］.东南大学出版社,2006

［7］王安霞.包装装潢设计［M］.河南大学出版社,2004

［8］王安霞.包装设计［M］.南京师范大学出版社,2012

［9］金丝燕.穿香［M］.山东画报出版社,2002

［10］Nigel Groom.香水鉴赏手册［M］.上海科学技术出版社,香港万里机构,2000

［11］玛丽安·罗斯奈·克里姆切克,桑德拉·A.科拉索维克.包装设计:品牌的塑造——从概念构思到货架展示［M］.上海人民美术出版社,2008

［12］［英］斯达福德·科里夫.世界经典设计50例产品包装［M］.上海文艺出版社,2001

［13］贾尔斯·卡尔弗.什么是包装［M］.中国青年出版社,2006

［14］［澳］爱德华·丹尼森,［英］理查德·考索雷.包装纸型设计［M］.上海人民美术出版社,2003

［15］［美］斯黛茜·金·高登.包装再设计——适应市场变化的平面再设计［M］.上海人民美术出版社,2006

［16］［美］凯瑟琳·M.费舍尔.创意纸品设计［M］.上海人民美术出版社,2003

［17］周开明,冯梅.销售包装结构设计［M］.化学工业出版社,2004

［18］高从晏.纸器造型与结构设计［M］.懋荣工商专业书店,1992

［19］张小艺.纸品包装设计教程［M］.江西美术出版社,2005

［20］沙拉·罗那凯莉,坎迪斯·埃利科特.包装设计法则(创意包装设计的100条原理)［M］.江西美术出版社,2011

［21］［英］安妮·恩布勒姆,亨利·恩布勒姆.密封包装设计［M］.上海人民美术出版社,2004

［22］［英］加文·安布罗斯,［英］保罗·哈里斯.创造品牌的包装设计［M］.中国青年出版社,2012

［23］［英］康韦·劳埃德·摩根.包装设计实务［M］.百通集团,安徽科学技术出版社,2004

［24］［美］爱德华·丹尼森,广裕仁.绿色包装设计［M］.上海人民美术出版社,2004

［25］［美］凯瑟琳·费希尔.新简约设计［M］.上海人民美术出版社,2001

［26］［美］卢克·赫里奥特.包装设计圣经［M］.电子工业出版社,2012

［27］［英］比尔·斯图尔特. 包装设计培训教程［M］. 上海人民美术出版社，2009

［28］唐纳德·A. 诺曼. 情感化设计［M］. 付秋芳，程进三，译. 电子工业出版社，2005

［29］苏珊·朗格. 情感与形式［M］. 刘大基，等，译. 中国社会科学出版社，1986

［30］胡燕灵. 电子商务物流管理［M］. 清华大学出版社，2009

［31］范泽剑. 电子商务［M］. 中国民航出版社，2011

［32］［美］约瑟夫·派恩，詹姆斯·吉尔摩. 体验经济［M］. 毕崇毅，译. 机械工业出版社，2012

［33］华表. 包装设计150年［M］. 湖南美术出版社，1999

［34］夏文水. 食品工艺学［M］. 中国轻工业出版社，2007

［35］胡小强. 虚拟现实技术［M］. 北京邮电大学出版社，2005

［36］高鸿. 数字化时代主题间性问题研究［M］. 上海社会科学院出版社，2008

［37］王令中. 视觉艺术心理——美术形式的视觉效应与心理分析［M］. 人民美术出版社，2005

［38］林庚利. 品牌至上［M］. 善本出版有限公司，2009

［39］林庚利，林诗健. 包装设计——给你灵感的全球最佳创意包装方案［M］. 杨茂林，译. 中国青年出版社，2013

［40］王安霞，魏旭. 基于弱势群体心理需求的商品包装设计研究［J］. 包装工程，2010（14）

［41］王安霞，尉欣欣. 针对特殊人群的情感化包装设计方法研究［J］. 包装工程，2012（14）

［42］王安霞，魏旭. 论宜家产品包装设计成功的核心要素［J］. 包装工程，2013（8）

［43］温百秋，王安霞. 茶叶包装设计与表现形式［J］. 文学与艺术，2009（12）

［44］黄励. 包装与设计［J］. 包装与设计杂志社，2007、2008

［45］［德］iF International Forum Design GmbH. iF Yearbook Communication + Packaging［M］. Deutsche Nationalbibiothek，2013（2）

［46］［西］Josep Maria Minguet. ECO PACKAGING DESIGN［M］. InstitutoMonsa de Ediciones，2012

［47］［美］Rachel Wiles. HANDMADE PACKAGING WORKSHOP［M］. Thames & Hudson Ltd.，2012

［48］Sunsea Li. Holiday Design The Festival & The Joyful［M］. Sendpoints Publishing Co.，Ltd，2013

［49］［德］Peter Zec. International Yearbook Communication Design 2012-2013［M］. Deutsche Nationalbibiothek，2013

［50］Casey Kwan. Less is More-Graphic Design［M］. Sendpoints Publishing Co.，Ltd

［51］［美］David E. Carter，Suzanna MW Stephens. THE BIG BOOK OF DESIGN IDEAS 3［M］. Collins Design，2008

［52］［德］Dorian Lucas. Green Design Volume 1［M］. Braun Publishing AG，2011

［53］［德］iF International Forum Design GmbH. iF Yearbook Communication + Packaging 2013 Vol. 1［M］. Deutsche Nationalbibliothek，2013

［54］［日］熊谷胜. New Package Design［M］. Alpha Books，2009

［55］Wang Shaoqiang. New Packaging New Style New Material New Structure［M］. SANDU PUBLISHING，2009

［56］Lin Shijian. PACKAGING STRUCTURES［M］. Sendpoints Publishing Co.，Ltd，2012

［57］［美］Cristian Campos. The Big Book of Bags，Tags，and Labels［M］. Collins Design and Maomao Publications，2009

［58］［日］Hiroshi Sasaki. Tokyo Art Directors Club Annual 2011［M］. Tokyo Art Directors Club，2011

［59］Fan Mingyi，Li Shen. Magic Packaging 2［M］. Designerbooks

［60］［日］涩谷克彦. Graphic Design in Japan 2012［M］. Japan Graphic Designer Association Inc.，2012

［61］LINK Press. Perfect Ideas—Top Hits of Branding Identity［M］. Hightone Publishers，Inc.，2013

［62］［日］中田修司. 土特产品礼品包装［M］. Alpha Books，2013

［63］［日］日本包装设计协会. Packaging Design—JPDA member's work today 2012［M］. 株式会社六耀社，2012

［64］Atian. Packagingbrand！Brochure & Layout［M］. Hightone Publishers，Inc. ，2012

［65］Wu Jun，Wei Xiaojuan，Jeffli. Magic Packaging 2［M］. DESIGNERBOOKS，2010

［66］［德］Julius Wiedemann. Asian Graphics Now［M］. TASCHEN GmbH，2010

［67］［德］Gisela Kozak，Julius Wiedemann. Packaging Design Now［M］. TASCHEN GmbH，2008

［68］LESS IS MORE（少即是多）［M］. Sendpoints Publishing Co. ，Ltd. ，2013

［69］LABEL & PACKAGING DESIGN［M］. Page One Publishing Pte Ltd，2009

［70］Chen Huarong. TOP GRAPHIC DESIGN Series：Packaging II［M］. Hightone Book Company，2013

［71］YashEgami. One Show Design［M］. One Club Publishing，2008

［72］Sandu Cultural Media. Branding Typography［M］. Gingko Press GmbH，2013

［73］Agile Rabbit Editions. 结构包装设计［M］. The Pepin Press

［74］［德］Gisela Kozak& Julius Wiedemann. PACKAGE DISIGN NOW！［M］. TASCHEN，2003

［75］［英］Edward Booth-Clibborn. British Packaging［M］. Europe Internos Books Limited ，1993

［76］ooogo ltd. EPD［M］. Flying Dragon Group Culture Limited，2009

［77］［日］片平直人，藤田隆. Package Design JPDA MEMBER'S WORK TODAY［M］. Rikuyosha Co. Ltd，2010

［78］王绍强. The Art of Package Design［M］. Sandu Publishing Co. ，Limited，2010

［79］Pte Ltd. 1000 More Greetings［M］. Page One Publishing Pte Ltd ，2010

［80］［英］Victor Cheung. Packaging Embalajeverpakking［M］. Viction：workshop ltd. ，2008

［81］Chen Huarong. TOP Graphic Design Series-Packaging 2［M］. Hightone book，2013

［82］日本包装设计协会. Package Design — JPDA Member's Works Today 2012［M］. RIKUYOSHA，2012

［83］ooogo ltd. Packaging［M］. Hightone Book Co. ，Ltd，2009

［84］Gisela Kozak and Julius Wiedemann. Package design now［M］. TASCHEN

［85］GraphicalHouse. New Packaging Design［M］. Laurence King Publishing Ltd. ，2009

［86］Pepin van Roojen. Basic Packaging［M］. The Pepin Press，2010

［87］Wang Shaoqiang. The Art of Package Design［M］. Sandu Publishing Co. ，Limited，2010

［88］Japan package Design Association. Package Design In Japan' Biennial vol. 12［M］. Fuji Kazuhiko Rikuyosha Co. ，Ltd

［89］Kalimera. Short：N″ Strong［M］. RED PUBLISHING，2008

［90］Wang Shaoqiang. Vivid The Allture of Color in Design［M］. Sandu Publishing Co. ，Ltd

［91］Adam Wong. exe［M］. ooogo Limited

［92］Julius Wiedemann. imou［M］. Taschen，2010

［93］One Club Publishing. One Show Design Annual［M］. One Club Publishing，2010

［94］Wang Shaoqiang. Mini Graphics［M］. Sandu Publishing，2010

［95］RocketportPublishers，INC. 1000 More Greetings［M］. Page One Publishing Pte Ltd，2010

［96］ooogo ltd. EPD［M］. Flying Dragon Group Culture Limited，2009

［97］Artpower. Design Crisis［M］. Artpower International Publish Co. ，Ltd，2009

［98］周洁，等. International Visual Communication［M］. 贺丽，译. 辽宁科学技术出版社，2011

相关专业网站链接

［1］http：//www. cndesign. com/中国包装设计网

［2］http：//beta. shijue. me/home 视觉中国

［3］http：//www. dolcn. com/设计在线

［4］http：//www. visionunion. com/设计同盟

［5］http：//art. china. cn/艺术中国网

［6］http：//www. 3visual3. com/视觉网

［7］http：//www. 52design. com/list/enjoy_list. asp？ class＝453 创意在线

［8］http：//www. lanrentuku. com/show/baozhuang/6320_4. html 懒人图库

［9］http：//weibo. com/？ c＝spr_sinamkt_buy_baidudz_weibo_t001 新浪微博

［10］http：//www. duidea. com/gallery/packaging/idea 独创意包装设计佳作欣赏

［11］http：//huaban. com/search/？ q＝％E5％8C％85％E8％A3％85 花瓣网

［12］http：//www. fisherv. com/20-packing-design-works. html/ ICECREAM

［13］http：//www. 3lian. com/show/2011/08/6488. html 三联素材

［14］http：//www. chinaui. com/News/20120319/120412031900000. shtml 优艾网设计欣赏

［15］http：//www. designdaily. cn 设计日报

［16］http：//www. curious. co. nz/

［17］http：//www. ooopic. com/我图网

［18］http：//www. victad. com. tw/美可特品牌设计

［19］http：//www. shangci. net/赏瓷网

［20］http：//auction. artron. net/雅昌艺术品拍卖网

［21］http：//www. linea-packaging. com/

［22］http：//lovelypackage. com/

［23］http：//www. pola. co. jp/

［24］http：//typeverything. com/

［25］http：//www. pagadisseny. com/

后　记

在数字化、信息化、网络化快速发展的今天，新媒体设计技术不断涌现，对传统媒介造成了一定的冲击。只有赋予产品包装设计新的先进理念，不断向更加广泛的领域拓展，才能使其具有新的生命活力，才能不断发展。随着电子商务的兴起，在网络上购物已经成为年轻人生活的一部分，这其中电子商务包装所带来的问题，迫切需要我们设计人员来研究和解决。所以，学习包装设计在今天仍然是非常重要的。

《产品包装设计》作为"十二五"普通高等教育本科国家级规划教材，在原有"十一五"规划教材的基础上增加了许多新的内容，融入了新的设计理念和新的设计方法，使教材更加完善，也更具前沿性。教材的撰写历时两年有余，中间历经艰辛，曾经也有过怀疑和放弃，但凭着对社会的一种责任感和使命感，坚定信念，终于把书稿完成了。在此首先要感谢江南大学设计学院多年来对我的培养；感谢设计学院视觉传达专业2010级、2011级、2012级的同学们，他们充满智慧的作品为本书增添了许多精彩，也为学习包装的同学起到了很好的示范作用；感谢2010级我工作室的七位同学，他们为我收集了很多好的案例；感谢我的2011级、2012级、2013级的研究生在编书过程中的大力协助，特别感谢我的研究生杨安琪同学的鼎力帮助；感谢东南大学出版社对我的信任和支持；感谢顾金亮先生，他以严谨、一丝不苟的工作态度为本书的出版尽心尽力。同时，也要感谢所有参考文献的作者和相关网站最新资讯的提供者，他们的研究成果极大地丰富了本书的内容；特别要感谢我的家人一直以来的支持，他们是我最大的精神支柱。

由于本人的水平有限，书中肯定有不足之处，望专家、同仁批评指正。

江南大学设计学院　王安霞
2015 年 7 月 8 日